KB144044

한식조리기능사 필기·실기 통합본

한식조리기능사

조리사 자격증 **완벽대비**

오순환·최덕주 공저

백산출판사

머리말

PREFACE

음식은 인류가 지구상에 존재하던 날부터 먹기 시작하여 이제 단순한 생명 유지의 기본일 뿐만 아니라 건강의 원천이며 가족의 행복을 가져오고 나아가 금전적 수입을 보장하는 가장 중요한 수단의 하나가 되었습니다. 이러한 문화는 결국 사회 전반에 요리 붐을 일으켜 각종 방송과 신문, 인터넷에서도 요리는 빠지지 않는 중요한 콘텐츠가 되었고, 현대인의 맛과 건강에 대한 관심은 날로 높아지고 있으며, 모든 경제가 침체되었던 IMF 불황 속에서도, 현재의 어려운 경제상황에도 불구하고 외식문화는 다양한 형태로 꾸준히 발전하는 것을 볼 수 있습니다.

이러한 추세로 보아, 앞으로 더욱 가치를 인정받게 될 직업 중 하나가 바로 조리사입니다. 이미 미국에서는 직업전문가들이 뽑은 유망직업 1순위에 올라 있으며, 국내에서 시행하는 자격증 제도 중에서 운전면허 다음으로 많은 수가 응시하는 것이 바로 조리사 자격증입니다.

조리사는 학력과 상관없이 능력에 따라 충분한 대우를 받을 수 있을 뿐 아니라 소자본 창업을 하여 성공할 수 있다는 점이 이 직업의 가장 큰 매력입니다. 조리사가 되려면 우선 조리사 자격증을 따야 합니다. 자격을 취득하면 취업에 훨씬 유리할 뿐만 아니라 전문대학 진학 시 특별전형 혜택도 받고 있으며, 4년제 대학에서도 조리학과가 유망학과로 인식되어 선택의 폭이 더욱 넓어지고 있습니다. 어린이집, 유치원, 초 · 중 · 고와 국공립대학에서 조리사로 근무하거나 음식점을 개업하거나 출장요리사가 되기 위해서도 자격증은 필수가 되고 있습니다.

본 교재는 요리에 대하여 깊이 있는 공부를 하고자 하는 분들과 자격증을 취득하고자 하는 분들을 위해서 만들었습니다. 저자는 다년간의 현장 강의를 통하여 수많은 수강생들을 합격시켰으며 유튜브를 통하여 직접 동영상강의를 하고 있습니다. 그 외에도 여러 사이트에서 조리사 자격증에 대한 실기와 필기 콘텐츠를 제공하고 있습니다.

이 교재가 여러분의 소망을 이루는 데 밑거름이 될 수 있도록 정성을 다하였습니다. 열심히 노력하는 많은 분들에게 도움이 될 것이라 확신합니다. 실습상의 궁금점과 문제점 그리고 새로운 출제 경향에 대하여는 저희가 운영하는 국제평생교육원 사이트(www.평생교육.net)에 들어오시면 조리사 자격증에 대한 모든 정보를 얻을 수 있습니다. 여러분의 노력으로 아름다운 미래가 열리기를 진심으로 기원합니다.

저의 이러한 노력에도 불구하고 미비한 점이 있으리라 생각하며, 그러한 점은 여러분과 동료들의 기탄 없는 충고와 조언을 받아 보완하고자 합니다. 끝으로 이 책이 출간될 수 있도록 도와주신 백산출판사 관계자 여러분께 진심으로 감사의 뜻을 표합니다.

저자 씀

목차

CONTENTS

한식조리기능사 필기

한식조리기능사 실기

한식 밥조리

한식 죽조리

한식 국·탕 조리

한식 찌개조리

CONTENTS

한식 구이조리

한식 전·적 조리

한식 조림·초 조리

한식 생채·회 조리

CONTENTS

한식 숙채조리

한식 볶음조리

한식 기초조리 실무

한식조리기능사 필기

한식조리기능사 필기시험 출제기준

직무분야	음식서비스	중직무분야	조리	자격종목	한식조리기능사	적용기간	2023.1.1.~ 2025.12.31.

• 직무내용 : 한식메뉴 계획에 따라 식재료를 선정, 구매, 검수, 보관 및 저장하며 맛과 영양을 고려하여 안전하고 위생적으로 음식을 조리하고 조리기구와 시설관리를 수행하는 직무이다.

필기검정방법	객관식	문제수	60	시험시간	1시간

필기 과목명	출제 문제수	주요항목	세부항목	세세항목
한식 재료관리, 음식조리 및 위생관리	60	1. 음식 위생관리	1. 개인 위생관리	1. 위생관리기준 2. 식품위생에 관련된 질병
			2. 식품 위생관리	1. 미생물의 종류와 특성 2. 식품과 기생충병 3. 살균 및 소독의 종류와 방법 4. 식품의 위생적 취급기준 5. 식품첨가물과 유해물질
			3. 작업장 위생관리	1. 작업장 위생 위해요소 2. 식품안전관리인증기준(HACCP) 3. 작업장 교차오염발생요소
			4. 식중독 관리	1. 세균성 및 바이러스성 식중독 2. 자연독 식중독 3. 화학적 식중독 4. 곰팡이 독소
			5. 식품위생 관계 법규	1. 식품위생법령 및 관계법규 2. 농수산물 원산지 표시에 관한 법령 3. 식품 등의 표시 · 광고에 관한 법령
			6. 공중 보건	1. 공중보건의 개념 2. 환경위생 및 환경오염 관리 3. 역학 및 질병 관리 4. 산업보건관리
		2. 음식 안전관리	1. 개인안전 관리	1. 개인 안전사고 예방 및 사후 조치 2. 작업 안전관리
			2. 장비 · 도구 안전작업	1. 조리장비 · 도구 안전관리 지침

		3. 작업환경 안전관리	1. 작업장 환경관리 2. 작업장 안전관리 3. 화재예방 및 조치방법 4. 산업안전보건법 및 관련지침
	3. 음식 재료관리	1. 식품재료의 성분	1. 수분 2. 탄수화물 3. 지질 4. 단백질 5. 무기질 6. 비타민 7. 식품의 색 8. 식품의 갈변 9. 식품의 맛과 냄새 10. 식품의 물성 11. 식품의 유독성분
		2. 효소	1. 식품과 효소
		3. 식품과 영양	1. 영양소의 기능 및 영양소 섭취기준
	4. 음식 구매관리	1. 시장조사 및 구매 관리	1. 시장 조사 2. 식품구매관리 3. 식품재고관리
		2. 검수 관리	1. 식재료의 품질 확인 및 선별 2. 조리기구 및 설비 특성과 품질 확인 3. 검수를 위한 설비 및 장비 활용 방법
		3. 원가	1. 원가의 의의 및 종류 2. 원가분석 및 계산
	5. 한식 기초 조리 실무	1. 조리 준비	1. 조리의 정의 및 기본 조리조작 2. 기본조리법 및 대량 조리기술 3. 기본 칼 기술 습득 4. 조리기구의 종류와 용도 5. 식재료 계량방법 6. 조리장의 시설 및 설비 관리
		2. 식품의 조리원리	1. 농산물의 조리 및 가공 · 저장 2. 축산물의 조리 및 가공 · 저장 3. 수산물의 조리 및 가공 · 저장 4. 유지 및 유지 가공품 5. 냉동식품의 조리 6. 조미료와 향신료

		3. 식생활 문화	1. 한국 음식의 문화와 배경 2. 한국 음식의 분류 3. 한국 음식의 특징 및 용어
	6. 한식 밥 조리	1. 밥 조리	1. 밥 재료 준비 2. 밥 조리 3. 밥 담기
	7. 한식 죽 조리	1. 죽 조리	1. 죽 재료 준비 2. 죽 조리 3. 죽 담기
	8. 한식 국 · 탕 조리	1. 국 · 탕 조리	1. 국 · 탕 재료 준비 2. 국 · 탕 조리 3. 국 · 탕 담기
	9. 한식 찌개 조리	1. 찌개 조리	1. 찌개 재료 준비 2. 찌개 조리 3. 찌개 담기
	10. 한식 전 · 적 조리	1. 전 · 적 조리	1. 전 · 적 재료 준비 2. 전 · 적 조리 3. 전 · 적 담기
	11. 한식 생채 · 회 조리	1. 생채 · 회 조리	1. 생채 · 회 재료 준비 2. 생채 · 회 조리 3. 생채 · 담기
	12. 한식 조림 · 초 조리	1. 조림 · 초 조리	1. 조림 · 초 재료 준비 2. 조림 · 초 조리 3. 조림 · 초 담기
	13. 한식 구이 조리	1. 구이 조리	1. 구이 재료 준비 2. 구이 조리 3. 구이 담기
	14. 한식 숙채 조리	1. 숙채 조리	1. 숙채 재료 준비 2. 숙채 조리 3. 숙채 담기
	15. 한식 볶음 조리	1. 볶음 조리	1. 볶음 재료 준비 2. 볶음 조리 3. 볶음 담기
	16. 김치 조리	1. 김치 조리	1. 김치 재료 준비 2. 김치 조리 3. 김치 담기

한식조리기능사 실기시험 출제기준

직무분야	음식서비스	중직무분야	조리	자격종목	한식조리기능사	적용기간	2023.1.1.~ 2025.12.31.

• 직무내용 : 한식메뉴 계획에 따라 식재료를 선정, 구매, 검수, 보관 및 저장하며 맛과 영양을 고려하여 안전하고 위생적으로 음식을 조리하고 조리기구와 시설관리를 수행하는 직무이다.

• 직무내용 : 1. 음식조리 작업에 필요한 위생관련 지식을 이해하고, 주방의 청결상태와 개인위생 · 식품위생을 관리하여 전반적인 조리작업을 위생적으로 수행할 수 있다.
2. 한식조리를 수행함에 있어 칼 다루기, 기본 고명 만들기, 한식 기초 조리법 등 기본적인 지식을 이해하고 기능을 익혀 조리업무에 활용할 수 있다.
3. 쌀을 주재료로 하거나 혹은 다른 곡류나 견과류, 육류, 채소류, 어패류 등을 섞어 물을 붓고 강약을 조절하여 호화되게 밥을 조리할 수 있다.
4. 곡류 단독으로 또는 곡류와 견과류, 채소류, 육류, 어패류 등을 함께 섞어 물을 붓고 불의 강약을 조절하여 호화되게 죽을 조리할 수 있다.
5. 육류나 어류 등에 물을 많이 붓고 오래 끓이거나 육수를 만들어 채소나 해산물, 육류 등을 넣어 한식 국 · 탕을 조리할 수 있다.
6. 육수나 국물에 장류나 젓갈로 간을 하고 육류, 채소류, 버섯류, 해산물류를 용도에 맞게 썰어 넣고 함께 끓여서 한식 찌개를 조리할 수 있다.
7. 육류, 어패류, 채소류 등의 재료를 익기 쉽게 썰고 그대로 혹은 꼬치에 꿰어서 밀가루와 달걀을 입힌 후 기름에 지져서 한식 전 · 적 조리를 할 수 있다.
8. 채소를 살짝 절이거나 생것을 양념하여 생채 · 회 조리를 할 수 있다.

실기검정방법	작업형	시험시간	70분 정도

실기 과목명	주요항목	세부항목	세세항목
한식 조리 실무	1. 음식 위생관리	1. 개인위생 관리하기	1. 위생관리기준에 따라 조리복, 조리모, 앞치마, 조리안전화 등을 착용할 수 있다. 2. 두발, 손톱, 손 등 신체청결을 유지하고 작업수행 시 위생습관을 준수할 수 있다. 3. 근무 중의 흡연, 음주, 취식 등에 대한 작업장 근무수칙을 준수할 수 있다. 4. 위생관련법규에 따라 질병, 건강검진 등 건강상태를 관리하고 보고할 수 있다.
		2. 식품위생 관리하기	1. 식품의 유통기한 · 품질 기준을 확인하여 위생적인 선택을 할 수 있다. 2. 채소 · 과일의 농약 사용여부와 유해성을 인식하고 세척할 수 있다. 3. 식품의 위생적 취급기준을 준수할 수 있다. 4. 식품의 반입부터 저장, 조리과정에서 유독성, 유해물질의 혼입을 방지할 수 있다.

	3. 주방위생 관리하기	1. 주방 내에서 교차오염 방지를 위해 조리생산 단계별 작업공간을 구분하여 사용할 수 있다. 2. 주방위생에 있어 위해요소를 파악하고, 예방할 수 있다. 3. 주방, 시설 및 도구의 세척, 살균, 해충 · 해서 방제작업을 정기적으로 수행할 수 있다. 4. 시설 및 도구의 노후상태나 위생상태를 점검하고 관리할 수 있다. 5. 식품이 조리되어 섭취되는 전 과정의 주방 위생 상태를 점검하고 관리할 수 있다. 6. HACCP적용업장의 경우 HACCP관리기준에 의해 관리할 수 있다.
2. 음식 안전관리	1. 개인안전 관리하기	1. 안전관리 지침서에 따라 개인 안전관리 점검표를 작성할 수 있다. 2. 개인안전사고 예방을 위해 도구 및 장비의 정리정돈을 상시할 수 있다. 3. 주방에서 발생하는 개인 안전사고의 유형을 숙지하고 예방을 위한 안전수칙을 지킬 수 있다. 4. 주방 내 필요한 구급품이 적정 수량 비치되었는지 확인하고 개인 안전 보호 장비를 정확하게 착용하여 작업할 수 있다. 5. 개인이 사용하는 칼에 대해 사용안전, 이동안전, 보관안전을 수행할 수 있다. 6. 개인의 화상사고, 낙상사고, 근육팽창과 골절사고, 절단사고, 전기기구에 인한 전기 쇼크 사고, 화재사고와 같은 사고 예방을 위해 주의사항을 숙지하고 실천할 수 있다. 7. 개인 안전사고 발생 시 신속 정확한 응급조치를 실시하고 재발 방지 조치를 실행할 수 있다.
	2. 장비 · 도구 안전작업하기	1. 조리장비 · 도구에 대한 종류별 사용방법에 대해 주의사항을 숙지할 수 있다. 2. 조리장비 · 도구를 사용 전 이상 유무를 점검할 수 있다. 3. 안전 장비류 취급 시 주의사항을 숙지하고 실천할 수 있다. 4. 조리장비 · 도구를 사용 후 전원을 차단하고 안전수칙을 지키며 분해하여 청소할 수 있다. 5. 무리한 조리장비 · 도구 취급은 금하고 사용 후 일정한 장소에 보관하고 점검할 수 있다. 6. 모든 조리장비 · 도구는 반드시 목적 이외의 용도로 사용하지 않고 규격품을 사용할 수 있다.

	3. 작업환경 안전관리 하기	1. 작업환경 안전관리 시 작업환경 안전관리 지침서를 작성할 수 있다. 2. 작업환경 안전관리 시 작업장 주변 정리 정돈 등을 관리 점검할 수 있다. 3. 작업환경 안전관리 시 제품을 제조하는 작업장 및 매장의 온 · 습도관리를 통하여 안전사고요소 등을 제거할 수 있다. 4. 작업장 내의 적정한 수준의 조명과 환기, 이물질, 미끄럼 및 오염을 방지할 수 있다. 5. 작업환경에서 필요한 안전관리시설 및 안전용품을 파악하고 관리할 수 있다. 6. 작업환경에서 화재의 원인이 될 수 있는 곳을 자주 점검하고 화재진압기를 배치하고 사용할 수 있다. 7. 작업환경에서의 유해, 위험, 화학물질을 처리기준에 따라 관리할 수 있다. 8. 법적으로 선임된 안전관리책임자가 정기적으로 안전교육을 실시하고 이에 참여할 수 있다.
3. 한식 기초 조리 실무	1. 기본 칼 기술 습득하기	1. 칼의 종류와 사용용도를 이해할 수 있다. 2. 기본 썰기 방법을 습득할 수 있다. 3. 조리목적에 맞게 식재료를 썰 수 있다. 4. 칼을 연마하고 관리할 수 있다.
	2. 기본 기능 습득하기	1. 한식 기본양념에 대한 지식을 이해하고 습득할 수 있다. 2. 한식 고명에 대한 지식을 이해하고 습득할 수 있다. 3. 한식 기본 육수조리에 대한 지식을 이해하고 습득할 수 있다. 4. 한식 기본 재료와 전처리 방법, 활용방법에 대한 지식을 이해하고 습득할 수 있다.
	3. 기본 조리법 습득하기	1. 한식의 종류와 상차림에 대한 지식을 이해하고 습득할 수 있다. 2. 조리도구의 종류 및 용도를 이해하고 적절하게 사용할 수 있다. 3. 식재료의 정확한 계량방법을 습득할 수 있다. 4. 한식 기본 조리법과 조리원리에 대한 지식을 이해하고 습득할 수 있다.
4. 한식 밥 조리	1. 밥 재료 준비하기	1. 쌀과 잡곡의 비율을 필요량에 맞게 계량할 수 있다. 2. 쌀과 잡곡을 씻고 용도에 맞게 불리기를 할 수 있다. 3. 부재료는 조리법에 맞게 손질할 수 있다. 4. 돌솥, 압력솥 등 사용할 도구를 선택하고 준비할 수 있다.

	2. 밥 조리하기	1. 밥의 종류와 형태에 따라 조리시간과 방법을 조절할 수 있다. 2. 조리 도구, 조리법과 쌀, 잡곡의 재료특성에 따라 물의 양을 가감할 수 있다. 3. 조리도구와 조리법에 맞도록 화력조절, 가열시간 조절, 뜸들이기를 할 수 있다.
	3. 밥 담기	1. 밥에 따라 색, 형태, 분량 등을 고려하여 그릇을 선택할 수 있다. 2. 밥을 따뜻하게 담아낼 수 있다. 3. 조리종류에 따라 나물 등 부재료와 고명을 얹거나 양념장을 곁들일 수 있다.
5. 한식 죽 조리	1. 죽 재료 준비하기	1. 사용할 도구를 선택하고 준비할 수 있다. 2. 쌀 등 곡류와 부재료를 필요량에 맞게 계량할 수 있다. 3. 곡류를 종류에 맞게 불리기를 할 수 있다. 4. 조리법에 따라서 쌀 등 재료를 갈거나 분쇄할 수 있다. 5. 부재료는 조리법에 맞게 손질할 수 있다.
	2. 죽 조리하기	1. 죽의 종류와 형태에 따라 조리시간과 방법을 조절할 수 있다. 2. 조리 도구, 조리법, 쌀과 잡곡의 재료특성에 따라 물의 양을 가감할 수 있다. 3. 조리도구와 조리법, 재료특성에 따라 화력과 가열시간을 조절할 수 있다.
	3. 죽 담기	1. 죽에 따라 색, 형태, 분량 등을 고려하여 그릇을 선택할 수 있다. 2. 죽을 따뜻하게 담아낼 수 있다. 3. 조리 종류에 따라 고명을 올릴 수 있다.
6. 한식 국 · 탕 조리	1. 국 · 탕 재료 준비하기	1. 조리 종류에 맞추어 도구와 재료를 준비할 수 있다. 2. 조리에 사용하는 재료를 필요량에 맞게 계량할 수 있다. 3. 재료에 따라 요구되는 전처리를 수행할 수 있다. 4. 찬물에 육수재료를 넣고 끓이는 시간과 불의 강도를 조절할 수 있다. 5. 끓이는 중 부유물을 제거하여 맑은 육수를 만들 수 있다. 6. 육수의 종류에 따라 적정 온도로 보관할 수 있다.

	2. 국 · 탕 조리하기	1. 물이나 육수에 재료를 넣어 끓일 수 있다. 2. 부재료와 양념을 적절한 시기와 분량에 맞춰 첨가할 수 있다. 3. 조리 종류에 따라 끓이는 시간과 화력을 조절할 수 있다. 4. 국 · 탕의 품질을 판정하고 간을 맞출 수 있다.
	3. 국 · 탕 담기	1. 국 · 탕에 따라 색, 형태, 분량 등을 고려하여 그릇을 선택할 수 있다. 2. 국 · 탕은 조리특성에 따라 적정한 온도로 제공할 수 있다. 3. 국 · 탕은 국물과 건더기의 비율에 맞게 담아낼 수 있다. 4. 국 · 탕의 종류에 따라 고명을 활용할 수 있다.
7. 한식 찌개 조리	1. 찌개 재료 준비하기	1. 조리 종류에 따라 도구와 재료를 할 수 있다. 2. 조리에 사용하는 재료를 필요량에 맞게 계량할 수 있다. 3. 재료에 따라 요구되는 전처리를 수행할 수 있다. 4. 찬물에 육수 재료를 넣고 서서히 끓일 수 있다. 5. 끓이는 중 부유물과 기름이 떠오르면 걷어내어 제거할 수 있다. 6. 조리 종류에 따라 끓이는 시간과 불의 강도를 조절할 수 있다.
	2. 찌개 조리하기	1. 채소류 중 단단한 재료는 데치거나 삶아서 사용할 수 있다. 2. 조리법에 따라 재료는 양념하여 밑간할 수 있다. 3. 육수에 재료와 양념의 첨가 시점을 조절하여 넣고 끓일 수 있다.
	3. 찌개 담기	1. 찌개에 따라 색, 형태, 분량 등을 고려하여 그릇을 선택할 수 있다. 2. 조리 특성에 맞게 건더기와 국물의 양을 조절할 수 있다. 3. 온도를 뜨겁게 유지하여 제공할 수 있다.
8. 한식 전 · 적 조리	1. 전 · 적 재료 준비하기	1. 전 · 적의 조리 종류에 따라 도구와 재료를 준비할 수 있다. 2. 조리에 사용하는 재료를 필요량에 맞게 계량할 수 있다. 3. 전 · 적의 종류에 따라 재료를 전처리하여 준비할 수 있다.

	2. 전 · 적 조리하기	1. 밀가루, 달걀 등의 재료를 섞어 반죽 물 농도를 맞출 수 있다. 2. 조리의 종류에 따라 속재료 및 혼합재료 등을 만들 수 있다. 3. 주재료에 따라 소를 채우거나 꼬치를 활용하여 전 · 적의 형태를 만들 수 있다. 4. 재료와 조리법에 따라 기름의 종류 · 양과 온도를 조절하여 지져 낼 수 있다.
	3. 전 · 적 담기	1. 전 · 적에 따라 색, 형태, 분량 등을 고려하여 그릇을 선택할 수 있다. 2. 전 · 적의 조리는 기름을 제거하여 담아낼 수 있다. 3. 전 · 적 조리를 따뜻한 온도, 색, 풍미를 유지하여 담아낼 수 있다.
9. 한식 생채 · 회 조리	1. 생채 · 회 재료 준비하기	1. 생채 · 회의 종류에 맞추어 도구와 재료를 준비할 수 있다. 2. 조리에 사용하는 재료를 필요량에 맞게 계량할 수 있다. 3. 재료에 따라 요구되는 전처리를 수행할 수 있다.
	2. 생채 · 회 조리하기	1. 양념장 재료를 비율대로 혼합, 조절할 수 있다. 2. 재료에 양념장을 넣고 잘 배합되도록 무칠 수 있다. 3. 재료에 따라 회 · 숙회로 만들 수 있다.
	3. 생채 · 회 담기	1. 생채 · 회에 따라 색, 형태, 분량 등을 고려하여 그릇을 선택할 수 있다. 2. 생채 · 회의 색, 형태, 분량을 고려하여 그릇에 담아낼 수 있다. 3. 조리 종류에 따라 양념장을 곁들일 수 있다.
10. 한식 구이 조리	1. 구이 재료 준비하기	1. 구이의 종류에 맞추어 도구와 재료를 준비할 수 있다. 2. 조리에 사용하는 재료를 필요량에 맞게 계량할 수 있다. 3. 재료에 따라 요구되는 전처리를 수행할 수 있다. 4. 양념장 재료를 비율대로 혼합, 조절할 수 있다. 5. 필요에 따라 양념장을 숙성할 수 있다.
	2. 구이 조리하기	1. 구이종류에 따라 유장처리나 양념을 할 수 있다. 2. 구이종류에 따라 초벌구이를 할 수 있다. 3. 온도와 불의 세기를 조절하여 익힐 수 있다. 4. 구이의 색, 형태를 유지할 수 있다.

	3. 구이 담기	1. 구이에 따라 색, 형태, 분량 등을 고려하여 그릇을 선택할 수 있다. 2. 조리한 음식을 부서지지 않게 담을 수 있다. 3. 구이 종류에 따라 적정 온도를 유지하여 담을 수 있다. 4. 조리 종류에 따라 고명으로 장식할 수 있다.
11. 한식 조림 · 초 조리	1. 조림 · 초 재료 준비하기	1. 조림 · 초 조리에 따라 도구와 재료를 준비할 수 있다. 2. 조리에 사용하는 재료를 필요량에 맞게 계량할 수 있다. 3. 조림 · 조리의 재료에 따라 전처리를 수행할 수 있다. 4. 양념장 재료를 비율대로 혼합, 조절할 수 있다. 5. 필요에 따라 양념장을 숙성할 수 있다.
	2. 조림 · 초 조리하기	1. 조리 종류에 따라 준비한 도구에 재료를 넣고 양념장에 조릴 수 있다. 2. 재료와 양념장의 비율, 첨가 시점을 조절할 수 있다. 3. 재료가 눌어붙거나 모양이 흐트러지지 않게 화력을 조절하여 익힐 수 있다. 4. 조리 종류에 따라 국물의 양을 조절할 수 있다.
	3. 조림 · 초 담기	1. 조림 · 초에 따라 색, 형태, 분량 등을 고려하여 그릇을 선택할 수 있다. 2. 조리 종류에 따라 국물 양을 조절하여 담아낼 수 있다. 3. 조림, 초, 조리에 따라 고명을 얹어 낼 수 있다.
12. 한식 볶음 조리	1. 볶음 재료 준비하기	1. 볶음조리에 따라 도구와 재료를 준비할 수 있다. 2. 조리에 사용하는 재료를 필요량에 맞게 계량할 수 있다. 3. 볶음조리의 재료에 따라 전처리를 수행할 수 있다. 4. 양념장 재료를 비율대로 혼합, 조절하여 만들 수 있다. 5. 필요에 따라 양념장을 숙성할 수 있다.
	2. 볶음 조리하기	1. 조리 종류에 따라 준비한 도구에 재료와 양념장을 넣어 기름으로 볶을 수 있다. 2. 재료와 양념장의 비율, 첨가 시점을 조절할 수 있다. 3. 재료가 눌어붙거나 모양이 흐트러지지 않게 화력을 조절하여 익힐 수 있다.
	3. 볶음 담기	1. 볶음에 따라 색, 형태, 분량 등을 고려하여 그릇을 선택할 수 있다. 2. 그릇형태에 따라 조화롭게 담아낼 수 있다. 3. 볶음조리에 따라 고명을 얹어 낼 수 있다.

13. 한식 숙채 조리	1. 숙채 재료 준비하기	1. 숙채의 종류에 맞추어 도구와 재료를 준비할 수 있다. 2. 조리에 사용하는 재료를 필요량에 맞게 계량할 수 있다. 3. 재료에 따라 요구되는 전처리를 수행할 수 있다.
	2. 숙채 조리하기	1. 양념장 재료를 비율대로 혼합, 조절할 수 있다. 2. 조리법에 따라서 삶거나 데칠 수 있다. 3. 양념이 잘 배합되도록 무치거나 볶을 수 있다.
	3. 숙채 담기	1. 숙채에 따라 색, 형태, 분량 등을 고려하여 그릇을 선택할 수 있다. 2. 숙채의 색, 형태, 재료, 분량을 고려하여 그릇에 담아낼 수 있다. 3. 조리 종류에 따라 고명을 올리거나 양념장을 곁들일 수 있다.
14. 김치 조리	1. 김치 재료 준비하기	1. 김치의 종류에 맞추어 도구와 재료를 준비할 수 있다. 2. 조리에 사용하는 재료를 필요량에 맞게 계량할 수 있다. 3. 재료에 따라 요구되는 전처리(절이기 등)를 수행할 수 있다.
	2. 김치 조리하기	1. 양념장 재료를 비율대로 혼합, 조절할 수 있다. 2. 김치의 특성에 맞도록 주재료에 부재료와 양념의 비율을 조절하여 소를 넣거나 버무릴 수 있다. 3. 김치의 종류에 따라 국물의 양을 조절할 수 있다.
	3. 김치 담기	1. 조리 종류와 색, 형태, 분량 등을 고려하여 그릇을 선택할 수 있다. 2. 김치의 색, 형태, 재료, 분량을 고려하여 그릇에 담아낼 수 있다. 3. 김치의 종류에 따라 조화롭게 담아낼 수 있다.

I

위생 관리

제 1 장

개인위생 관리

1. 위생관리 기준

1) 위생관리의 정의와 필요성

(1) 위생관리의 정의

– 쓰레기, 분뇨, 음료수 처리, 하수와 폐기물 처리, 공중위생, 접객업소와 공중이용 시설 및 위생용품의 위생관리, 조리, 식품 및 식품첨가물과 이에 관련된 기구, 용기 및 포장의 제조와 가공에 관한 위생 관련 업무를 말한다.

(2) 위생관리의 필요성

① 식중독 위생사고 예방

② 점포의 이미지 개선

③ 식품의 가치 상승

④ 식품위생법 및 행정처분 강화

⑤ 고객 만족(매출의 상승 기대)

⑥ 대외적 브랜드 이미지 관리

2) 개인위생 관리

(1) 건강관리

① 조리 종사자는 보건증을 보관하며 매년 건강진단을 받도록 한다.

② 사람의 손과 피부 분비물은 미생물의 생육에 필요한 영양분이 되어 식품 오염의 원인이 될 수 있으므로 조리과정에서 항상 신경써야 한다.

③ 식품영업에 종사하지 못하는 질병의 종류

– **소화기계 감염병** : 콜레라, 장티푸스, 파라티푸스, 세균성 이질, 장출혈성 대장균 감염증, A형 감염 등 → 환경 위생을 철저히 함으로써 예방 가능

– **결핵** : 비전염성인 경우는 제외

– **피부병 및 기타 화농성 질환**

– **후천성면역결핍증(AIDS)** : 「감염병의 예방 및 관리에 관한 법률」에 의하여 성병에 관한 건강진단을 받아야 하는 영업에 종사하는 자에 한함

(2) 복장관리

순번	세부기준
두발	항상 단정하게 묶어 뒤로 넘기고 두건 안으로 넣는다.
화장	진한 화장이나 향수 등을 쓰지 않는다.
유니폼	세탁된 청결한 유니폼을 착용하고 바지는 줄을 세워 입는다.
명찰	왼쪽 가슴 정중앙에 부착한다.
장신구	화려한 귀걸이, 목걸이, 손목시계, 반지 등을 착용하지 않는다.
손톱	손톱은 짧고 항상 청결하게. 상처가 있으면 밴드를 붙인다.
안전화	지정된 조리사 신발을 신고 항상 깨끗하게 관리한다.
위생모	근무 중에는 반드시 정확하게 착용한다.

(3) 개인위생 복장의 기능

① **위생복** : 조리 종사원의 신체를 열과 가스, 전기, 위험한 주방기기, 설비 등으로부터 보호, 음식을 만들 때 위생적으로 작업하는 것을 목적으로 함

② **안전화** : 미끄러운 주방바닥으로 인한 낙상, 찰과상, 주방기구로 인한 부상 등 잠재되어

있는 위험으로부터 보호

③ **위생모** : 머리카락과 머리의 분비물로 인한 음식 오염방지

④ **앞치마** : 조리 종사원의 의복과 신체를 보호

⑤ **머플러** : 주방에서 발생하는 상해 및 응급조치

식품위생 관리

1. 미생물의 종류와 특성

1) 미생물의 종류

① 곰팡이(Mold : 사상균)

• 균사체를 발육기관으로 하여 포자를 형성하여 증식하는 진균

구분	내용
털곰팡이	전분의 당화나 치즈 숙성에 이용
빵곰팡이, 거미줄 곰팡이	빵에 잘 번식하며 딸기, 채소, 밀감을 변패시킴
푸른곰팡이(Penicillum속)	페니실린 제조, 과일이나 치즈 등을 변패시키거나 황변미를 만듦
누룩곰팡이(Aspergillus속)	약주, 탁주, 된장, 간장 제조에 이용

② 효모(Yeast)

• 진핵세포 구조를 가진 고등 미생물

• 구형, 난형(타원형, 신장형, 원통형, 레몬형), 균사형 등의 단세포

• 주정, 주류 제조, 제빵 등에 이용되는 것도 있으나, 인체에 유해한 병원성(칸디다균, 크립토코커스균)인 것도 있다.

③ 세균(Bacteria)

- 단세포의 하등 미생물이며 세포분열에 의하여 증식
- 구균(화농균, 폐렴구균), 간균(살모넬라균, 이질균, 결핵균), 나선균(콜레라균, 장염비브리오균)

④ 리케차(Rickettsia)

- 세균과 바이러스의 중간에 속하는 미생물
- 원형, 타원형, 아령형
- 2분법으로 증식하며, 운동성이 없고 세포 중에서만 증식이 가능하며 발진티푸스의 병원체이기도 하다.

⑤ 바이러스(Virus : 가장 작은 미생물)

- 형태나 크기는 일정하지 않고 순수배양이 불가능
- 살아 있는 세포에서만 증식하며 세균여과기를 통과하는 여과성 병원체
- 천연두, 소아마비, 인플루엔자, 광견병, 일본뇌염 등의 원인이 되기도 한다.

⑥ 스피로헤타(Spirochaeta)

- 단세포식물과 다세포식물의 중간 미생물
- 나선형이며 운동성이 있다.
- 매독균, 재귀열, 와일루씨병의 병원체

⑦ 원생동물(원충류, Protozoas)

- 단세포의 하급동물로서 활발한 운동성이 있다.
- 말라리아원충, 아메바성 이질, 질트리코모나스, 톡소플라스마 등의 병원체

핵 | 심 | 문 | 제

곰팡이 > 효모 > 스피로헤타 > 세균 > 리케차 > 바이러스

2) 미생물에 의한 식품의 변질

식품을 보존하지 않아 여러 가지 환경요인으로 성분이 변화되어 영양소가 파괴되고, 향기나 맛의 손상이 일어나 식품 원래의 특성을 잃게 되는 상태

① 변질의 종류

구분	내용
변패	탄수화물 식품이 본래 가지고 있는 고유성분이 변화하거나 품질이 저하되는 것
부패	단백질 식품이 미생물에 의해 분해되고, 악취와 유해물질을 생성하는 현상
산패	지방질 식품이 공기 중의 산소와 산화효소에 의해 산화 및 가수분해 효소에 의한 분해 등으로 맛이나 빛깔, 냄새 등이 변하는 현상
발효	당질식품이 미생물에 의해 알코올과 유기산 등 유용한 물질을 생성하는 현상
후란	단백질 식품 표면에 호기성세균이 번식하여 일종의 노화현상을 일으키는 것

② 식품의 부패 판정

- **관능검사** : 시각, 촉각, 미각, 후각 이용
- **생균수 검사** : 식품 1g당 10.7~10.8일 때 초기 부패로 판정
- **수소이온농도** : pH 6.0~6.2일 때 초기 부패로 판정
- **트리메틸아민(TMA)** : 어류의 신선도 검사로 3~4mg%이면 초기부패로 판정
- **휘발성염기질소량 측정** : 식육의 신선도 검사로 30~40mg%이면 초기부패로 판정
- **히스타민** : 단백질 분해산물이 히스티딘에서 생성, 히스타민의 함량이 낮을수록 신선

① 미생물은 적당한 영양소, 수분, 온도, pH, 산소가 있어야 생육할 수 있다. 이 중에서 영양소, 수분, 온도를 미생물 증식의 3대 조건이라 한다.

② 생육에 필요한 수분량 순서는 세균 > 효모 > 곰팡이이다.

③ 삼투압의 경우 식염용액은 보통 1~2% 정도의 농도에서 미생물의 생육이 저해되지만, 내염성 미생물은 10~20% 농도에서도 생육이 가능하다.

3) 미생물 관리

구분	내용
영양소	탄소원, 질소원, 무기염류, 비타민, 발육소 등이 필요하다.
수분	미생물의 몸체를 구성하고 생리기능을 조절하는 성분으로 보통 40% 이상 필요 – 수분 활성치(Aw) 순서 : 세균(0.90~0.95) ≫ 효모(0.88) ≫ 곰팡이(0.65~0.80) – 세균 : 수분량 15% 이하에서 억제 – 곰팡이 : 수분량 13% 이하에서 억제
온도	0℃, 80℃ 이상에서는 발육하지 못함 – 저온균 : 발육 최적온도 15~20℃(식품의 부패를 일으키는 부패균) – 중온균 : 발육 최적온도 25~37℃(질병을 일으키는 병원균) – 고온균 : 발육 최적온도 55~60℃(온천물에 서식하는 온천균)
산소	• 호기성균 : 산소를 필요로 하는 균(곰팡이, 효모, 식초산균) • 혐기성균 : 산소를 필요로 하지 않는 균(낙산균) – 통성혐기성균 : 산소에 관계없이 어느 편에서도 발육이 가능한 균(젖산균) – 편성혐기성균 : 산소를 절대적으로 기피하는 균
pH (수소이온농도)	곰팡이와 효모 : pH 4.0~6.0(약산성) 세균 : pH 6.5~7.5(중성 또는 약알칼리성)에서 잘 자란다.

2. 기생충

1) 선충류(가장 높은 감염률)

채소류에서 주로 감염되고, 돼지고기 · 어류에서도 이루어진다.

구분	내용
요충증	직장 내에서 기생하는 성충이 항문 주위에 산란. 경구 침입
회충증	손, 파리, 바퀴벌레 등에 의해 식품이나 음식물에 오염되어 경구 침입된다.
구충증 (십이지장충)	경구감염 및 경피 침입된다.(감염형 피낭유충)
동양모양선충 (동양털회충)	위, 십이지장, 소장에 기생
편충	특히 맹장에 기생하며, 빈혈과 신경증을 유발시키고, 설사증도 일으킨다.
말레이사상충	모기가 사상충 감염자의 흡혈을 하여 모기의 장내에서 선상충이 된 것을 모기가 사람을 물어 옮겨지면 사람의 임파조직에 기생하게 된다.

선모충	돼지 근육 내의 피낭유충→사람 경구감염, 소장에서 탈낭→성충→유충 배출→사람의 근육에서 발육하여 피낭유충으로 존재
아니사키스충	제1 중간숙주는 크릴새우 등 바다 갑각류이며, 제2 중간숙주가 해산어이면서 종말숙주가 고래가 된다. 인체 내에서는 성충이 되지 못함
유극악 구충	제1 중간숙주가 물벼룩이며 제2 중간숙주는 민물고기(가물치, 뱀장어, 메기 등)이다. 종말숙주는 개, 고양이가 되며 인체 내에서는 성충이 되지 못함

2) 흡(吸)충류(어패류에서 감염)

구분	제1 중간숙주	제2 중간숙주
간디스토마(간흡충)	왜우렁	민물고기(잉어, 참붕어, 피래미, 모래무지)
폐디스토마(폐흡충)	다슬기	가재, 게
요코가와흡충(횡천흡충)	다슬기	민물고기(은어 등)

3) 조(絛)충류(수육에서 감염)

구분	중간숙주 및 특징
유구조충(갈고리촌충, 돼지고기촌충)	돼지이며 돼지고기를 생식하는 지역에서 감염
무구조충(민촌충, 소고기촌충)	급속 냉동에도 사멸되지 않는다.
광절열두조충(긴촌충)	제1 숙주 물벼룩, 제2 숙주 반민물고기, 민물고기(농어, 연어, 송어 등)

4) 원(原)충류

구분	특징
이질아메바증	제2종 법정 전염병이다. 면역이 확실하지 않다.
질트리코모나스	성기 전파(제4성병)
말라리아(포자충류, 학질)	병원충이 모기 침에서 사람 몸안으로 들어가 백혈구 안에서 분열 증식됨

3. 살균 및 소독의 종류와 방법

1) 정의

방부	미생물의 생육을 억제 또는 정지시켜 부패를 방지
소독	병원미생물의 병원성을 약화시키거나 죽여서 감염력을 없앰
살균	미생물의 사멸
멸균	비병원균, 병원균 등 모든 미생물과 아포까지 완전히 사멸

Tip

소독력의 크기순－멸균 ≫ 살균 ≫ 소독 ≫ 방부

2) 소독방법의 종류

(1) 물리적 방법

① 무가열 처리법

– **자외선살균법** : 일광 소독(실외소독), 자외선 등으로 소독, 자외선 파장의 범위는 2,500～2,800Å(옴스트롱) 정도이다.

– **방사선살균법** : 식품에 코발트 60 등의 방사선을 조사시켜 균을 죽인다.

– **세균여과법** : 음료수나 액체식품 등을 세균여과기로 걸러서 균을 제거시키는 방법이며, 바이러스는 크기가 너무 작아 걸러지지 않는다.

② 가열처리법

화염멸균법	불에 타지 않는 금속, 도자기류, 유리병을 불꽃 속에서 20초 이상 가열하는 방법
건열멸균법	건열멸균기(dry oven)를 이용하여 170℃에서 30분 이상 가열. 아포까지도 사멸, 주삿바늘 소독에 이용함
자비소독	식기, 행주 등을 끓는 물(100℃)에서 30분간 가열하는 방법
고압증기멸균법	고압증기멸균기를 이용하여 통조림, 거즈 등을 121℃에서 20분간 소독하는 방법. 아포를 형성하는 균까지 사멸
간헐멸균법	100℃의 유통증기를 20～30분간 1일 1회로 3번 반복하는 방법
유통증기소독법	100℃의 유통증기에서 30～60분간 가열하는 방법. 아포 형성균 사멸 불가능

가. 저온살균법 : 파스퇴르가 고안한 방법으로 60~65℃에서 30분간 가열살균 후 30℃ 이하로 급랭하는 방법. 병원균의 사멸이 주목적(우유, 술, 주스, 소스류, 간장 등)

나. 고온단시간살균법 : 70~75℃에서 15초간 가열 후 냉각하는 방법(우유, 과즙음료 등)

다. 초고온순간살균법 : 130~140℃에서 1~2초간 가열 후 냉각하는 방법(우유, 과즙음료 등)

라. 고온장시간살균법 : 95~120℃에서 30~60분간 가열 살균하는 방법으로 냉각처리하지 않음(통조림)

(2) 화학적 방법

구분	내용
염소, 차아염소산나트륨	- 채소, 식기, 과일, 음료수에 사용
표백분(클로르칼크)	- 음료수, 우물, 수영장에 사용
역성비누	- 과일, 채소, 식기(원액 10%를 200~400배 희석하여 0.01~0.2% 농도로 사용) - 손 소독 사용 - 무색, 무미, 무취, 무자극성, 강한 살균력 - 유기물이 존재하거나 보통비누와 같이 사용하면 소독력이 떨어지므로 같이 사용하지 않음
석탄산(3%)	- 화장실, 하수도 등 오물소독에 사용 - 소독약의 살균력 지표(유기물이 있어도 살균력이 약화되지 않음) 석탄산계수 = $\frac{\text{다른 소독약의 희석배수}}{\text{석탄수의 희석배수}}$ - 석탄산계수가 낮으면 살균력이 떨어짐 - 소독액의 온도가 고온일수록 효과가 큼 - 냄새와 독성이 강하고 금속부식성이 있으며 피부점막에 강한 자극성을 줌
크레졸(3%)	- 화장실, 하수도 등 오물소독에 사용 - 손 소독에 사용 - 피부 자극은 약하나 석탄산보다 소독력이 2배 강함
생석회	- 화장실, 하수도 등 오물소독에 사용
포르말린	- 포름알데히드를 35~38%로 물에 녹인 액체 - 화장실, 하수도 등 오물소독에 사용
과산화수소(3%)	- 자극성이 적어서 피부, 상처 소독에 사용
승홍수(3%)	- 손, 피부 소독에 주로 사용 - 금속 부식성이 있어 비금속기구 소독에 사용 - 단백질과 결합 시 침전이 생김
에틸알코올(70%)	- 금속기구, 초자기구, 손 소독에 사용
과망간산칼륨	- 산화작용을 이용해 소독

(3) 조사살균법

① 자외선(2,500~2,800Å)이나 방사선을 이용하여 미생물을 사멸시키는 방법으로 방사선 살균은 ^{60}Co(코발트 60)을 식품에 방사선 조사시킴

② 곡류, 청과물, 육류와 가금류의 살균 처리 시에 이용됨

Tip 소독약의 구비조건

- 살균력이 강하고 침투력이 강한 것
- 경제적이며 사용하기 편한 것
- 금속부식성, 표백성이 없을 것
- 용해성이 높고 안정성이 있을 것

3) 식품의 보존법

(1) 가스저장법(CA저장)

① 냉장 조건하에 공기의 조성을 인공적으로 조절하여 식품의 저장 수명을 연장하는 방법으로 산소의 농도(21%)를 30%로 높이고, 탄산가스의 농도(0.03%)를 5%로, 질소(78%)와 불활성가스를 92%로 높이는 방법으로 과실이나 채소, 곡류의 호흡률을 감소시킴

(2) 화학적 처리에 의한 보존

① **염장법(Salting)** : 10% 정도의 식염농도에 절이는 방법(삼투압 원리). 해산물, 육류, 채소

② **당장법(Sugaring)** : 50% 이상의 설탕농도에 절이는 방법(당을 이용한 삼투압원리)으로 과실에 이용. 잼, 젤리, 마멀레이드

③ **산저장(Pickling)** : 초산, 젖산, 구연산 등을 이용하여 저장. 초산농도는 3~4% 이상이며 피클, 채소, 어육 등에 이용

(3) 종합적 처리에 의한 보존

① **훈연법** : 수지(樹脂)가 적은 나무(참나무, 벚나무, 떡갈나무 등)를 불완전 연소시켜서 발생하는 연기에 육류(돼지), 가금류(오리, 닭), 어류(연어) 등을 그을려서 저장하는 방법

(햄, 베이컨, 소시지 등)

② **염건법** : 소금을 첨가한 후 건조시켜서 저장하는 방법(조기, 고등어 등)

③ **조미법** : 용기에 식품을 넣고 수분증발, 수분흡수, 미생물의 침범, 공기(산소)의 통과를 막아 보존하는 방법(통조림, 병조림, 진공포장, 레토르트파우치)

4. 식품의 위생적 취급기준

① 식품 등을 취급하는 원료 보관실, 제조가공실, 조리실, 포장실 등의 내부는 항상 청결하게 관리해야 함

② 식품 등의 원료 및 제품 중 부패, 변질되기 쉬운 것은 냉동, 냉장 시설에 보관 관리해야 함

③ 식품 등의 보관, 운반, 진열 시에는 식품 등의 기준 및 규격이 정한 보존 및 유통기준에 적합하도록 관리해야 하고, 이 경우 냉동, 냉장 시설 및 운반시설은 항상 정상적으로 작동시켜야 함

④ 식품 등의 제조, 가공, 조리 또는 포장에 직접 종사하는 사람은 위생모를 착용하는 등 개인위생 관리를 철저히 하여야 함

⑤ 제조, 가공(수입품을 포함)하여 최소판매 단위로 포장된 식품 또는 식품첨가물은 허가를 받지 아니하거나 신고를 하지 아니하고 판매의 목적으로 포장을 뜯어 분할하여 판매하면 안 됨(다만, 컵라면, 일회용 다류, 그 밖의 음식류에 뜨거운 물을 부어주거나, 호빵 등을 따뜻하게 데워 판매하기 위하여 분할하는 경우는 제외)

⑥ 식품 등의 제조, 가공, 조리에 직접 사용되는 기계, 기구 및 음식기는 사용 후에 세척, 살균하는 등 항상 청결하게 유지 · 관리하여야 하며 어류, 육류, 채소류를 취급하는 칼, 도마는 각각 구분해서 사용해야 함

⑦ 유통기한이 경과된 식품 등을 판매하거나 판매의 목적으로 진열, 보관해서는 안 됨

5. 식품첨가물과 유해물질

① 식품을 제조, 가공, 조리 또는 보존하는 과정에서 감미, 착색, 표백 또는 산화방지 등을 목적으로 식품에 사용하는 물질(기구, 용기, 포장을 살균, 소독하는 데 사용되어 간접적으로 식품으로 옮아갈 수 있는 물질 포함)

② 식품첨가물의 사용목적

- 품질 유지
- 영양 강화
- 보존성 향상
- 관능만족

6. 식품의 변질 및 부패를 방지하는 식품첨가물

1) 보존료(방부제)

식품의 변질, 부패를 막고 신선도를 유지시키기 위해 사용되는 첨가물로 미생물의 증식을 억제

- **데히드로초산** : 치즈, 버터, 마가린, 된장
- **안식향산** : 간장, 청량음료
- **소르빈산** : 식육제품, 잼류, 어육연제품, 케첩
- **프로피온산** : 빵, 생과자

Tip 보존료의 구비조건

- 변질 미생물에 대한 증식 억제효과가 클 것
- 미량으로도 효과가 클 것
- 독성이 없거나 극히 적을 것
- 무미, 무취하고 자극성이 없을 것
- 공기, 빛, 열에 안정하고 pH에 의한 영향을 받지 않을 것
- 사용하기 간편하고 값이 쌀 것

2) 살균제(소독제)

식품부패균, 병원균을 사멸시키기 위해 사용하는 첨가물

– **차아염소산나트륨** : 음료수, 식기소독

– **표백분** : 음료수, 식기소독

3) 산화방지제(항산화제)

식품의 산패를 방지하기 위해 사용하는 첨가물

<table>
<tr><th>천연 항산화제</th><td colspan="2">비타민 E(di-α-토코페롤), 비타민 C(L-아스코르빈산나트륨)</td></tr>
<tr><th rowspan="2">인공 항산화제</th><td>지용성</td><td>BHA(부틸히드록시아니솔), BHT(부틸히드록시톨루엔), 몰식자산프로필</td></tr>
<tr><td>수용성</td><td>에르소르빈산염</td></tr>
</table>

Tip 비타민 E

- 노화방지, 산화방지
- 모든 비타민 중 열에 가장 강함

7. 기호성 향상과 관능을 만족시키는 식품첨가물

조미료	• 식품에 지미(旨味: 맛난맛)를 부여하기 위해 사용하는 첨가물 • 종류: 글루타민산나트륨(다시마), 호박산(조개류), 이노신산(소고기)
감미료	• 식품에 단맛을 부여하기 위해 사용하는 첨가물 • 종류 : 사카린나트륨, D-소르비톨, 아스파탐, 글리실리진산나트륨
발색제(색소 고정제)	• 식품 중의 색소성분과 반응하여 그 색을 고정(보존)하거나 나타나게 하는 데 사용되는 첨가물 • 육류발색제 : 아질산나트륨, 질산나트륨, 질산칼륨-식육제품, 어육 소시지, 어묵, 햄 등에 사용 • 식물성 발색제 : 황산 제1,2철, 염화 제1,2철-과일류, 채소류에 사용
착색료	• 식품에 색을 부여하거나 소실된 색채를 복원시키기 위해 사용하는 첨가물 • 식용색소 녹색 제3호 : 단무지, 주스, 젓갈류(소시지 제외) • 식용색소 황색 제2호(tar계)
착향료	• 식품에 향을 부여, 냄새를 없애거나 강화하기 위해 사용하는 첨가물 • 종류 : 멘톨, 바닐린, 계피알데히드
산미료	• 식품에 신맛을 부여하기 위해 사용되는 첨가물로 식욕을 돋우는 역할 • 종류 : 초산, 구연산, 주석산, 푸말산, 젖산
표백제	• 식품 제조과정 중 식품의 색소가 변색되는 것을 방지하기 위해 사용되는 첨가물 • 종류 : 과산화수소, 차아염소산나트륨, 아황산나트륨, 황산나트륨

8. 품질유지 및 개량을 위한 식품첨가물

유화제 (계면활성제)	• 서로 혼합되지 않는 물질을 균일한 혼합물로 만들기 위해 사용하는 첨가물 • 종류 : 난황(레시틴), 대두인지질(레시틴), 카세인나트륨
밀가루 개량제 (소맥분 개량제)	• 밀가루의 표백 및 숙성기간의 단축, 제빵의 품질을 향상시키기 위해 사용되는 첨가물 • 종류 : 과산화벤조일, 과황산암모늄, 브롬산칼륨, 이산화염소
팽창제	• 제과나 제빵 시 조직을 연하게 하고 기호성을 높이기 위해 사용하는 첨가물 • 종류 : 이스트, 명반, 탄산수소나트륨, 탄산암모늄
호료 (증점제, 안정제)	• 식품의 점착성을 증가시키고 식품의 형태 변화를 방지하기 위해 사용되는 첨가물 • 종류 : 젤라틴, 한천, 알긴산나트륨, 카세인
피막제	• 신선도를 유지하기 위하여 표면에 피막을 만들어 호흡작용을 적당히 제한하고 수분의 증발을 방지하는 첨가물 • 종류 : 초산비닐수지, 몰포린지방산염
품질 개량제 (결착제)	• 식품의 결착, 탄력성, 보수성, 팽창성 증대 및 조직의 개량 등을 위하여 사용하는 첨가물 • 종류 : 인산염류

9. 식품 제조 가공과정에서 필요한 것

구분	내용
소포제	• 식품 제조공정 중에 생기는 거품을 소멸시키거나 억제하기 위해 사용되는 첨가물 • 종류 : 규소수지
추출제	• 유지의 추출을 용이하게 하기 위해 사용되는 첨가물 • 종류 : n-hexane(헥산)
팽창제	• 이산화탄소, 암모니아가스 등을 발생시켜 빵이나 과자 등을 부풀게 하는 첨가물 • 종류 : 효모(천연), 명반, 탄산수소나트륨, 탄산암모늄, 탄산수소암모늄
용제	• 착색료, 착향료, 보존료 등을 식품에 첨가할 경우 잘 녹지 않으므로 용해시켜 식품에 균일하게 흡착시키기 위해 사용하는 첨가물 • 종류: 프로필렌글리콜, 글리세린, 글리세린지방산에스테르, 핵산

10. 기타

구분	내용
이형제	• 빵 틀로부터 빵의 형태를 손상시키지 않고 분리해 내기 위해 사용 • 종류 : 유동 파라핀
껌 기초제	• 껌이 적당한 점성과 탄력성을 갖게 하여 풍미를 유지하는 데 사용 • 종류 : 초산비닐수지, 에스테르껌, 폴리부텐, 폴리이소부틸렌
방충제	• 곡류의 저장 시 곤충이 서식하는 것을 방지하기 위해 사용 • 종류 : 피페로닐부톡사이드(곡류 외 사용 금지)
훈증제	• 훈증이 가능한 식품을 훈증에 의하여 살균하는 데 사용 • 종류 : 에틸렌옥사이드(천연조미료에 사용)

11. 유해물질

1) 중금속

구분	내용
카드뮴(Cd)	이타이이타이병(골연화증)
수은(Hg)	미나마타병(강력한 신장독, 전신경련)
납(Pb)	인쇄, 유약 바른 도자기, 구토, 복통, 설사, 소변에서 코프로포르피린 검출
주석(Sn)	통조림, 내부도장, 구토, 설사, 복통
크롬	금속, 화학공장 폐기물, 비중격천공, 비점막궤양

PCB 중독	일명 가네미유중독, 미강유중독, 피부병, 간질환, 신경장애 증세
불소(F)	반상치, 골경화증, 체중감소
비소(As)	농약, 제초제, 구토, 위통, 습진성 피부질환, 설사, 신경염
아연(Zn)	통조림관의 도금재료, 구토, 복통, 설사, 경련, 오심

2) 유해 첨가물

착색제	아우라민(단무지), 로다민 B(붉은 생강, 어묵)
감미료	둘신(설탕의 250배, 혈액독), 사이클라메이트(설탕의 40~50배, 발암성) 페릴라(설탕의 2,000배)
표백제	론갈리트, 형광표백제
보존료	붕산(체내 축적), 포름알데히드, 불소화합물, 승홍

3) 조리실 및 가공에서 생기는 유해물질

메틸알코올 (메탄올)	• 에탄올 발효 시 펙틴이 존재할 때 생성 • 두통, 구토, 설사, 심하면 실명
N-니트로사민 (N-nitrosamine)	• 육가공품의 발색제 사용으로 인한 아질산염과 제2급 아민이 반응하여 생성되는 발암물질
다환방향족탄화수소	• 벤조피렌 • 훈제육이나 태운 고기에서 다량 검출되는 발암작용을 일으키는 유해물질
아크릴아마이드	• 전분식품 가열 시 아미노산과 당이 열에 의해 결합하는 메일라드 반응을 통해 생성되는 발암물질
헤테로고리아민	• 방향족질소화합물 • 육류의 단백질을 300℃ 이상의 온도에서 가열할 때 생성되는 발암물질
멜라민	• 중독 시 방광결석, 신장결석 유발 • 신체 내 반감기는 약 3시간으로 대부분 신장을 통해 요(尿)로 배설 • 반수치사량(투여한 동물의 50%가 사망하는 것으로 추정하는 양)은 3.2kg 이상으로 독성이 낮음 • 영유아를 대상으로 하는 식품(분유, 이유식)에서는 불검출되어야 함

4) 식품첨가물의 안전성 평가

– **급성독성시험** : 대량의 검체를 1회 또는 24시간 내에 반복 투여하거나 흡입될 수 있는 화학물질을 24시간 동안 노출시킨 후 1~2주 관찰하여 50% 치사량(LD)값을 구하는 시험

- **아급성독성시험** : 시험물질을 3~12개월에 걸쳐 3회 이상 투여하여 독성을 평가하는 시험
- **만성독성시험** : 실험동물에게 1년 이상 장기간에 걸쳐 연속 투여하여 어떠한 장해나 중독이 일어나는지를 알아보는 시험

제 3 장

주방위생 관리

1. 주방위생 위해요소

1) 주방위생의 정의

– 주방 및 주방과 관련된 사람, 물건이 질병을 일으키지 않도록 청결하게 유지 · 관리하는 것을 말한다. 즉, 오염된 것이 눈에 보이지 않으며 병원균이 거의 모두 제거되도록 하여야 하며, 인체에 유해한 화학물질이 없어야 한다.
– 외식업소의 주방에서 만들어져 손님에게 제공되는 음식은 모두 안전해야 한다. 즉 주방에서 각종 가열기구에 의해 음식으로 만들어지는 모든 식재료들이 우선적으로 세균이나 기타 질병의 전염원에 오염되어 있지 않아야 한다.
– 음식물의 품질과 안정성은 매우 중요한 요소인데 맛이 변질된 음식이나 오물이 묻은 음식물, 상미기간이 지난 불결한 음식물은 손님들을 만족시킬 수 없을 것이다.

2) 위생관리의 목적

식재료를 가공하여 손님에게 판매할 음식을 만드는 공정에서 주방설비 및 장비 · 조리 종사원 · 서비스 종사원들이 최종 판매음식에 위해가 가해지지 않도록 충분히 위생적으로 관리하기 위한 것이다.

3) 위생관리 방법

- 청결한 작업이 용이하도록 주방 내의 준비시설과 1차 가공처리 지역을 합리적으로 설계
- 식재료 양의 정확한 측정과 실행이 필요
- 주방 작업장에 위생규칙을 매뉴얼화하여 표준화
- 위생적이고 안전한 음식물을 가공
- 조리 종사원의 올바른 위생교육과 임무 부여를 통한 음식의 안전도 유지

2. 식품안전관리인증기준(HACCP)

1) 정의

식품의 원료, 제조 · 가공 · 조리 및 유통의 전 과정에서 위해물질이 해당 식품에 혼입되거나 오염되는 것을 사전에 방지하기 위하여 각 과정을 중점적으로 관리하는 기준을 말한다.

2) 적용대상

- 어육가공품 중 어묵류
- 냉동수산식품 중 어류 · 연체류 · 패류 · 갑각류 · 조미가공품
- 냉동식품 중 기타 빵 및 떡류 · 면류 · 일반가공식품의 기타 가공품
- 빙과류
- 집단급식소 · 식품접객업소의 조리식품, 도시락류
- 비가열음료
- 레토르트식품

3) HACCP의 특징

① 사전 예방적 식품안전관리체계

② 과학적이고 체계적인 위해 관리체계

③ 현장에서 자주적으로 적용하는 식품위생 관리기법

④ 원료부터 유통의 전 과정에 대한 체계적 관리

⑤ 식품의 위생 수준 향상

⑥ 종합적인 위생 관리체계

4) HACCP 7원칙

① **위해요소 분석** : 원재료, 제조공정 등에 대하여 생물학적, 화학적, 물리적 위해요소 분석

② **중요관리점 결정** : 식품의 위해를 방지 제거하기나 안정성을 확보할 수 있는 단계 또는 시험검사

③ **한계기준설정** : 위해관리의 허용기준 및 실천 여부에 대한 판단기준 설정

④ **모니터링 체계 확립** : 관리기준의 준수 및 확인 여부를 검증하기 위한 관찰, 측정 또는 시험검사

⑤ **개선조치 방법 수립** : 모니터링 결과 관리기준에서 벗어날 경우에 대비한 개선조치방법의 설정

⑥ **검증절차 및 방법 수립** : HACCP시스템이 적정하게 실행되고 있음을 검증하기 위한 방법 및 절차 설정

⑦ **문서화 및 기록 유지** : HACCP 계획대로의 실천여부에 대한 기록유지와 문서화 관리

5) 식품위생심의위원회의 설치

식품의약품안전처장의 자문에 응하여 다음의 사항을 조사, 심의하기 위하여 식품의약품안전처에 식품위생심의위원회를 둔다.

① 식중독 방지에 관한 사항

② 농약 · 중금속 등 유독, 유해물질 잔류 허용 기준에 관한 사항

③ 식품 등의 기준과 규격에 관한 사항

④ 그 밖의 식품위생에 관한 중요 사항

① HACCP팀 구성

– 조직 및 인력현황

– HACCP팀 구성원별 역할

– 교대근무 시 인수 · 인계방법

② 제품설명서

– 제품명 · 제품유형 및 성상

– 품목제조보고 연 · 월 · 일(해당제품에 한한다)

– 작성자 및 작성 연 · 월 · 일

– 성분(또는 식자재) 배합비율

– 제조(포장)단위(해당제품에 한한다)

– 완제품의 규격(해당제품에 한한다)

– 보관 · 유통상(또는 배식상)의 주의사항

– 제품용도 및 유통기간(또는 배식기간)

– 포장방법 및 재질(해당제품에 한한다)

– 표시사항(해당제품에 한한다)

– 기타 필요한 사항

③ 제조공정 설비

– 제조(또는 조리)공정도(공정별 가공방법)

– 작업장 평면도(작업특성별 구획, 기계 · 기구 등의 배치, 제품의 흐름과정, 세척 · 소독조의 위치, 작업자의 이동경로, 출입문 및 창문 등을 표시한 평면도면)

– 공조시설 계통도

– 용수 및 배수처리 계통도

④ 제조 · 가공 및 유통에 따른 위해요소분석

⑤ 중요관리점

⑥ 중요관리점의 한계기준

⑦ 감시(모니터링)방법

⑧ 개선조치방법

⑨ 문서 및 기록유지방법

⑩ 검증방법

3. 작업장 교차오염 발생요소

1) 교차오염의 정의

식재료, 기구, 용수 등에 오염되어 있던 미생물이 오염되어 있지 않은 식재료, 기구, 종사자와의 접촉 또는 작업과정에 혼입됨으로 인하여 미생물의 전이가 일어나는 것을 말한다.

2) 교차오염이 발생하는 경우

– 맨손으로 식품을 취급 시
– 손 씻기가 부적절한 경우
– 식품 쪽에서 기침할 경우
– 칼, 도마 등을 혼용할 경우

3) 교차오염 방지요령

– 일반구역과 청결구역으로 구역을 설정하여 전처리, 조리, 기구세척 등을 별도의 구역에서 한다.
– 칼, 도마 등의 기구나 용기는 용도별(조리 전, 후)로 구분하여 각각 전용으로 준비하여 사용한다.
– 세척용기(또는 세정대)는 어육류, 채소류로 구분 사용하고 사용 전후에 충분히 세척 · 소독한 후에 사용한다.
– 식품취급 등의 작업은 바닥으로부터 60cm 이상에서 실시하여 바닥의 오염된 물이 튀어 들어가지 않게 한다.

- 식품취급 작업은 반드시 손을 세척소독한 후에 하며, 고무장갑을 착용하고 작업하는 경우 장갑을 손에 준하여 관리한다.
- 전처리하지 않은 식품과 전처리된 식품을 분리 보관한다.
- 전처리에 사용하는 용수는 반드시 먹는 물을 사용한다.

제4장

식중독 관리

1. 식중독의 정의와 종류

1) 식중독의 정의

자연유독물, 유해화학물질 및 미생물 등이 음식물에 첨가되거나 오염되어 경구적으로 섭취하였을 때 발생하는 건강장해

구분		내용
세균성 식중독	감염형	살모넬라균, 장염비브리오균, 병원성 대장균, 웰치균
	독소형	포도상구균(독소 : 엔테로톡신) 보툴리누스균(독소 : 뉴로톡신)
	기타 식중독	장구균, 아리조나 식중독, 알레르기성 식중독
화학적 식중독 (유독, 유해화학물질)		메탄올, 유기염소화합물, 유기불소화합물, 유해금속류(수은, 비소, 납 등)
자연독 식중독	식물성	독버섯, 감자, 유독식물 등
	동물성	복어, 조개류 등
	곰팡이 (mycotoxin 중독)	아플라톡신(두류, 땅콩, 맥각중독(보리, 밀, 호밀), 황변미 중독(페니실리움속)

2) 식중독의 보고 순서

의사 또는 한의사 → 보건(소)장 → 시장, 군수 → 시, 도지사 →보건복지부 장관, 식품의약품안전처장

2. 세균성 식중독

- **증상** : 심한 위장증상, 급격한 발열(38~40℃), 구토, 설사, 두통, 오한 등을 일으킨다.

1) 감염형 식중독

구분	특징	오염원	예방
살모넬라 식중독	그람음성 간균, 호기성 또는 통성혐기성균	쥐, 파리, 바퀴벌레, 가축, 가금(닭, 오리)	열에 약하므로 60℃에서 30분간 먹기 직전에 가열처리한다.
장염비브리오 식중독	호염성 세균(해수세균)으로, 통성혐기성	어패류에 오염	60℃에서 5분간 가열처리하고 조리기구와 행주 등 소독, 저온보존
병원성대장균 식중독	그람음성 간균, 음지에서 발육	동물의 배설물, 우유가 주원인	용변 후 손 세척, 분뇨의 위생적 처리 등
웰치균 식중독	그람양성 간균, 편성혐기성균	식육류 및 그 가공품, 어패류 및 그 가공품, 튀김두부	분변의 오염을 막고 저장에 유의(10℃ 이하, 60℃ 이상 보존)

2) 독소형 식중독

① **포도상구균 식중독** : 우유, 크림, 버터, 치즈 등 단백질이 풍부한 식품에 많다.

- **원인균** : 그람양성 구균으로 혐기성이고, 화농성질환의 대표적인 원인균으로 황색포도상구균이다. 식중독의 원인은 포도상구균이 생성하는 독소인 엔테로톡신(enterotoxin : 장독소)에 의하여 독성을 일으킨다. 포도상구균은 열에 약하나(80℃에서 30분 가열하면 파괴됨) 장독소인 엔테로톡신은 내열성이 강하다.
- **증상** : 급성위장염으로 급격히 발병하며 타액분비, 메스꺼움, 구토, 복통, 설사 등

- **예방대책** : 화농성질환자의 식품조리 · 취급 금지, 식품의 저온저장 등

② 보툴리누스 식중독 : 살균이 불충분한 통조림, 햄, 소시지 등에서 발생

- **원인균** : 편성혐기성 세균으로 식중독의 원인이 되는 신경독소인 뉴로톡신(neurotoxin)을 생성한다. 독소는 열에 약하나(80℃에서 30분 가열하면 파괴됨) 아포는 열에 강하다(120℃에서 20분 이상 가열해야 파괴됨). 균형은 A~G까지 7형이 있으나 식중독의 원인이 되는 것은 A, B, E형이다.
- **증상** : 신경마비증상으로 시력장애(동공확대), 복통, 두통, 실성, 복부팽만, 언어장애, 호흡곤란, 마비증상이 일어나 사망할 수 있다(치사율 30~70%로 가장 높다).
- **예방대책** : 음식물의 가열처리, 통조림 및 소시지 등의 위생적 저온저장과 가공

3) 기타 세균성 식중독

(1) 장구균(Streptococcus faecalis)

① 사람이나 동물의 장내 상주균으로, 냉동식품에 있어 분변오염은 장구균의 지표가 된다.

② 잠복기는 1~36시간(평균 5~10시간)이며, 임상증상은 수양성 설사, 복통, 급성 위장염 등 포도상구균 식중독과 비슷하다.

(2) 아리조나 식중독(단백질 부패세균)

① 살모넬라균과 거의 비슷한 성질을 가지고 있으며, 잠복기는 12~16시간이므로 원인식품은 닭고기와 달걀류 및 그 가공품인 경우가 많다.

② 구토, 설사, 복통 등이 주 증상이다.

(3) 알레르기성 식중독

① 부패산물의 하나인 히스타민(Histamine)에 의해 발생하며, 항히스타민제의 복용으로 쉽게 치료가 가능하다.

② 원인식품은 꽁치나 전갱이, 고등어 같은 붉은 살 생선에 프로테우스 모르가니(Proteus morganii)균이 증식하여 발생한다.

③ 잠복기는 30~60분이며, 얼굴, 전신에 홍조, 작열감, 발열, 두통, 위장 증상 등이 있다.

3. 자연독 식중독

1) 식물성 식중독

① **독버섯** : 무스카린(맹독성 열에 강함), 무스카리딘, 팔린, 아미니타톡신, 뉴린, 콜린, 필지오 등

증상	내용
위장형 중독	무당버섯, 큰붉은버섯, 화경버섯 등
콜레라형 중독	알광대버섯, 독우산버섯 등
신경계 장애형 중독	파리버섯, 광대버섯, 미치광이버섯 등

핵 | 심 | 문 | 제

독버섯 감별법

- 줄기가 세로로 찢어지지 않고 부스러지는 것
- 악취가 있는 것
- 색깔이 선명하고 아름다운 것
- 쓴맛, 신맛이 나는 것
- 줄기에 마디가 있는 것
- 버섯을 찢었을 때 젖국 같은 액즙분비, 표면점액이 있는 것
- 은수저 등으로 문질렀을 때 검게 보이는 것

② **감자중독** : 솔라닌(solanin(e))으로 감자의 싹튼 부분, 껍질의 녹색부분에 있다.

- **중독증상** : 중추신경장애, 용혈작용, 구토, 복통, 두통, 위장장애, 현기증, 발열, 언어장애, 의식장애 등을 일으킨다.
- **예방대책** : 조리에 의해 파괴되지 않으므로 싹튼 부분, 껍질의 녹색부분을 제거. 그늘진 서늘한 곳에 보관해야 한다.

2) 동물성 식중독

① **복어중독** : 테트로도톡신(tetrodotoxin)으로 물에 녹지 않는 약염기성 물질

- 열에 대한 저항성이 강해 100℃에서 4시간 가열에도 파괴되지 않는다.
- 난소 · 간 · 내장 · 표피의 순으로 다량 함유
- 증상 : 치사량은 약 2㎎으로 구토, 촉각 · 미각 둔화, 근육마비, 호흡곤란, 의식불명 등이며 치사율이 50~60%에 이른다.
- 예방대책 : 전문조리사만이 조리하도록 하고 유독부의 폐기처리를 철저히 한다.

② **조개류 중독** : 식후 30분~3시간에 발병하며 치사율은 10% 정도이다.

- 모시조개 · 바지락 · 굴 : 베네루핀(venerupin), 100℃에서 1시간 가열해도 파괴되지 않으며 출혈반점 토혈, 혼수 초래
- 검은 조개 · 섭조개 : 삭시톡신(saxitoxin), 말초신경의 마비증상, 호흡곤란
- 소라 : 시구아톡신(ciguatoxin), 구토, 설사, 복통 및 혀 · 구진 · 전신마비

3) 유독 곰팡이 식중독

- 미코톡신(mycotoxin) : 곰팡이독의 총칭
- 아플라톡신(aflatoxin) : 땅콩, 쌀, 밀, 옥수수, 된장, 고추장 등에 존재한다.
- 맥각중독 : 보리, 밀, 호밀에 잘 번식하는 곰팡이인 맥각균
- 황변미중독 : 페니실리움(penicillium) 곰팡이에 의한다.

4. 화학적 식중독

1) 식품첨가물에 의한 식중독

- 유해감미료 : 둘신(설탕의 250배), 사이크라메이트(설탕의 40~50배), 파라니트로오르토톨루이딘(설탕의 200배), 에틸렌글리콜, 페릴라틴(설탕의 2,000배)
- 유해착색료 : 아우라민(황색색소), 로다민 B(핑크색 색소), 파라니트로아닐린(황색 색소),

실크스칼렛(등적색 색소)

- **유해보존제(살균제)** : 붕산, 포름알데히드, 불소화합물, 승홍
- **유해성 표백제** : 론갈리트, 형광표백제, 니트로겐트리클로라이드, 과산화수소, 아황산납 등
- **증량제** : 산성백토, 카올린

2) 메틸알코올에 의한 식중독

- 주류의 메탄올 함유허용량은 0.5mg/ml 이하, 과실주 1.0mg/ml
- 중독량은 5~10ml, 치사량은 30~100ml
- **증상** : 두통, 현기증, 복통, 설사, 실명, 중증일 때는 정신이상이나 사망 유발

3) 유해성 금속에 의한 식중독

- **비소(As)** : 살충제, 농약제 등에 사용되며 독성이 있어 구기, 구토, 연하곤란, 설사 등을 일으키고 심하면 심장마비가 된다.
- **납(Pb)** : 시력장해로 급성중독과 만성중독을 일으킨다.
- **카드뮴(Cd)** : 골연화증으로 이타이이타이병을 유발한다.
- **구리(Cu)** : 첨가물, 조리용 기구의 녹청 등이 원인이며 구토, 메스꺼움의 증상이 있다.
- **수은(Hg)** : 전신경련
- **기타** : 아연(Zn), 수은(Hg), 안티몬(Sb), 주석(Sn) 등

제 5 장

식품위생 관계 법규

1. 식품위생법 총칙

1) 식품위생법의 목적

① 식품으로 인한 위생상의 위해를 방지
② 식품영양의 질적 향상을 도모
③ 국민건강의 보호 · 증진에 이바지

2) 식품위생법의 용어 정의

① **식품** : 모든 음식물을 말한다. 다만, 의약으로 섭취하는 것은 제외한다.

② **식품첨가물** : 식품을 제조 · 가공 · 조리 또는 보존하는 과정에서 식품에 감미, 착색, 표백 또는 산화방지 등의 목적으로 식품에 사용되는 물질을 말한다.

③ **화학적 합성품** : 화학적 수단으로 원소 또는 화합물에 분해반응 외의 화학반응을 일으켜 얻은 물질을 말한다.

④ **기구** : 음식 먹을 때 사용하거나 담는 것. 그리고 식품 또는 식품첨가물의 채취 · 제조 · 가공 · 저장 · 소분 · 운반 · 조리 · 진열할 때 사용하는 것으로 식품 또는 식품첨가물에 직접 닿는 기계 · 기구나 그 밖의 물건을 말한다. 다만, 농업과 수산업에서 식품 채취에 쓰

는 기계 · 기구나 그밖의 물건 및 「위생용품 관리법」 제2조제1호에 따른 위생용품은 제외한다.

⑤ **용기 · 포장** : 식품 또는 식품첨가물을 넣거나 싸는 것으로서 식품 또는 첨가물을 주고받을 때 함께 건네는 물품을 말한다.

⑤-1 **공유주방** : 식품의 제조 · 가공 · 조리 · 저장 · 소분 · 운반에 필요한 시설 또는 기계 · 기구 등을 여러 영업자가 함께 사용하거나, 동일한 영업자가 여러 종류의 영업에 사용할 수 있는 시설 또는 기계 · 기구 등이 갖춰진 장소를 말한다.

⑥ **위해** : 식품, 식품첨가물, 기구 또는 용기 · 포장에 존재하는 위험요소로서 인체의 건강을 해치거나 해칠 우려가 있는 것을 말한다.

⑦ **영업** : 식품 또는 식품첨가물을 채취 · 제조 · 가공 · 조리 · 저장 · 소분 · 운반 또는 판매하거나 기구 또는 용기 · 포장을 제조 · 운반 · 판매하는 업을 말한다. 다만, 농업과 수산업에 속하는 식품 채취업은 제외한다. 이 경우 공유주방을 운영하는 업과 공유주방에서 식품제조업 등을 영위하는 업을 포함한다.

⑧ **식품위생** : 식품, 식품첨가물, 기구 또는 용기, 포장을 대상으로 하는 음식에 관한 위생을 말한다.

⑨ **집단급식소** : 영리를 목적으로 하지 않고 특정 다수인에게 계속하여 음식물을 공급하는 기숙사, 학교, 학교, 유치원, 어린이집, 병원, 사회복지시설, 산업체, 공공기관, 후생기관 등의 비영리 급식시설로 1회 50명 이상에게 식사를 제공하는 급식소를 말한다.

⑩ **식품이력추적관리** : 식품을 제조 · 가공단계부터 판매단계까지 각 단계별로 정보를 기록 · 관리하여 그 식품의 안전성 등에 문제가 발생할 경우 그 식품을 추적하여 원인을 규명하고 필요한 조치를 할 수 있도록 관리하는 것을 말한다.

⑪ **식중독** : 식품 섭취로 인하여 인체에 유해한 미생물 또는 유독물질에 의하여 발생하였거나 발생한 것으로 판단되는 감염성 질환 또는 독소형 질환을 말한다.

⑫ **집단급식소에서의 식단** : 급식대상 집단의 영양섭취기준에 따라 음식명, 식재료, 영양성분, 조리방법, 조리인력 등을 고려하여 작성한 급식계획서를 말한다.

2. 식품과 식품첨가물

1) 위해식품 등의 판매 등 금지

① 썩거나 상하거나 설익어서 인체의 건강을 해칠 우려가 있는 것

② 유독 · 유해물질이 들어 있거나 묻어 있는 것 또는 그러할 염려가 있는 것. 다만, 식품의약품안전처장이 인체의 건강을 해칠 우려가 없다고 인정한 것은 제외함

③ 병을 일으키는 미생물에 오염되었거나 그러할 염려가 있어 인체의 건강을 해칠 우려가 있는 것

④ 불결하거나 다른 물질이 섞이거나 첨가 또는 그 밖의 사유로 인체의 건강을 해칠 우려가 있는 것

⑤ 유전자변형식품 등의 안전성 심사 등에 따른 안전성 심사 대상인 농 · 축 · 수산물 등 가운데 안전성 심사를 받지 않았거나 안전성 심사에서 식용(食用)으로 부적합하다고 인정된 것

⑥ 수입이 금지된 것 또는 「수입식품안전관리 특별법」 제20조제1항에 따른 수입신고를 하지 않고 수입한 것

⑦ 영업자가 아닌 자가 제조 · 가공 · 소분한 것

2) 병든 동물 고기 등의 판매 금지

누구든지 총리령으로 정하는 질병에 걸렸거나 걸렸을 염려가 있는 동물이나 그 질병에 걸려 죽은 동물의 고기 · 뼈 · 젖 · 장기 또는 혈액을 식품으로 판매하거나 판매할 목적으로 채취 · 수입 · 가공 · 사용 · 조리 · 저장 · 소분 또는 운반하거나 진열하면 안 된다.

3) 식품 등의 공전(公典)

식품의약품안전처장은 식품 또는 식품첨가물의 기준과 규격, 기구 및 용기 · 포장의 기준과 규격 등의 기준 등을 실은 식품 등의 공전을 작성 · 보급해야 한다.

3. 검사

1) 식품위생감시원

① 관계공무원의 직무와 그 밖에 식품위생에 관한 지도 등을 하기 위하여 식품의약품안전처, 특별시 · 광역시 · 특별자치시 · 도 · 특별자치도 또는 시 · 군 · 구에 식품위생감시원을 둔다.

② 식품위생감시원의 직무

- 식품, 식품첨가물, 기구 및 용기 포장의 위생적 취급기준의 이행지도
- 수입, 판매 또는 사용 등이 금지된 식품, 첨가물, 기구 및 용기, 포장의 취급여부에 관한 단속
- 표시기준 또는 과대광고 금지의 위반여부에 관한 단속
- 출입 및 검사에 필요한 식품 등의 수거
- 시설기준 적합여부의 확인, 검사
- 영업자 및 종업원의 건강진단 및 위생교육 이행여부의 확인, 지도
- 식품위생 관리인, 조리사, 영양사의 법령 준수사항 이행여부의 확인, 지도
- 행정처분의 이행여부 확인
- 식품, 식품첨가물, 기구 및 용기, 포장의 압류, 폐기 등
- 영업소의 폐쇄를 위한 간판 제거 등의 조치
- 기타 영업자의 법령 이행여부에 관한 확인, 지도

4. 영업

1) 식품접객업

① **휴게음식점영업:** 주로 다류(茶類), 아이스크림류 등을 조리 · 판매하거나 패스트푸드점, 분식점 형태의 영업 등 음식류를 조리 · 판매하는 영업으로서 음주행위가 허용되지 아니하는 영업. 다만, 편의점, 슈퍼마켓, 휴게소, 그 밖에 음식류를 판매하는 장소

(만화가게 및 「게임산업진흥에 관한 법률」 제2조제7호에 따른 인터넷컴퓨터게임시설 제공업을 하는 영업소 등 음식류를 부수적으로 판매하는 장소를 포함한다)에서 컵라면, 일회용 다류 또는 그 밖의 음식류에 물을 부어 주는 경우는 제외한다.

② **일반음식점영업:** 음식류를 조리 · 판매하는 영업으로서 식사와 함께 부수적으로 음주행위가 허용되는 영업

③ **단란주점영업:** 주로 주류를 조리 · 판매하는 영업으로서 손님이 노래를 부르는 행위가 허용되는 영업

④ **유흥주점영업:** 주로 주류를 조리 · 판매하는 영업으로서 유흥종사자를 두거나 유흥시설을 설치할 수 있고 손님이 노래를 부르거나 춤을 추는 행위가 허용되는 영업

⑤ **위탁급식영업:** 집단급식소를 설치 · 운영하는 자와의 계약에 따라 그 집단급식소에서 음식류를 조리하여 제공하는 영업

⑥ **제과점영업:** 주로 빵, 떡, 과자 등을 제조 · 판매하는 영업으로서 음주행위가 허용되지 아니하는 영업

2) 영업의 허가 등

① 대통령령으로 정하는 영업을 하려는 자는 영업 종류별 또는 영업소별로 식품의약품안전처장 또는 특별자치시장, 특별자치도지사, 시장, 군수, 구청장의 허가를 받아야 한다. 허가받은 사항 중 대통령령으로 정하는 중요한 사항을 변경할 때에도 또한 같다.

② ①에 따라 영업허가를 받은 자가 폐업하거나 허가받은 사항 중 중요한 사항을 제외한 경미한 사항을 변경할 때에는 식품의약품안전처장 또는 특별자치시장, 특별자치도지사, 시장, 군수, 구청장에게 신고하여야 한다.

3) 영업의 허가를 받아야 할 업종

① **식품조사처리업** : 식품의약품안전처장

② **단란주점영업과 유흥주점영업** : 특별자치시장 · 특별자치도지사 또는 시장 · 군수 · 구청장

4) 영업신고를 해야 할 영업

① 즉석식품판매 제조 · 가공업

② 식품운반업

③ 식품소분 · 판매업

④ 식품냉동 · 냉장업

⑤ 용기 · 포장류제조업

⑥ 일반음식점 · 휴게음식점 · 위탁급식 및 제과점 영업

⑦ 복어조리 일반음식점(복어자격증이 없으면 신고증이 나오지 않는다.)

5) 영업등록을 해야 할 영업

① 식품제조 · 가공업 ② 식품첨가물제조업 ③ 공유주방 운영업

6) 건강진단

① 영업자 및 그 종업원은 건강진단을 받아야 한다.

② 건강진단을 받아야 하는 사람은 식품 또는 식품첨가물(화학적 합성품 또는 기구 등의 살균 · 소독제는 제외한다)을 채취 · 제조 · 가공 · 조리 · 저장 · 운반 또는 판매하는 일에 직접 종사하는 영업자 및 종업원으로 한다.(다만, 완전 포장된 식품 또는 식품첨가물을 운반하거나 판매하는 데 종사하는 사람은 제외한다.)

7) 영업에 종사하지 못하는 질병

① **업무 종사의 일시제한** : 장티푸스, 콜레라, 파라티푸스, 세균성이질, 장출혈성대장균감염증, A형 간염 등

② 결핵(비감염성은 제외)

③ 피부병 또는 화농성 질환(포도상구균)

④ 후천성면역결핍증(성매개감염병에 관한 건강진단을 받아야 하는 영업에 종사하는 자만 해당)

8) 식품위생교육

① 영업자 및 유흥종사자를 둘 수 있는 식품접객업 영업자의 종업원은 매년 식품위생에 관한 교육을 받아야 한다.

② 영업을 하려는 자는 미리 식품위생교육을 받아야 한다. 다만 부득이한 사유의 경우에는 영업을 시작한 뒤에 받을 수 있다.

9) 영업자와 종업원이 받아야 하는 식품위생교육 시간

① **영업자(식품자동판매기영업자는 제외)** : 3시간

② **유흥주점영업의 유흥종사자** : 2시간

③ **집단급식소를 설치 · 운영하는 자** : 3시간

10) 영업을 하려는 자가 받아야 하는 식품위생교육 시간

① **식품제조 가공업, 즉석판매제조 가공업, 식품첨가물 제조업** : 8시간

② **식품운반법, 식품소분 판매법, 식품보존업, 용기 포장류제조업** : 4시간

③ **식품접객 영업을 하려는 자** : 6시간

④ **집단급식소를 설치 운영하려는 자** : 6시간

5. 조리사와 영양사

1) 조리사를 두어야 하는 영업

① 식품접객업 중 복어를 조리 · 판매하는 영업

② 국가 · 지방자치단체가 설립 · 운영하는 집단급식소

③ 정부투자기관

④ 지방공기업법에 의한 지방공사 및 지방공단

⑤ 특별법에 따라 설립된 법인

⑥ 학교, 병원, 사회복지시설
다만, 영양사가 조리사 면허를 받은 경우 별도의 조리사를 두지 않아도 무관하다.

2) 영양사를 두어야 할 영업

① 상시 1회 50인 이상에게 식사를 제공하는 집단급식소는 영양사를 두어야 한다.
다만, 집단급식소 운영자 자신이 조리사로서 조리하는 경우나 영양사가 조리사 면허를 받은 경우는 두지 않아도 된다.

3) 조리사 또는 영양사 면허의 결격사유

① 정신보건법에 따른 정신 질환자(정신병, 인격장애, 알코올중독자)
다만, 전문의가 조리사 또는 영양사로서 적합하다고 인정하는 자는 제외
② 감염병예방법 규정에 따른 감염병 환자(B형 간염환자는 제외)
③ 마약이나 그 밖의 약물 중독자
④ 조리사 또는 영양사 면허의 취소처분을 받고 1년이 지나지 아니한 자

4) 조리사 면허의 취소사유

① 정신질환자, 감염병환자, 마약 및 기타 약물 중독자
② 조리사 면허의 취소처분을 받고 1년이 지나지 아니한 자
③ 식중독이나 그 밖에 위생과 관련한 중대한 사고 발생에 직무상 책임이 있는 경우
④ 면허를 타인에게 대여하여 사용하게 한 경우
⑤ 식품위생 수준 및 자질 향상을 위한 교육을 받지 아니한 경우
⑥ 업무정지기간 중에 조리사의 업무를 한 경우

5) 조리사 위반사항에 대한 행정 처분

위반사항	1차 위반	2차 위반	3차 위반
① 조리사의 결격사유 중 어느 하나에 해당하게 된 경우	면허취소		
② 식중독이나 그 밖에 위생과 관련한 중대한 사고 발생에 직무상 책임이 있는 경우	업무정지 1개월	업무정지 2개월	면허취소
③ 면허를 타인에게 대여하여 사용하게 한 경우	업무정지 2개월	업무정지 3개월	면허취소
④ 업무정지기간 중에 조리사의 업무를 한 경우	면허취소		
⑤ 식품위생 수준 및 자질 향상을 위한 교육을 받지 아니한 경우	시정명령	업무정지 15일	업무정지 1개월

6. 시정명령과 허가취소 등 행정 제재

1) 시정명령

① 식품의약품안전처장, 시 · 도지사 또는 시장 · 군수 · 구청장은 식품 등의 위생적 취급에 관한 기준에 맞지 아니하게 영업하는 자와 이 법을 지키지 아니하는 자에게는 필요한 시정을 명하여야 한다.

② 식품의약품안전처장, 시 · 도지사 또는 시장 · 군수 · 구청장은 제1항의 시정명령을 한 경우에는 그 영업을 관할하는 관서의 장에게 그 내용을 통보하여 시정명령이 이행되도록 협조를 요청할 수 있다.

③ 제2항에 따라 요청을 받은 관계 기관의 장은 정당한 사유가 없으면 이에 응하여야 하며, 그 조치결과를 지체 없이 요청한 기관의 장에게 통보하여야 한다.

2) 허가취소

식품의약품안전처장 또는 특별자치시장 · 특별자치도지사 · 시장 · 군수 · 구청장은 영업자가 대통령령으로 정하는 바에 따라 영업허가 또는 등록을 취소하거나 6개월 이내의 기간을 정하여 그 영업의 전부 또는 일부를 정지하거나 영업소 폐쇄를 명할 수 있다.

① 식품과 식품첨가물 판매 금지 규정을 위반한 경우

② 정해진 기준, 규격에 맞지 않는 식품 및 식품첨가물의 판매 등 금지 규정을 위반한 경우

③ 정해진 기준, 규격에 맞지 않는 기구 및 용기, 포장의 판매 등 사용금지 규정 등을 위반한 경우

④ 육류, 쌀, 김치류의 원산지 등 표시의무 규정, 허위표시(허위표시, 과대광고, 과대포장) 등의 금지 규정을 위반한 경우

⑤ 위해식품 등의 제조, 판매 금지 규정을 위반한 경우

⑥ 영업장 등 시설기준을 위반한 경우

⑦ 영업의 허가, 신고의무, 허가 신고받은 사항, 또는 경미한 변경 시 허가 신고의무 등을 위반한 경우

⑧ 식품이력추적관리기준에 따른 식품이력추적관리를 등록하지 아니한 경우

⑨ 식품안전관리인증기준을 지키지 아니한 경우

⑩ 위해식품 회수에 따른 회수 조치를 하지 아니한 경우

7. 표시사항의 위반

① 질병의 예방 · 치료에 효능이 있는 것으로 인식할 우려가 있는 표시 또는 광고

② 식품 등을 의약품으로 인식할 우려가 있는 표시 또는 광고

③ 건강기능식품이 아닌 것을 건강기능식품으로 인식할 우려가 있는 표시 또는 광고

④ 제품과 관련이 없거나 사실과 다른 수상 또는 상장의 표시 · 광고를 한 경우

⑤ 다른 식품 · 축산물의 유형과 오인 · 혼동하는 표시 · 광고를 한 경우

⑥ 안전관리 인증작업장 등으로 인증받지 않고 안전관리인증작업장 등의 명칭을 사용한 경우

⑦ 표시 · 광고 심의 대상 중 심의를 받지 않거나 심의 결과에 따르지 아니한 표시 또는 광고

⑧ 표시기준을 위반한 건강기능식품을 제조 · 수입 · 판매한 경우

⑨ 사용하지 않은 원재료명 또는 성분명을 표시 · 광고한 경우

⑩ 표시사항 전부를 표시하지 아니한 것을 사용한 경우

제6장

공중보건

1. 공중보건의 개념

1) 정의

- 단순한 질병이나 허약하지 않은 것을 의미하는 것이 아니고 육체적, 정신적, 사회적으로 모두 완전한 상태를 말한다.
- 질병을 예방
- 생명을 연장
- 신체적, 정신적 효율을 증진시키는 기술이며 과학이다.

2) 세계보건기구(WHO)의 주요 업무

① 각 회원국에 보건관계 자료제공, ② 기술지원 및 자문, ③ 국제적 보건사업의 지휘 및 조정

3) 공중보건 수준 평가

① 비례 사망자 수 ② 평균수명 ③ 조사망률 ④ 영아사망률(가장 대표적)

Tip

- 영아사망률 : 공중보건수준의 대표적인 지표
- 영아사망의 3대 원인 : 1. 폐렴 및 기관지염
  2. 장염 및 설사
  3. 신생아 고유질환 및 사고
- 영아 : 생후 12개월 미만
- 신생아 : 생후 28일 미만

4) 공중보건의 대상

최소단위는 지역사회 전 주민이다.

5) 공중보건의 3대 요소

질병예방, 생명연장, 건강증진

핵 | 심 | 문 | 제

영아사망률 : 보건수준의 지표

대장균 : 분변오염의 지표

장구균 : 냉동식품 오염의 지표

석탄산 : 소독약의 살균력 지표

이산화탄소(CO_2) : 실내공기 오염의 지표

아황산가스(SO_2) : 실외공기 오염의 지표

2. 보건행정

1) 정의

공공의 책임하에 수행하는 행정활동으로 국민의 질병예방, 생명연장, 건강증진을 도모하기 위하여 행해진다.

2) 보건소

보건소는 1946년 10월부터 설치되었으며, 지방보건행정의 말단 행정기관으로 시 · 군 · 구 단위로 1개소씩 설치하되 인구가 20만 명을 초과하는 시 · 군 · 구에는 초과인구 10만 명마다 1개소의 비율로 증설할 수 있도록 규정하고 있으며, 보건지소는 보건소 업무 수행상 필요하다고 인정될 때 그 관할구역 내에 설치할 수 있도록 규정하고 있다.

3) 일반보건행정

보건복지부에서 담당하며 일반주민을 대상으로 한다. 기생충 질환, 각종 전염병 등에 대한 예방대책을 관장한다.

예방보건행정	각종 급성 전염병에 대한 방역대책, 결핵, 나병, 기생충질환, 성병, 성인병의 예방과 대책을 담당
모자보건행정	모자보건의 증진과 가족계획의 지도 연구, 국민영양을 개선지도
위생행정	환경위생행정의 종합계획의 수립과 조정, 생활환경 중 질병요인을 없앨 목적으로 행하는 상수도 관리, 분뇨처리, 위생업 관리 등과 육류, 우유를 비롯한 기타 식품의 공급과 감독, 공해에 관한 계획과 감독 등을 담당한다.
의무행정	의료행정의 계획수립과 조정, 의료요원의 훈련과 수립계획, 인사, 면허와 자격시험에 관한 사항, 병원 및 보건소에 대한 육성지도, 시설의 보급과 정비를 관장
약무행정	약무행정의 계획수립과 조정, 의약품, 의료기구 등의 생산과 판매에 관한 지도 및 감시, 약제사 면허에 관한 사항, 마약, 독극물, 각성제 등을 단속지도

4) 근로보건행정

각 산업체에서 근무하는 근로자를 대상으로 한다. 작업환경의 향상, 산업재해예방, 근로자의 건강유지 및 증진, 근로자 복지시설의 관리 및 안전 교육 등의 문제를 담당한다.

| 직업병의 종류 |

고열 환경	열중증(열경련증 · 열허탈증 · 열쇠약증 · 열사병)
저온 환경	참호족염, 동상, 동창
고압 환경	잠함병(잠수병)
저압 환경	고산병, 항공병
조명 불량	안구진탕증 · 근시 · 안정피로
소음	작업성 난치(방지 : 귀마개 사용, 방음벽 설치, 작업방법 개선)
분진	진폐증 – 규폐증(유리구산), 석면폐증(석명), 활석폐증(활석)
방사선	조혈기능장애, 피부점막의 궤양과 암 형성, 생식기장애, 백내장
진동	레이노드병
납(Pb) 중독	면역, 빈혈, 연산통
수은(Hg) 중독	미나마타병의 원인물질로 언어장애, 신장독, 위장장애, 보행곤란의 증세를 일으킨다.
크롬(Cr) 중독	비염, 인두염, 기관지염
카드뮴(Cd) 중독	이타이이타이병의 원인물질로 폐기종, 신장장애, 단백뇨, 골연화의 증세를 보인다.

3. 환경위생 및 환경오염 관리

1) 환경위생의 목표

인간의 신체발육과 건강 및 생존에 유해한 영향을 끼칠 수 있는 생활환경을 개선, 조정 또는 관리하여 쾌적하고 건강한 삶을 영위할 수 있도록 하는 데 있다.

자연적 환경	인위적 환경	사회적 환경
기후(기온, 기습, 기류, 기압, 일광), 공기, 물 등	채광, 조명, 환기, 냉 · 난방, 상하수도, 오물처리, 곤충의 구제, 공해 등	교통, 인구, 종교 등

2) 자연적 환경

① 일광

- **자외선** : 파장이 2,800~3,200Å(옹스트롬)일 때 인체에 유익한 작용을 한다.
  - 비타민 D 형성 : 구루병을 예방
  - 2,500~2,800Å일 때 살균작용이 강하다.
  - 장애 : 피부의 홍반, 색소침착 및 피부암 유발, 안과질환 유발
  - 기능 : 신진대사 촉진, 적혈구 생성 촉진, 혈압 강하작용
- **가시광선** : 3,000~7,000Å으로 망막을 자극하여 색채를 부여하고 명암을 구분하게 해준다.
- **적외선(열선)** : 파장이 가장 길며(7,800Å) 지상에 복사열을 주어 기온을 좌우한다.
  - 기능 : 홍반, 피부온도의 상승, 혈관확장 작용
  - 장애 : 백내장, 일사병 유발

② 기후(온열인자, 온열조건)

- **기온** : 실외기온이란 지상으로부터 1.5m에서 측정한 건구온도를 말한다.(쾌적온도 18±2℃)
  - 최고기온은 오후 2시경이고 최저는 일출 30분 전이다.
  - 기온은 온열조건에 가장 큰 영향을 미친다.
- **기습** : 일정온도의 공기 중에 포함되는 수증기량(쾌적습도 40~70%)
  - 너무 건조하면 피부질환이 발생하기 쉽다.
  - 너무 높으면 불쾌감을 유발한다.
- **기류** : 대기 중에 일어나는 공기의 흐름(쾌감기류 1m/sec)
  - 기압차와 기온차에 의하여 형성된다.
  - 0.1m/sec는 무풍, 0.2~0.5m/sec는 불감기류
- **복사열** : 발열체로부터 직접 발산되는 열

  기후의 3대 요소(감각온도의 3인자)는 온도, 습도, 기류를 말한다.

| 불쾌지수 |

DI	미국	동양
70	주민 10% 정도가 불쾌감 느낌	
75	주민 50% 정도가 불쾌감 느낌	주민 9%가 느낌
80	거의 모든 사람이 불쾌감 느낌	
85 이상	견딜 수 없는 상태	주민 93%가 느낌

핵 | 심 | 문 | 제

감각온도의 3요소
기온, 기습, 기류

③ 공기

지구를 덮고 있는 공기의 층을 대기라 한다. 성인의 경우 생명을 유지하기 위해서는 하루 13 kℓ의 공기가 필요하다.

- **질소(N_2)** : 약 78%가 존재. 정상기압에서는 직접적으로 인체에 영향을 주지 않으나, 고기압 상태(잠함병)나 감압(감압증) 시에는 영향을 받는다.
- **산소(O_2)** : 물질의 산화나 연소 및 생물체의 호흡에 필수적인 원소로 공기 중에 약 21% 존재한다. 공기 중의 산소량이 10%이면 호흡곤란, 7% 이하면 질식 · 사망하게 된다.
- **이산화탄소(CO_2)** : 0.03% 존재하며 실내공기의 오염도를 화학적으로 측정하는 지표가 된다.
- **일산화탄소(CO)** : 불완전 연소과정에서 주로 발생하는 무색, 무미, 무취의 가스로서 맹독성이 있다.
- **아황산가스(SO_2)** : 자극성 냄새가 있는 가스로서, 중유 연소 시 다량 발생하여 대기오염의 지표 및 대기오염의 주원인이다.

핵 | 심 | 문 | 제

군집독

다수인이 밀접한 곳(극장, 강연장)의 실내공기는 화학적 조성이나 물리적 조성의 변화로 인하여 불쾌감, 두통, 현기증, 구토 등의 생리적 이상을 일으키는데 이러한 현상을 군집독이라 한다. 그 원인으로는 산소 부족, 이산화탄소 증가, 고온, 고습, 기루 상태에서 유해가스 및 취기 등에 의해 복합적으로 발생한다.

④ 물(H_2O)

- 체중의 60~70%가 물이고, 그중 10%를 상실하면 생리적 이상이 오고 20~22% 이상 상실하면 생명이 위험하다. 성인 1일 필요량은 2~2.5ℓ이다.
- **기능** : 영양소와 노폐물 운반, 체온조절, 체내 화학반응의 촉매작용, 삼투압 조절 등
- **경수와 연수** : 칼슘과 마그네슘 등을 많이 함유한 물을 경수라 하며 음용 시 설사를 하게 되고, 거품이 잘 일어나지 않는다. 칼슘과 마그네슘 등의 염류가 포함되지 않거나 조금 포함된 물을 연수라 한다. 경수를 끓이거나 소석회 등의 약품처리를 하면 연수가 되고 거품이 잘 일어나고 미끄럽다.
- **물의 검사**
  - 이화학적 검사 : 물의 온도, 색도, 냄새, 맛 등의 검사
  - 세균학적 검사 : 일반세균, 대장균 유무 확인
  - 화학적 검사 : 각종 화학물질
- **물의 소독** : 열 처리법(100℃ 이상으로 끓임), 염소 소독법(수도), 표백분 소독법(우물), 자외선 소독법, 오존 소독법이 있으며 우물 물은 화장실과 최저 20m 이상, 하수관이나 배수로 등으로부터 3m 이상 떨어져 있어야 한다.

염소 소독의 장 · 단점

장점	단점
• 소독력이 강하다. • 잔류 효과가 크다(염소 소독 시 잔류 염소는 0.1ppm 유지). • 조작이 간편하다. • 가격이 싸다.	• 냄새가 난다. • 염소의 독성이 있다.

• **물과 질병**

– **수인성 전염병** : 장티푸스, 파라티푸스, 세균성이질, 콜레라, 유행성 간염 등 주로 소화기계 전염병이 대부분을 차지하며, 발생지역이 대체로 음용수 사용지역과 일치하고 환자발생이 폭발적이다. 치명률이 낮고 2차 감염 환자의 발생이 거의 없다.

– **기생충 감염** : 페디스토마, 간디스토마, 긴촌충, 주혈흡충, 회충, 편충 등

– **중금속 오염** : 수은, 카드뮴, 시안, 유기인, 질산은 등 사업장에서 유출되는 유해 유독물질의 수질오염

– **우치와 반상치** : 수중의 불소는 0.8~1ppm이 적당하나 장기 음용 시 불소가 지나치게 적으면 우치(삭은니), 지나치게 많으면 반상치 발생

• **음용수 판정기준**

– 암모니아성 질소는 0.5ppm을 넘지 아니할 것

– 질산성 질소는 10ppm을 넘지 아니할 것

– 일반세균 수는 1cc 중 100을 넘지 아니할 것

– 대장균군은 50cc 중에서 검출되지 아니할 것

– 시안, 수은 및 유기인 기타 유기물질은 검출되지 아니할 것

– 수소이온농도(pH)는 5.8~8.0이어야 할 것

– 과망간산칼륨 소비량은 10ppm을 넘지 아니할 것

– 경도는 300ppm을 넘지 아니할 것

- 소독으로 인한 취기 이외의 취미가 없을 것
- 색도, 탁도는 각각 2도 이하일 것

3) 인위적 환경

① **채광** : 자연조명을 뜻하며 태양광선을 이용하는 것이다.

- 창의 면적은 바닥면적의 1/5~1/7이 적당하고 벽면적의 70%가 적당하며 방향은 남향이 좋다.
- 실내 각 점의 개각은 4~5°, 입사각은 28° 이상이 좋다.
- 거실의 안쪽 길이는 창틀 윗부분까지 높이의 1.5배 이하가 적당하다.
- 창의 높이는 높을수록 밝으며, 천장인 경우에는 보통 창의 3배나 밝은 효과를 얻을 수 있다.

② **인공조명** : 인공광을 이용하며 백열전구, 형광등과 같은 것이 있다.

직접조명	광선이용률이 커서 경제적이나, 눈이 부시고 강한 음영으로 불쾌감
간접조명	반사시켜 조명하므로 빛이 매우 온화하나 조명 효율이 낮다.
반간접조명	절충식으로 광선을 분산하여 비춰서 반사시키므로 빛이 온화하다.

- 조리실의 조(명)도는 반간접조명 50~100럭스(Lux)여야 한다.
- **1럭스** : 조명의 단위로 1칸델라(촉광)의 광원에서 1m 떨어진 곳의 광원과 직각으로 놓인 면의 밝기

■ 인공조명 시 고려할 사항

- 조도는 작업상 충분할 것
- 광색은 주광색에 가까울 것
- 유해가스 발생이 없는 것
- 조도는 균등할 것
- 발화나 폭발위험이 없을 것
- 취급이 간편하고, 값이 쌀 것
- 광원은 작업상 간접조명이 좋으며 좌측 상방에 위치할 것

■ 부적당한 조명에 의한 피해

- 가성근시, 안정피로, 안구진탕증, 전광성 안염, 백내장, 작업능률의 저하, 재해발생

③ **환기** : 신선한 실외공기와 혼탁한 실내공기를 바꾸어 인체의 유해작용을 방어하는 수단

- 자연환기 : 실내와의 온도차, 외기의 풍력, 기체의 확산력
- 인공환기 : 동력을 이용한 환기. 환기횟수는 2~3회/시

④ **냉 · 난방** : 적당한 실내온도는 18±2℃, 습도는 40~70%

⑤ **상수도**

- 상수도 정수법 : 침사→침전→여과→소독
- 염소소독 : 강한 소독력과 강한 잔류효과, 냄새가 강하고 독성이 있다.

⑥ **하수도**

- **하수도의 구조**
  - 합류식 : 생활하수와 천수를 함께 처리하는 것
  - 분류식 : 생활하수와 천수를 분리 처리하는 것
  - 혼합식 : 생활하수와 천수의 일부를 처리하는 것
- **하수처리과정** : 예비처리(통침전, 약품처리) → 본처리(혐기성, 호기성처리) → 오니처리(최종처리)

핵 | 심 | 문 | 제

오니처리방법

소화법(가장 진보적인 방법), 소각법, 사상건조법, 투기법

- **하수의 위생검사**
  - BOD(생화학적 산소요구량) 30ppm 이하
  - DO(용존 산소량) 4~5ppm 이상
  - 부유물질 70ppm 이하, 대장균 3,000/ml, pH 5.8~8.6

⑦ 오물처리

- **오물** : 쓰레기, 재, 오니, 분뇨, 동물의 사체 등을 말하며, 환경보존법의 규정에 의한 산업 폐기물이 아닌 폐기물을 말한다.(오물청소법 제2조).
- **분뇨처리**
  - 가온식 소화처리 : 28~35℃에서 1개월 실시
  - 무가온식 소화처리 : 2개월 이상 실시
  - 퇴비로 사용할 경우 완전 부숙기간 : 여름 1개월, 겨울 3개월
- **진개처리(쓰레기)**
  - 2분법 : 주개와 잡개를 나누어 처리하는 방법(가정)
  - 매립법 : 땅에 묻는 방법으로 진개의 두께가 2m를 초과하지 않고, 복토 두께는 60cm~1m가 적당함
  - 소각법 : 가장 위생적인 방법이나 대기오염의 원인이 됨
  - 비료화법(퇴비법) : 화학 분해하여 퇴비로 재사용하는 방법

⑧ 위생해충

핵 | 심 | 문 | 제

위생해충(파리, 모기, 쥐, 바퀴)의 구제법

1) 환경적 구제방법 : 발생원 및 서식처 제거(가장 효과적인 방법)
2) 물리적 구제방법 : 유인등 사용, 각종 트랩, 끈끈이 사용
3) 화학적 구제방법 : 속효성 및 잔효성 살충제 분무
4) 생물학적 구제방법 : 천적 이용, 불임 웅충 방사법 등

구충 · 구서의 일반원칙

1) 발생원 및 서식처 제거
2) 광범위하게 한 번에 실시
3) 발생 초기에 실시
4) 생태, 습성에 따라 실시

• **쥐가 전파하는 질병**

 – 세균성 질병 : 페스트, 와일씨병, 서교증, 살모넬라증

 – 리케차성 질병 : 발진열

 – 바이러스성 질병 : 유행성 출혈열

• **파리가 전파하는 질병** : 장티푸스, 파라티푸스, 이질, 콜레라, 식중독

• **모기가 전파하는 질병** : 말라리아, 일본뇌염, 사상충증, 황열, 뎅구열

• **바퀴가 전파하는 질병** : 이질, 콜레라, 장티푸스, 살모넬라, 소아마비

⑨ 공해

• **공해의 종류** : 대기오염, 수질오염, 소음, 진동, 악취, 토양오염, 방사선오염, 전파 방해, 일조권 방해

 ■ **대기오염** : 공장 배기가스, 자동차 배기가스, 공사장의 분진, 가정의 굴뚝매연

 – 원인 : 아황산가스(SO_2), 질소(N_2), 일산화탄소(CO), 오존(O_3), 옥시던트, 알데히드(aldehyde), 각종 입자상 및 가스상 물질

 – 피해 : 호흡기계 질병, 식물의 고사, 건물의 부식, 금속 · 피혁제품 손상, 자연환경의 악화 등

 ■ **수질오염** : 농업(농약, 화학비료), 공업(폐수), 광업(채석, 채탄 시의 미분), 도시하수

 – 원인 : 카드뮴(Cd), 유기수은(Ag), 시안(CN), 농약, PCB(폴리염화비닐) 등

 – 피해 : 미나마타병(수은), 이타이이타이병(카드뮴), 가네미유증(PCB), 농작물의 고사, 곡물의 오염, 플랑크톤 및 어패류의 사멸, 어망의 훼손, 수도원수의 오탁, 자연환경의 악화, 공업용수의 오탁

 ■ **소음** : 소음이란 불필요한 듣기 싫은 음을 말하며, 공장, 건설장, 교통기관, 상가의 각종 소음이 있다.

 – 피해 : 수면방해, 불안증, 두통, 식욕감퇴, 주의력 산만, 작업능률 저하, 정신적 불안정, 불쾌감, 불필요한 긴장 등

⑩ 채광

– 자연조명을 뜻하며 태양광선을 이용하는 것으로 채광의 효과를 위하여 다음과 같이 하는 것이 좋다.

- 창의 방향은 남향으로 하는 것이 좋다.
- 창의 면적은 방바닥 면적의 1/5～1/7 또는 20～30%이며, 벽면적의 70%가 적당하다. (채광상 최소한의 면적은 10% 이상이 필요하다.)
- 실내 각점의 개각은 4～5°, 입사각은 28° 이상이 적당하며, 입사각이 클수록 실내는 밝다.
- 창의 높이는 높을수록 밝으며 천장인 경우에는 보통 창의 3배나 밝은 효과를 얻을 수 있다.

4. 역학 및 감염병 관리

1) 전염병 발생의 3대 요인

① **전염원(병원체)** : 병원체를 내포하여 인간에게 전파시킬 수 있는 모든 것(환자, 보균자, 접촉자, 매개동물, 곤충, 토양 등)

② **전염경로(환경)** : 병원체 전파수단이 되는 환경요인(매개 접촉전염, 개달물전염, 수인성 전염병, 음식물전염, 공기전염, 절족동물 매개전염 등)

③ **숙주** : 병원체에 대한 면역성이 없고 감수성이 있어야 한다.

2) 전염병의 생성과정

① **병원체** : 박테리아, 바이러스, 리케차, 기생충(원충류, 연충류), 후생동물

② **병원소** : 사람(환자 · 보균자), 동물, 토양 등

③ **병원소로부터 병원체 탈출** : 호흡기계, 장관, 비뇨기관 등으로 탈출, 개방병소로 직접 탈출, 곤충에 의한 기계적 탈출

④ **병원체의 전파** : 직접전파, 간접전파

⑤ **병원체의 침입** : 호흡기계, 소화기계, 피부점막 등으로 침입

⑥ **감수성 숙주의 감염** : 숙주가 병원체에 대한 면역성이나 저항이 없을 것

3) 질병과 전염병의 분류

① 양친에게서 전염되거나 유전되는 질병

- **전염병** : 매독, 두창, 풍진
- **비감염성 질환** : 혈우병, 당뇨병, 고혈압, 알레르기, 통풍, 정신발육지연, 시력 및 청각장애

② 병원미생물로 감염되는 병

- **급성 전염병**
  - 소화기계 전염병 : 장티푸스, 파라티푸스, 콜레라, 세균성이질, 소아마비, 유행성 간염
  - 호흡기계 전염병 : 디프테리아, 백일해, 홍역, 천연두, 유행성 이하선염, 풍진, 성홍열
  - 절족동물 매개 전염병 : 페스트(쥐, 벼룩), 발진티푸스(이), 말라리아(학질모기), 유행성 일본뇌염(모기), 발진열(벼룩), 유행성 출혈열(진드기)
  - 동물 매개 전염병 : 광견병(개), 탄저(소, 양, 말), 렙토스피라증(들쥐)
- **만성 전염병** : 결핵, 나병, 성병, AIDS 등
- **세균성 식중독** : 살모넬라, 장염비브리오, 포도상구균, 보툴리누스, 병원성대장균 등
- **기생충병** : 회충, 요충, 구충, 흡충류증, 원충류증

③ 식사의 부적합으로 일어나는 병 : 비만증, 고혈압, 당뇨병, 관상동맥 심장질환, 골관절염, 각종 암, 각기병, 구루병, 펠라그라증, 빈혈, 갑상선종, 충치 등

④ 공해로 일어나는 질병

- **미나마타병** : 수은에 의한 질병으로 중추신경 장애, 언어장애 등
- **이타이이타이병** : 카드뮴에 의한 질병으로 단백뇨, 골연화증 등
- **진폐증** : 먼지에 의한 대기오염(SO_2)으로 인한 질병으로, 만성기관지염, 기관지 천식, 폐기종, 호흡기계질병
- **납중독** : 도자기 유약에 다량 함유. 빈혈, 창백한 피부색, 칼슘대사이상, 신장장애

4) 전염병 분류

① 병원체에 따른 분류

- **세균성(bacteria) 전염병**
  - 소화기계 : 장티푸스, 콜레라, 파라티푸스, 세균성이질
  - 호흡기계 : 디프테리아, 백일해, 성홍열, 결핵, 폐렴, 나병
- **바이러스(Virus)성 전염병**
  - 소화기계 : 폴리오(일명 소아마비, 급성 회백수염이라고도 함), 유행성간염
  - 호흡기계 : 두창, 인플루엔자, 홍역, 유행성 이하선염
  - 리케차(rickettsia) 전염병 : 발진티푸스, 발진열, 양충병
  - 스피로헤타성 전염병 : 와일씨병, 매독, 서교증, 재귀열
  - 원충성 전염병 : 아메바성 전염병, 말라리아, 질트리코모나스증, 트리파노조마(수면병)

② 예방접종 대상에 따른 분류

- **정기 예방접종** : 디프테리아, 백일해, 홍역, 파상풍, 결핵, 소아마비, 뇌염, 콜레라
- **법적으로 규정되어 있지 않은 예방접종** : 장티푸스, 파라티푸스, 발진티푸스, 페스트(시장, 군수가 필요하다고 인정할 때 실시)

| 기본 예방접종표 |

	연령	접종내용	예방접종 금기 대상자
기본접종	4주 이내	BCG(결핵)	1. 열이 높은 자 2. 심장, 신장, 간장질환자 3. 알레르기 또는 경련성 환자 4. 임산부 5. 병약자
	2, 4, 6개월(3회 접종)	경구용 소아마비, DPT(디프테리아, 백일해, 파상풍)	
	15개월	홍역, 볼거리, 풍진	
	3~15세	일본뇌염	
추가접종	3~15세	경구용 소아마비, DPT	
	매년	일본뇌염(유행 전 접종)	

③ 잠복기에 따른 분류 : 잠복기란 감염되고 나서 발병하기까지의 기간

- **1주 이내** : 인플루엔자(1~4일), 이질(2~7일), 성홍열(3~5일), 페스트(2~6일), 콜레라(2~5일), 파라티푸스(3~6일), 디프테리아(2~5일), 뇌염(2일~수일)

- **1~2주일** : 장티푸스(1~3주), 급성회백수염(1~3주), 두창(7~16일), 발진티푸스(5~17일), 백일해(7~10일), 발진열(6~14일), 홍역(8~10일)
- **특히 긴 것** : 광견병(20~80일), 나병(2~10년), 결핵(1년으로 보지만 일정하지 않음)

④ 전염경로에 따른 분류

- **직접 접촉 전염** : 매독, 임질
- **간접 접촉 전염**
  - 비말감염 : 디프테리아 · 인플루엔자 · 성홍열(환자의 담화, 기침, 재채기 등에 의해 전염)
  - 진애감염 : 결핵 · 천연두, 디프테리아(병원체가 부착된 먼지와 티끌에 의해 전염)
- **개달물전염** : 결핵 · 트리코마 · 천연두(식기, 완구, 서적, 의복 등을 매개로 전염)
- **수인성감염** : 이질 · 콜레라 · 소아마비 · 장티푸스
- **음식물전염** : 이질 · 콜레라 · 소아마비 · 식중독
- **절족동물 매개전염**

구분	내용
모기	말라리아 · 일본뇌염 · 황열 · (말레이)사상충증 · 뎅기열
이	발진티푸스 · 재귀열
벼룩	페스트 · 발진열 · 재귀열
빈대	재귀열
바퀴	이질 · 콜레라 · 장티푸스 · 소아마비 · 살모넬라 · 식중독
파리	장티푸스 · 파라티푸스 · 이질 · 콜레라 · 결핵 · 디프테리아 · 회충 · 요충 · 편충 · 촌충
진드기	쓰쓰가무시병 · 옴 · 재귀열 · 유행성출혈열 · 양충병
쥐	페스트 · 서교증 · 재귀열 · 와일씨병 · 발진열 · 유행성출혈열 · 쓰쓰가무시병

⑤ 인체 침입장소에 따른 분류

- 소화기계 침입 : 장티푸스, 콜레라, 이질(세균성, 아메바성), 파라티푸스, 폴리오, 유행성 간염, 기생충질병, 식중독, 파상열
- 호흡기계 침입 : 디프테리아, 두창, 결핵, 나병, 백일해, 폐렴, 인플루엔자, 홍역, 수두, 풍진, 성홍열, 수막구균성 수막염, 유행성 이하선염

⑥ 법정 전염병

구분	질병
제1종 전염병(9종)	콜레라, 페스트, 장티푸스, 파라티푸스, 세균성이질, 발진티푸스, 디프테리아, 황달, 두창
제2종 전염병(17종)	백일해, 일본뇌염, 홍역, 유행성 출혈열, 유행성 이하선염, 말라리아, 재귀열, 성홍열, 폴리오, 아메바성 이질, 파상풍, 수막구균성 수막염, 광견병, 발진열, AIDS, 쓰쓰가무시병, 렙토스피라증
제3종 전염병(4종)	결핵, 나병, 성병, B형 간염

핵 | 심 | 문 | 제

석탄산 : 소독약의 살균력 지표

이산화탄소(CO_2) : 실내공기 오염의 지표

아황산가스(SO_2) : 실외공기 오염의 지표

영아사망률 : 보건수준의 지표

대장균 : 분변오염의 지표

장구균 : 냉동식품 오염의 지표

단원 문제

01 식품 중 형성된 미생물의 특징이 잘못 설명된 것은?

㉮ 가열처리된 식품에는 내열성균과 2차 오염균에 따른 미생물이 형성된다.

㉯ 신선한 식품에는 그 식품이 유래된 환경과 유사한 미생물이 형성된다.

㉰ 원료의 가공, 저장이 저온환경에서 이루어질 경우 호냉세균이 형성된다.

㉱ 수분함량이 많은 식품에는 곰팡이류가 우선적으로 증식한다.

풀이 세균 : Aw 0.95 이하, 효모 : Aw 0.87, 곰팡이 : Aw 0.80일 때 증식 저지됨

정답 ㉱

02 미생물이 식품에 오염되어 증식할 수 있는 생육인자와 가장 거리가 먼 것은?

㉮ 식품 중의 pH ㉯ 식품 중의 영양소

㉰ 식품 중의 수분 ㉱ 식품 중의 향기 성분

풀이 미생물의 발육조건
가. 영양소 나. 수분 다. 온도 라. pH(수소이온농도) 마. 산소 바. 삼투압

정답 ㉱

03 아플라톡신(aflatoxin)은 어떤 미생물로부터 생성된 것인가?

㉮ 곰팡이 ㉯ 바이러스

㉰ 리케차 ㉱ 박테리아

풀이 아플라톡신(aflatoxin)은 땅콩에 번식하는 곰팡이로 발암성(간암)이 있다.

정답 ㉮

04 식품에 오염되어 발암성 물질을 생성하는 대표적인 미생물은?

㉮ 곰팡이 ㉯ 세균

㉰ 리케차 ㉱ 효모

풀이 곰팡이(Mold : 사상균) : 균사체를 발육기관으로 하여 포자를 형성하여 증식하는 진균

정답 ㉮

05 다음 중 미생물의 분류에 속하지 않는 것은?

㉮ 선모충 ㉯ 세균

㉰ 효모 ㉱ 곰팡이

풀이 선모충은 기생충이다.

정답 ㉮

06 다음 중 건조한 환경에서 생육하는 능력이 강한 것은?

㉮ 바이러스 ㉯ 박테리아

㉰ 곰팡이 ㉱ 효모

풀이 곰팡이는 건조한 환경에서 생육하는 능력이 강하다.

정답 ㉰

07 **미생물 종류 중 크기가 가장 작은 것은?**

㉮ 효모(Yeast) ㉯ 바이러스(Virus)
㉰ 곰팡이(Mold) ㉱ 세균(Bacteria)

풀이 바이러스(Virus) : 미생물 중에서 가장 작은 것으로, 세균 여과기에도 통과되어 경구전염병의 원인이 되기도 한다. 살아 있는 세포 중에서만 생존하며, 형태와 크기가 일정치 않고, 순수 배양이 불가능하다.

정답 ㉯

08 **미생물의 생육인자와 가장 거리가 먼 것은?**

㉮ 적당한 영양소 ㉯ 적당한 자외선
㉰ 적당한 수분 ㉱ 적당한 온도

풀이 자외선은 살균작용을 한다.

정답 ㉯

09 **식품위생의 의의가 아닌 것은?**

㉮ 식품의 성분분석
㉯ 식품의 악화 방지
㉰ 식품의 보존성
㉱ 식품의 안정성

풀이 식품의 성분분석은 관계가 없다.

정답 ㉮

10 **식품위생행정의 과학적 뒷받침을 하기 위한 중앙검사기관은?**

㉮ 보건복지부
㉯ 보건국 방역과
㉰ 검역소
㉱ 질병관리청

풀이 질병관리청 : 식품위생행정의 과학적 뒷받침을 하기 위한 중앙검사기관

정답 ㉱

11 **군청이나 구청의 위생계에 배치되어 위생행정업무에 직접 참여하는 사람은?**

㉮ 식품위생감시원
㉯ 식품위생 지도사
㉰ 식품위생 검시원
㉱ 식품위생 관리원

풀이 군청이나 구청의 위생계에는 식품위생감시원이 배치되어 위생행정업무에 직접 참여하고 있다.

정답 ㉮

12 **식품위생의 목적과 거리가 먼 것은?**

㉮ 식품에 의한 위생상의 위해 방지
㉯ 식품의 안전성 유지
㉰ 영양식품의 보급
㉱ 국민보건 향상 및 증진에 기여

풀이 식품위생의 목적 : 식품에 의한 위생상의 위해 방지, 식품의 안전성 유지, 식품영양의 질적 향상 도모, 국민보건 향상 및 증진에 기여

정답 ㉰

13 **미생물의 주된 성분은?**

㉮ 단백질
㉯ 비타민
㉰ 무기질
㉱ 수분

풀이 미생물의 단백질량은 세균이 50~94%, 효모가

31~63%이다.

정답 ㉮

14 **약주나 탁주를 만드는 데 이용하는 곰팡이는?**

㉮ 푸른곰팡이

㉯ 누룩곰팡이

㉰ 털곰팡이

㉱ 버섯곰팡이

풀이 누룩곰팡이(Aspergillus속) : 약주, 탁주, 된장, 간장 제조에 이용

정답 ㉯

15 **미생물과 관계 없는 것은?**

㉮ 세균성 식중독

㉯ 기생충

㉰ 경구 전염병

㉱ 부패

풀이 기생충은 기생생활을 하는 생물

정답 ㉯

16 **바이러스에 대한 설명으로 틀린 것은?**

㉮ 형태나 크기는 일정하지 않다.

㉯ 순수배양이 가능

㉰ 살아 있는 세포에서만 증식하며 세균여과기를 통과하는 여과성 병원체로 미생물 중에서 가장 작다.

㉱ 천연두, 소아마비, 인플루엔자, 광견병, 일본뇌염 등의 원인이 되기도 한다.

풀이 순수배양이 불가능

정답 ㉯

17 **통성혐기성균이란 무엇인가?**

㉮ 산소를 필요로 하는 균

㉯ 산소를 필요로 하지 않는 균

㉰ 산소에 관계없이 어느 편에서도 발육이 가능한 균

㉱ 산소를 절대적으로 기피하는 균

풀이 통성혐기성균 : 산소에 관계없이 어느 편에서도 발육이 가능한 균(젖산균)

정답 ㉰

18 **곰팡이(Mold : 사상균)의 설명으로 맞는 것은?**

㉮ 진핵세포 구조를 가진 고등 미생물

㉯ 균사체를 발육기관으로 하여 포자를 형성하여 증식하는 진균

㉰ 단세포의 하등 미생물이며 세포분열에 의하여 증식

㉱ 세균과 바이러스의 중간에 속하는 미생물

풀이 효모(Yeast) : 진핵세포 구조를 가진 고등 미생물
세균(Bacteria) : 단세포의 하등 미생물이며 세포분열에 의하여 증식
리케차(Rickettsia) : 세균과 바이러스의 중간에 속하는 미생물

정답 ㉯

19 **다음 중 식품위생의 대상인 것은?**

㉮ 식품, 첨가물

㉯ 식품, 첨가물, 기구

㉰ 식품, 첨가물, 기구 및 용기

㉱ 식품, 첨가물, 기구 및 용기 · 포장

풀이 식품위생 : 식품, 첨가물, 기구 및 용기 · 포장을 대상으로 하는 음식물에 관한 위생을 말한다.

정답 ㉱

20 **식품위생행정의 궁극적 목적을 설명한 것은?**

㉮ 식품의 장기 보존을 위하여

㉯ 식품을 통한 국민 보건향상과 증진을 위하여

㉰ 식품의 제조, 판매를 위하여

㉱ 식품의 조리, 급식을 위하여

풀이 식품위생행정의 목적 : 식품영양의 질적 향상 도모, 식품의 안전성 확보, 식품위생상의 위해방지

정답 ㉯

21 **다음 중 제3종 전염병에 해당되지 않는 질병은?**

㉮ 결핵 ㉯ 나병

㉰ 성병 ㉱ 트리코마

풀이 제3종 전염병 : 결핵, 성병, 나병(3종)

정답 ㉱

22 **파라티푸스와 관계 없는 사항은?**

㉮ 예방접종은 사균 백신을 이용한다.

㉯ 치명률은 장티푸스보다 약간 낮다.

㉰ 잠복기간은 장티푸스와 비슷하다.

㉱ 우리나라에서는 A, B, C형 중 B형이 많다.

풀이 파라티푸스(3~6일), 장티푸스(1~3주)

정답 ㉰

23 **다음 소화기계전염병에 속하지 않는 것은?**

㉮ 파라티푸스 ㉯ 소아마비

㉰ 유행성간염 ㉱ 발진티푸스

풀이 소화기계전염병 : 장티푸스, 파라티푸스, 콜레라, 세균성이질, 소아마비, 유행성간염 등. 발진티푸스는 이에 의한 경피 감염전염병임

정답 ㉱

24 **공중위생과 관련된 자외선의 작용이 아닌 것은?**

㉮ 살균작용

㉯ 피부암 유발

㉰ 복사열

㉱ 비타민 D 형성

풀이 복사열은 기후의 인자이다.

정답 ㉰

25 **인체가 가장 쾌감을 느끼는 기류는?**

㉮ 0.1m/sec

㉯ 0.3m/sec

㉰ 0.5m/sec

㉱ 1m/sec

풀이 쾌감기류 1m/sec

정답 ㉱

26 **정상공기의 화학적 조성비가 틀린 것은?**

㉮ N_2(질소) : 78%

㉯ O_2(산소) : 21%

㉰ CO_2(이산화탄소) : 0.3%

㉱ Ar(아르곤) : 0.9%

풀이 이산화탄소(CO_2) : 0.03% 존재하며 실내공기의 오염도를 화학적으로 측정하는 지표가 된다.

정답 ㉰

27 공기의 자정작용에 속하지 않는 것은?

㉮ 공기 자체의 희석작용

㉯ 산소, 오존 등에 의한 산화작용

㉰ 자외선에 의한 오염물질 분해작용

㉱ 식물의 탄소동화작용에 의한 CO_2와 O_2의 교환작용

풀이 적외선에 의하여 오염물질 분해작용을 한다.

정답 ㉰

28 이산화탄소(CO_2)를 실내공기의 오탁지표로 사용하는 이유에 해당되는 것은?

㉮ CO_2 자체가 인체에 해롭기 때문에

㉯ CO_2가 증가하면 O_2(산소)가 감소하기 때문에

㉰ 공기 오탁의 전반적인 상태를 추측할 수 있기 때문에

㉱ CO_2가 공기 중에서 CO(일산화탄소)가스로 변하기 때문에

풀이 이산화탄소(CO_2)로 공기 오탁의 전반적인 상태를 추측할 수 있다.

정답 ㉰

29 눈의 보호를 위하여 가장 적절한 조명은?

㉮ 직접조명 ㉯ 간접조명

㉰ 반직접조명 ㉱ 반간접조명

풀이 간접조명은 눈부심을 예방할 수 있다.

정답 ㉯

30 일산화탄소의 성질에 해당되는 것은?

㉮ 색과 맛이 있다.

㉯ 달걀 썩는 냄새가 난다.

㉰ 공기보다 무겁다.

㉱ 불완전 연소 시 발생한다.

풀이 일산화탄소(CO) : 불완전 연소과정에서 주로 발생하는 무색, 무미, 무취의 가스로서 맹독성이 있다.

정답 ㉱

31 자연채광을 위한 창의 설비조건으로 적당치 않은 것은?

㉮ 창의 면적은 바닥면적의 1/5~1/7이 적당하다.

㉯ 실내 각 점의 개각은 8~9° 이상이 좋다.

㉰ 입사각은 28° 이상이 좋다.

㉱ 창의 방향은 남향이 좋다.

풀이 실내 각 점의 개각은 4~5°, 입사각은 28° 이상이 좋다.

정답 ㉯

32 상수도 정수과정이 바르게 된 것은?

㉮ 침사－침전－여과－염소소독

㉯ 침사－여과－침전－염소소독

㉰ 여과－침전－침사－염소소독

㉱ 침사－여과－염소소독－침전

풀이 상수도 정수법 : 침사 → 침전 → 여과 → 소독

정답 ㉮

33 물의 정수과정 중 여과를 하는 이유는?

㉮ 탁도감소 ㉯ 세균감소

㉰ 냄새감소 ㉱ 이상 전부

풀이 물의 정수로 탁도감소, 세균감소, 냄새감소를 한다.

정답 ㉱

34 **WHO에서의 건강에 대한 정의는?**

㉮ 육체적, 정신적으로 완전한 상태

㉯ 질병이 없고 육체적으로 완전한 상태

㉰ 육체적 안전과 사회적 안녕이 유지되는 상태

㉱ 정신적, 육체적, 사회적 안녕이 유지되는 상태

풀이 WHO의 건강에 대한 정의는 정신적, 육체적, 사회적 안녕이 유지되는 상태를 말한다.

정답 ㉱

35 **세계보건기구(WHO)의 기능과 관계가 먼 것은?**

㉮ 회원국의 기술지원

㉯ 회원국의 자료공급

㉰ 보건사업의 지휘조정

㉱ 질병 치료사업

풀이 질병 치료사업이나 무상 원조를 하지 않는다.

정답 ㉱

36 **공중보건의 정의에 속하지 않는 것은?**

㉮ 건강증진 ㉯ 생명연장

㉰ 질병예방 ㉱ 질병과 전염병 치료

풀이 공중보건의 3대 요소 : 질병예방, 생명연장, 건강증진

정답 ㉱

37 **세계보건기구의 회원국에 대한 가장 중요한 기능은?**

㉮ 재정적인 지원

㉯ 기술적인 지원

㉰ 의료약품의 지원

㉱ 보건의료시설의 지원

풀이 WHO에서는 기술지원 및 자문을 한다.

정답 ㉯

38 **우리나라에서 공중보건에 관한 행정을 담당하는 주무부서는?**

㉮ 내무부 ㉯ 보건복지부

㉰ 질병관리청 ㉱ 국립의료원

풀이 보건복지부 관계의 보건행정으로서, 공중위생행정을 중심으로 예방보건행정, 위생행정, 모자보건행정, 의무행정, 약무행정으로 분류

정답 ㉯

39 **보건소는 다음 중 어느 기관에 속하는가?**

㉮ 보건의료기관 ㉯ 보건자문기관

㉰ 보건행정기관 ㉱ 보건연구기관

풀이 보건소는 지방보건행정의 말단 행정기관

정답 ㉰

40 **적외선이 인체에 미치는 영향으로 바르지 못한 것은?**

㉮ 색소침착 ㉯ 일사병 유발

㉰ 백내장 유발 ㉱ 피부온도의 상승

풀이 홍반, 피부온도의 상승, 혈관확장 작용, 백내장, 일사병 유발

정답 ㉮

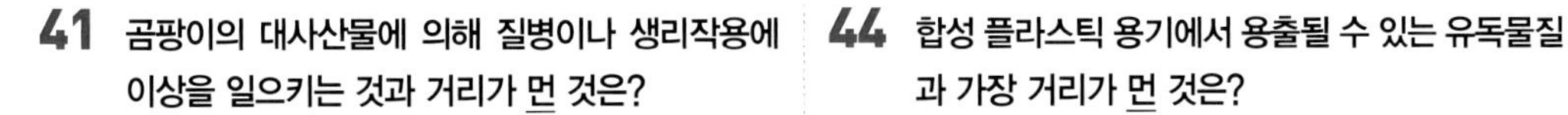

41 **곰팡이의 대사산물에 의해 질병이나 생리작용에 이상을 일으키는 것과 거리가 먼 것은?**

㉮ 황변미중독 ㉯ 식중독성 무백혈구증

㉰ 청매중독 ㉱ 아플라톡신중독

풀이 청매중독은 아미그달린(amygdalin)에 의하여 일어난다.

정답 ㉰

42 **다음 물질 중 신선도가 저하된 꽁치, 고등어 등의 섭취로 인한 알레르기(Allergy) 식중독의 원인 성분은?**

㉮ 엔테로톡신(Enterotoxin)

㉯ 트리메틸아민(Trimethylamine)

㉰ 베네루핀(Venerupin)

㉱ 히스타민(Histamine)

풀이 알레르기(Allergy)성 식중독(히스타민 중독) : 붉은살 생선(꽁치, 정어리, 전갱이, 고등어 등)에서 발생

정답 ㉱

43 **감자가 함유하는 독소 중 대표적인 것은?**

㉮ 에르고톡신(ergotoxin)

㉯ 테트로도톡신(tetrodotoxin)

㉰ 솔라닌(solanine)

㉱ 무스카린(muscarine)

풀이 감자중독 : 솔라닌(solanine)으로 감자의 싹튼 부분, 껍질의 녹색부분에 있으며, 중독증상에는 중추신경장애, 용혈작용, 구토, 복통, 두통, 위장장애, 현기증, 발열, 언어장애, 의식장애 등이 있다.

정답 ㉰

44 **합성 플라스틱 용기에서 용출될 수 있는 유독물질과 가장 거리가 먼 것은?**

㉮ 포르말린 ㉯ 유기주석화합물

㉰ 에탄올 ㉱ 페놀

풀이 합성 플라스틱 용기에서 용출될 수 있는 유독물질에는 포르말린, 유기주석화합물, 페놀이 있다.

정답 ㉰

45 **다음 중 살모넬라균 식중독의 주요 감염원은?**

㉮ 과일 ㉯ 식육

㉰ 채소 ㉱ 생선

풀이 살모넬라균 식중독은 쥐, 파리, 바퀴벌레, 가축에 의하여 식육에 감염된다.

정답 ㉯

46 **식중독 원인 세균 중 히스타민(histamine)을 생산 축적하여 알레르기(allergy) 증상을 일으키는 균은?**

㉮ 살모넬라균(Salmonella)

㉯ 아리조나균(Arizona)

㉰ 장염 비브리오균(Vibrio)

㉱ 모르가니균(P.morganii)

풀이 알레르기(Allergy)증상은 모르가니균(P.morganii)의 증식으로 발생한 탈탄산효소에 의해 유독물질인 히스타민으로 전환하여 발병한다.

정답 ㉱

47 **포도상구균에 의한 식중독 예방대책으로 가장 적당한 것은?**

㉮ 토양의 오염을 방지하고 특히 통조림의 살균을 철저히 해야 한다.

㉯ 쥐나 곤충 및 조류의 접근을 막아야 한다.

㉰ 화농성 질환자의 식품 취급을 금지한다.

㉱ 어패류를 저온에서 보존하며 생식하지 않는다.

풀이 포도상구균 자체는 열에 약하나 식중독 원인은 균 자체가 아니고 이 균이 체외로 분비하는 독소(enterotoxin A형 : 장관독)이다. 엔테로톡신은 120℃에서 20분간 가열해도 완전 파괴되지 않으므로 가열된 음식물 섭취에도 발생한다.

정답 ㉰

48 **식품에 따른 독성분이 잘못 연결된 것은?**

㉮ 독미나리－시큐톡신(cicutoxin)

㉯ 감자－솔라닌(solanine)

㉰ 모시조개－베네루핀(venerupin)

㉱ 복어－무스카린(muscarine)

풀이 복어－테트로도톡신(tetrodotoxin)

정답 ㉱

49 **조리사의 화농병소와 관계가 깊은 식중독은?**

㉮ 병원성 대장균 식중독

㉯ 포도상구균 식중독

㉰ 장염비브리오 식중독

㉱ 살모넬라 식중독

풀이 조리사의 화농은 포도상구균 식중독을 일으키기 쉽다.

정답 ㉯

50 **알레르기(allergy)성 식중독의 원인이 되는 히스타민(histamine)과 관계 깊은 것은?**

㉮ Staphylococcus aureus(포도상구균)

㉯ Proteus morganii(모르가니균)

㉰ Bacillus cereus(바실러스균)

㉱ Clostridium botulinum(보툴리누스균)

풀이 어류가공품 등에서 모르가니균은 히스타민(histamine)에 의한 것으로, 항히스타민제로 치료

정답 ㉯

51 **복어독에 의한 식중독에 대한 설명이 맞는 것은?**

㉮ 계절적으로 봄에 많이 발생하고 여름에 적다.

㉯ 독성은 특히 5~6월의 산란기 직전에 최고에 달한다.

㉰ 발생률은 높지만 치사율은 매우 낮다.

㉱ 가시복은 맹독성이다.

풀이 복어중독 : 테트로도톡신(tetrodotoxin)으로 열에 대한 저항성이 강하며 난소 · 간 · 내장 · 표피의 순으로 다량 함유하며, 치사량은 약 2㎎으로 구토, 촉각 · 미각둔화, 근육마비, 호흡곤란, 의식불명 등이며 치사율이 50~60%에 이른다.

정답 ㉯

52 **미나마타(Minamata)병의 원인은?**

㉮ 수질오염－카드뮴

㉯ 방사능오염－아연

㉰ 수질오염－수은

㉱ 방사능오염－구리

풀이 미나마타병 : 수은에 의한 질병으로 중추신경장애, 언어장애 등 발생

정답 ㉰

53 **음료수 및 식품에 오염되어 신장장해, 칼슘대사 이상을 유발하는 중금속은?**

㉮ 크롬(Cr) ㉯ 시안화합물(CN)
㉰ 철(Fe) ㉱ 납(Pb)

풀이 납(Pb) : 시력장해와 급성중독 및 만성중독을 일으킨다.

정답 ㉱

54 **미생물 종류 중 크기가 가장 작은 것은?**

㉮ 효모(Yeast) ㉯ 바이러스(Virus)
㉰ 곰팡이(Mold) ㉱ 세균(Bacteria)

풀이 바이러스(Virus) : 미생물 중에서 가장 작은 것으로, 세균 여과기에도 통과되어 경구전염병의 원인이 되기도 한다. 살아 있는 세포 중에서만 생존하며, 형태와 크기가 일정치 않고, 순수 배양이 불가능하다.

정답 ㉯

55 **바다 생선회를 먹고 식중독을 일으켰다. 평균 10~18시간 후에 복통, 설사, 구토, 발열 등의 급성위장염 증상을 나타냈다. 다음 중 가장 관계 깊은 원인균은?**

㉮ 장염 비브리오균
㉯ 살모넬라균
㉰ 클로스트리디움 보툴리눔균
㉱ 포도상구균

풀이 장염 비브리오균(Vibrio균) 식중독 : 병원성 호염균(식염 3~4%)에 의해 발병하며 증상은 오심, 구토(1일 20회), 상복부의 복통, 수양성 설사, 점혈변이나 담즙색소에 의한 녹색변, 발열(초기 37~38℃ 경우도 있으나, 전혀 발열하지 않는 경우도 있다), 간질환 있는 경우의 중독은 패혈증 우려도 있다.

정답 ㉮

56 **세균성 식중독 및 그 원인 세균에 대한 설명이 잘못된 것은?**

㉮ 포도상구균 식중독은 이 균이 생성한 엔테로톡신에 의해서 일어난다.
㉯ 클로스트리디움 보툴리눔 식중독은 대표적인 독소형 식중독이다.
㉰ 살모넬라 식중독은 이 균이 생성한 테트로도톡신에 의해서 일어난다.
㉱ 장염 비브리오 식중독의 원인균은 일반적으로 3~4%의 식염농도에서 잘 발육한다.

풀이 포도상구균 식중독은 이 균이 생성한 Enterobacteriaceae과(엔테로박테리아)에 의해서 일어난다.

정답 ㉰

57 **식품과 독성분과의 관계를 나타낸 것 중 잘못된 것은?**

㉮ 청매 – 아미그달린(amygdalin)
㉯ 섭조개 – 시큐톡신(cicutoxin)
㉰ 모시조개 – 베네루핀(venerupin)
㉱ 복어 – 테트로도톡신(tetrodotoxin)

풀이 섭조개–삭시톡신, 미틸로톡신

정답 ㉯

58 **꽁치, 고등어, 정어리와 그 가공품에 탈탄산작용을 갖는 세균이 증식하여 생성한 부패아민이 사람에게 알레르기(allergy)성 식중독을 일으키는 것은?**

㉮ 솔라닌(solanine)
㉯ 엔테로톡신(enterotoxin)
㉰ 트리메틸아민(trimethylamine)
㉱ 히스타민(histamine)

풀이 알레르기(Allergy)성 식중독(히스타민 중독) : 붉은 살 생선(꽁치, 정어리, 전갱이, 고등어 등)에서 발생

정답 ㉣

59 **목화씨에 많이 들어 있는 독소는?**

㉮ 아미그달린(amygdalin)

㉯ 솔라닌(solanine)

㉰ 고시폴(gossypol)

㉱ 테트로도톡신(tetrodotoxin)

풀이 감자 : 솔라닌(solanine)
청매 : 아미그달린(amygdalin)
복어 : 테트로도톡신(tetrodotoxin)

정답 ㉰

60 **다음 중 독소형 세균성 식중독은?**

㉮ 리스테리아 식중독과 복어독 식중독

㉯ 살모넬라 식중독과 장염비브리오 식중독

㉰ 맥각독 식중독과 프로테우스 식중독

㉱ 포도상구균 식중독과 클로스트리디움 보툴리눔 식중독

풀이 독소형 세균성 식중독 : 포도상구균(독소 : 엔테로톡신), 보툴리누스균(독소 : 뉴로톡신)

정답 ㉣

61 **식품위생법상 식품이 아닌 것은?**

㉮ 두부

㉯ 소주

㉰ 칵테일용 얼음

㉱ 아스피린

풀이 아스피린은 의약품이다.

정답 ㉣

62 **식품위생법상 위해식품 등의 판매 등 금지내용이 아닌 것은?**

㉮ 부패 또는 변질되었거나 설익은 것으로서 인체의 건강을 해할 우려가 있는 것

㉯ 불결하거나 이물질의 혼입 또는 첨가 기타의 사유로 인체의 건강을 해할 우려가 있는 것

㉰ 유독 또는 유해물질이 약간 함유되어 있어도 무방하다.

㉱ 병원 미생물에 의하여 오염되었거나 그 염려가 있어 인체의 건강을 해할 우려가 있는 것

풀이 유독 또는 유해물질이 약간이라도 함유되어 있으면 안 된다.

정답 ㉰

63 **화학적 합성품의 심사에서 가장 중점을 두는 사항은?**

㉮ 영양가 ㉯ 함량

㉰ 효력 ㉱ 안전성

풀이 화학적 합성품은 화학적 수단에 의하여 원소 또는 화합물에 분해반응 외의 화학반응을 일으켜 얻은 물질을 말한다.

정답 ㉣

64 **일반음식점영업의 시설기준에 관한 설명으로 옳은 것은?**

㉮ 객실에 잠금장치를 설치할 수 없다.

㉯ 영업장에 손님이 이용할 수 있는 자막용 영상장치를 설치할 수 있다.

㉰ 객실 내에 음향 및 반주시설을 설치할 수 있다.

㉱ 객실 내에 우주볼 등의 특수조명시설을 설치할 수 있다.

풀이 객실에 잠금장치를 설치할 수 없다.

정답 ㉮

65 다음 중 명예식품위생감시원의 업무에 해당하는 것은?

㉮ 표시기준 또는 과대광고 금지의 위반여부에 관한 단속

㉯ 수입·판매 또는 사용이 금지된 식품의 취급여부에 관한 단속

㉰ 법령 위반행위에 대한 신고 및 자료제공

㉱ 식품의 위생적 취급기준의 이행지도

풀이 명예식품위생감시원의 업무는 법령 위반행위에 대한 신고 및 자료제공이다.

정답 ㉰

66 식품위생행정의 중앙집행기관은?

㉮ 식품의약품안전처

㉯ 관할구청

㉰ 관할경찰서

㉱ 질병관리청

풀이 식품의약품안전처는 식품위생행정을 과학적으로 뒷받침하는 중앙기구로 시험·연구 등의 업무를 수행하고, 식품위생법규 위반 시 판매금지를 할 수 있고, 행정처분을 할 수 있는 최고기관이다.

정답 ㉮

67 식품위생법상 식품첨가물에 속하는 것은?

㉮ 고춧가루 ㉯ 간장

㉰ 베이킹파우더 ㉱ 케첩

풀이 식품첨가물은 식품을 제조, 가공 또는 보존함에 있어 식품에 첨가, 혼합, 침윤, 기타 방법으로 사용되는 물질이다.

정답 ㉰

68 판매할 수 있는 식품은?

㉮ 약간 덜 익은 사과

㉯ 공업용 색소를 사용한 빙과

㉰ 수입신고를 하지 않은 통조림

㉱ 리스테리아 병에 걸린 소고기

풀이 약간 덜 익은 사과는 판매에는 문제가 되지 않으나, 공업용 색소를 사용하거나 수입신고를 하지 않거나 병에 걸린 식품 등 위해식품은 판매할 수 없다.

정답 ㉮

69 식품위생법상의 식품에 해당하지 않는 것은?

㉮ 채소류 ㉯ 의약품

㉰ 주류 ㉱ 과자류

풀이 식품은 의약으로써 섭취하는 것을 제외한 모든 음식물로, 건강을 유지하기 위해서 필요한 열량과 체조직의 구성 및 기능의 조절을 위하여 여러 가지 영양소를 함유한 천연물 또는 가공품을 말한다.

정답 ㉯

70 다음 중 영업허가를 받아야 할 업종은?

㉮ 식품운반업 ㉯ 식품소분·판매업

㉰ 단란주점영업 ㉱ 식품제조·가공업

풀이 식품조사처리법 – 식품의약품안전처장의 허가
단란주점영업, 유흥주점영업 – 특별자치시장, 특별자치도지사 또는 시장 · 군수 또는 구청장의 허가

정답 ㉰

71 **식품의 종류별로 동업자조합을 설립하고자 할 때 설립인가 신청서를 제출하는 곳은?**

㉮ 관할 시청 ㉯ 관할 도청
㉰ 관할 보건소 ㉱ 식품의약품안전처장

풀이 식품의 종류별 동업자조합을 설립하려는 경우에는 대통령령으로 정하는 바에 따라 조합원 자격이 있는 자 10분의 1(20명을 초과하면 20명으로 한다) 이상의 발기인이 정관을 작성하여 식품의약품안전처장의 설립인가를 받아야 한다.

정답 ㉱

72 **식품위생행정의 중심과제와 거리가 먼 것은?**

㉮ 새로운 조리방법의 개발
㉯ 위조식품이나 변조식품 방지
㉰ 병원 미생물에 의한 식품의 오염방지
㉱ 부패 또는 변질식품 배제

풀이 식품위생행정은 행정의 한 부분으로서 식품위생법에 근거를 두고 불량 · 불결 식품을 구축하고 안전한 식품을 생산하여 질병이나 건강장해를 방지하는 것을 목적으로 하고 있다.

정답 ㉮

73 **식품의 용기 또는 포장을 수입하려면 어디에 신고하여야 하는가?**

㉮ 보건소
㉯ 외교부
㉰ 식품의약품안전처
㉱ 시 · 도보건환경연구원

풀이 식품의 용기 또는 포장을 수입하려면 식품의약품안전처에 신고해야 한다.

정답 ㉰

74 **조리사가 업무정지 기간 중에 업무를 한 때 행정처분은?**

㉮ 업무정지 1월 ㉯ 업무정지 3월
㉰ 업무정지 2월 ㉱ 면허취소

풀이 조리사가 업무정지 기간 내에 업무를 한 경우 면허가 취소된다.

정답 ㉱

75 **판매 금지되는 식품이 아닌 것은?**

㉮ 이물질이 혼입된 식품
㉯ 기준과 규격이 고시된 화학적 합성품
㉰ 유해물질이 다량 함유된 식품
㉱ 질병에 걸린 소의 젖

풀이 기준과 규격이 고시된 화학적 합성품은 판매 가능하다.

정답 ㉯

76 **식품위생의 대상에 모두 해당되는 것은?**

㉮ 식품, 식품첨가물
㉯ 식품, 식품첨가물, 기구, 용기, 포장
㉰ 식품, 포장
㉱ 식품 및 기구

풀이 식품위생 : 식품, 첨가물, 기구 및 용기 · 포장을 대상으로 하는 음식물에 관한 위생을 말한다.

정답 ㉯

77 **다음 중 식품위생법 제41조 규정에 의한 교육을 받아야 하는 대상자는?**

㉮ 상시 1회 50인 이하에게 식사를 제공하는 집단급식소 영양사

㉯ 영업장면적이 50제곱미터인 식품접객업 조리사

㉰ 영업자와 그 종업원

㉱ 기업활동 완화에 관한 특별조치법 규정에 의해 중소기업자가 운영하는 집단급식소 조리사

풀이 대통령령으로 정하는 영업자 및 유흥종사자를 둘 수 있는 식품접객업 영업자의 종업원은 매년 식품위생에 관한 교육을 받아야 한다.

정답 ㉰

78 **식품, 식품첨가물, 기구 또는 용기 · 포장의 위생적인 취급에 관한 기준은 누가 내리는가?**

㉮ 총리령 ㉯ 보건복지부장관령

㉰ 시장령 ㉱ 구청장령

풀이 식품, 식품첨가물, 기구 또는 용기 · 포장(이하 "식품등"이라 한다)의 위생적인 취급에 관한 기준은 총리령으로 정한다.

정답 ㉮

79 **일반음식점 영업의 종류가 아닌 것은?**

㉮ 휴게음식점 영업

㉯ 일반 조리판매업

㉰ 이동조리 판매업

㉱ 출장조리 판매업

풀이 휴게음식점은 다류, 아이스크림 등을 조리 판매하거나 패스트푸드점, 분식형태의 영업 등 음식류를 조리 · 판매하는 영업으로 음주행위가 허용되지 않는 영업으로 휴게음식점은 일반음식과는 다르다.

정답 ㉮

80 **식품의약품안전처장이 작성하는 것으로 식품, 식품첨가물의 기준과 규격을 수록한 것을 무엇이라 하는가?**

㉮ 식품위생법

㉯ 식품위생법규

㉰ 식품 등의 공전

㉱ 식품사전

풀이 식품의약품안전처장은 식품 또는 식품첨가물의 기구 및 용기 · 포장의 기준과 규격 등을 실은 식품 등의 공전을 작성 · 보급하여야 한다.

정답 ㉰

II

안전
관리

제 1 장

개인안전 관리

1. 안전관리

① 바닥에 물이 고여 있거나 조리작업자의 손에 물기가 있을 때에는 전기 장비를 만지는 일을 삼간다.

② 각종 기기나 장비는 작동방법과 안전수칙을 완전하게 숙지한 후에 사용한다.

③ 가스의 밸브를 사용 전과 후에는 꼭 확인한다.

④ 전기 기기나 장비를 세척할 때는 플러그의 유무를 확인하고 나서 청소한다.

⑤ 냉동 · 냉장실의 잠금장치 상태를 확인한다.

⑥ 가스나 전기오븐의 온도를 확인한다.

2. 작업자의 안전

① 안전 설계된 기구 및 설비 설치

② 기기와 기구는 정해진 장소에 비치

③ 작업장의 기구 및 설비는 수시점검 · 신속한 조치

④ 규정된 규칙과 절차를 준수

⑤ 사용자의 능력 정도에 따라 시설물 관리

⑥ 안전사고 발생 시 조속한 조치를 위한 신속한 보고체계

3. 소독방법

1) 물리적 방법

구분	내용
화염 멸균법	불꽃에서 20초 이상 태우며, 불에 타지 않는 금속류, 유리봉, 도자기류에 이용
건열 멸균법	170℃에서 1~2시간 처리. 주사침, 유리기구, 금속제품에 이용
자비 소독법	끓는 물(100℃)에서 15~20분간 처리. 식기류, 도자기류, 주사기, 의류 소독에 사용
고압증기 멸균법	10Lbs(115.5℃)에서 30분간 처리한다. 통조림 식품, 거즈, 약액 등의 멸균에 사용
유통증기 멸균법	100℃의 유통증기에서 30~60분 가열하는 방법으로 식기, 조리기구, 행주 등에 사용
간헐멸균법	1일 1회씩 3일 동안 100℃에서 30분간 가열하는 방법으로, 세균의 포자까지 멸균시키는 방법
저온소독법 (LTST법)	포자를 형성하지 않은 세균의 멸균을 위해서 결핵균, 소유산균, 살모넬라균 소독에 사용(우유)
초고온 순간 멸균법(UHT법)	멸균처리 기간의 단축과 영양물질의 파괴를 줄이기 위하여 사용되는 순간적인 열처리로, 우유를 135℃에서 2초 동안 가열
자외선 멸균법	태양의 자외선이나 자외선 등을 이용하는 방법이다. 도르노선(생명선)은 2900~3200Å 이다.
초음파 살균법	기계적인 멸균방법으로 식품에 100~200만 사이클의 초음파를 작용시킨다.

2) 화학적 방법

① **석탄산** : 3~5% 수용액(온수). 금속부식성, 냄새와 독성이 강하며 피부점막에 자극성이 있다.

- 대상물 : 환자의 오염의류, 오물, 배설물
- 소독약의 살균력을 비교하는 기준(석탄산 계수)

② **크레졸** : 1~3% 비누액(크레졸 비누액 3 : 물 97)

- 석탄산 소독력의 2배 효과가 있다(석탄산 계수 2).
- 불용성이므로 비누액으로 만들어 사용한다.

- 피부 자극성이 없으며, 유기물질 소독에 효과적이고 세균소독에 이용
- 강한 냄새가 단점이다.
- 대상물 : 손(조리사는 안 됨), 오물, 객담

③ **승홍($HgCl_2$)** : 0.1% 사용(승홍 1+식염 1+물 1000 비율로 만듦)

- 맹독성이며 금속 부식성이 강하므로 식기류나 피부소독에는 부적합하다.
- 단백질과 결합하면 침전이 생기므로 유기물질(배설물) 소독할 때 주의
- 온도가 높을수록 살균력이 강해지므로 가온해서 사용한다.

④ **생석회(CaO)** : 건조한 소독대상물인 경우는 석회유[$Ca(OH)_2$]를 생석회 분말 2 : 물 8의 비율로 사용한다.

- 습기 있는 분변, 하수, 오수, 오물, 토사물 소독에 적당하다.
- 포자 형성 세균에는 효과가 없다.
- 공기에 오래 노출되면 살균력이 저하된다.

⑤ **과산화수소(H_2O_2 ; 옥시풀)** : 3% 수용액 사용

- 무포자균을 빨리 살균한다.
- 자극성이 적어서 구내염, 인두염, 입안세척, 상처 등에 사용한다.

⑥ **알코올(Alcohol)** : 70~75%의 에탄올 사용

- 손, 피부 및 기구 소독에 사용
- 무포자균에 유효
- 상처, 눈, 구강, 비강, 음부 등 점막에는 사용하지 않는다.

⑦ **머큐로크롬** : 2% 수용액 사용(과망간산칼륨은 0.2~0.5% 수용액 사용)

- 자극성이 없으나 살균력이 약하다.
- 점막 및 피부상처에 사용한다.

⑧ **역성비누(양성비누)** : 0.01~0.1%액 사용

- 손 소독인 경우 10% 용액을 100~200배 희석 사용
- 식기류 소독일 경우 300~500배 희석 사용
- 무미, 무해, 무독이면서도 침투력과 살균력이 강하다.
- 포도상 구균, 결핵균에 유효하여 조리사의 손 소독이나 식품 소독에 사용

⑨ **약용비누** : 비누에 살균제를 혼합시킨 것

- 손, 피부소독에 이용되는 세탁효과와 살균제의 소독효과를 얻을 수 있다.

⑩ **포르말린(HCHO)** : 38~40% 사용

- 병실, 무균실, 수술실에 주로 사용된다.

⑪ **염소류** : 액화염소(0℃, 4기압). 많은 양의 수돗물 소독에 이용

- 클로르칼크(표백분 : $CaCl_2$). 적은 양의 우물물, 수영장 소독에 이용
- 차아염소산나트륨(NaClO). 채소, 과실류 소독에 이용

⑫ **중성세제(합성세제)** : 살균작용은 없고 세정력만 있다.

제 2 장

장비 도구 안전작업

1. 작업장 환경관리

1) 조리용 칼

조리용 칼은 조리 작업자가 가장 많이 사용하는 기본적인 조리도구로서 재해의 위험이 매우 높다.

① 위험요소

- 조리용 칼과 도마의 크기 및 형상 그리고 날카로움 등이 조리용도에 부적합할 때는 베임 사고가 발생할 수 있다.
- 조리용 칼을 움직일 때 칼날에 신체 부위를 베일 수 있다.
- 조리작업 중 흡연, 잡담, 휴대폰 사용으로 인한 주의력 결핍에 의하여 베임 사고가 발생할 수 있다.
- 조리용 칼 사용 방향을 몸 쪽으로 향하게 하여 작업할 때 베임 사고가 발생할 수 있다.
- 조리용 칼이 작업대에서 작업자의 발등으로 떨어져 사고가 발생할 수 있다.
- 조리용 칼을 이용하여 병 또는 캔의 마개를 열 때 칼날이 부러지면서 칼날 파편이 비래(날아옴)하여 사고가 발생할 수 있다.
- 장시간 동일한 자세로 칼을 이용한 조리작업 시 어깨 결림 등의 근골격계 질환이 발생할

수 있다.

② 예방대책

- 조리용 칼은 크기, 모양, 날카로움 등이 작업용도에 적합한 것으로 사용한다. 도마는 미끄러지지 않도록 미끄러짐 방지 매트를 깔고 사용한다.
- 조리용 칼을 운반할 때는 칼날에 신체가 베이지 않도록 칼집 또는 칼꽂이에 넣어서 운반한다.
- 조리용 칼을 사용하는 작업 시에는 불필요한 행동을 하지 말아야 하며 일정한 간격으로 충분한 휴식을 취하여야 한다.
- 조리작업 시 칼의 방향은 작업자의 몸 쪽을 향하지 않도록 한다.
- 작업대 위에 조리용 칼을 둘 때는 칼집 또는 전용 꽂이에 꽂아서 보관한다.
- 조리용 칼을 이용하여 병이나 캔의 마개를 여는 등 작업용도 외의 사용을 하지 말아야 한다.
- 작업 전에 스트레칭을 실시하고 작업 중에 적절한 휴식시간을 취하는 등 근골격계 질환 예방에 필요한 조치를 하여야 한다.

2) 가스레인지

조리실에서 사용되는 취사용 가스레인지는 화재 · 폭발 등 사고의 위험이 많아 사용 전후에 철저한 안전관리가 필요하다.

① 위험요소

- 노후화 등 부적합한 가스관 사용 시 가스 누출로 인한 화재 · 폭발 등의 사고 위험이 있다.
- 중간밸브가 손상된 경우 가스누설의 위험이 있다.
- 조리작업장 바닥에 가스관이 부적합하게 설치되었을 때 작업자의 발이 가스관에 걸리는 전도사고가 발생되고 그 사고로 인하여 가스레인지의 연결관이 가스레인지와 분리, 가스레인지가 작업장 바닥으로 떨어져 화재 · 폭발 등의 사고가 발생한다.
- 조리도구를 가스레인지에 올리거나 내릴 때 가스레인지와의 충돌사고로 인하여 조리도구 및 가스레인지가 파손될 수 있다.
- 가스레인지 밸브를 개방상태로 장시간 방치 시 가스누출사고의 위험이 있다.

② 예방대책

- 작업장의 가스관은 가스 누출 유무에 대한 점검을 정기적으로 실시하고 이상 발생 시 가스관 및 밸브 교체 등 필요한 조치를 하여야 한다.
- 가스 중간밸브에 대하여 정기적으로 점검을 하고 이상 발생 시 즉시 밸브 교체 등 필요한 조치를 하여야 한다.
- 가스관은 작업장 바닥 등 작업에 지장을 주는 위치에 설치하지 말고 벽체에 견고히 고정 설치한다. 가스레인지는 작업대 끝단에 설치하지 않는 등 낙하 사고 발생 방지에 필요한 조치를 하여야 한다.
- 가스레인지 주변에는 작업공간을 충분히 확보하는 등 조리도구와 가스레인지의 충돌 방지에 필요한 조치를 하여야 한다.
- 가스레인지 사용 후 즉시 밸브를 잠그고 모든 조리작업 완료 시 가스레인지 잠금상태를 확인한다.

3) 채소절단기

채소절단기는 내장되어 있는 고속으로 회전하는 칼날에 의하여 사고가 발생한다.

① 위험요소

- 채소절단기가 수평이 유지되지 않는 등 불안정하게 설치된 경우 진동으로 작업대에서 낙하한다.
- 채소절단기 투입구가 이물질로 인한 동력전달 부위의 고장으로 오작동에 의한 협착사고가 발생할 수 있다.
- 칼날의 체결상태가 불량하여 작업 중 칼날이 몸체로부터 이탈하여 비래 사고가 발생할 수 있다.
- 손으로 재료 투입 시 칼날에 베일 위험이 있다.
- 전원을 차단하지 않고 칼날을 분해하여 이물질 제거 시 오작동으로 베임 및 협착사고가 발생할 수 있다.
- 부식 등 취약한 상태의 칼날을 고속으로 회전시킬 때 칼날 파손으로 비래 사고가 발생할

수 있다.

- 작업 중 장갑이나 옷자락이 말려들어 협착사고가 발생할 수 있다.

② 예방대책

- 채소절단기는 수평이 유지되도록 하는 등 안정되게 설치한다.
- 작업 전 채소절단기 투입구에 대한 점검을 실시하고 이물질, 손상부위 등 이상 발생 시 청소, 수리 등 필요한 조치를 한다.
- 작업 전에 칼날의 체결상태에 대한 점검을 실시한다.
- 재료 투입 시 칼날에 손이 베이는 사고가 발생치 않도록 누름봉 등의 공구를 사용한다.
- 칼날을 분해하여 이물질을 제거할 때는 반드시 전원을 차단해야 한다.
- 사용한 칼날은 세척하여 이물질을 완전히 제거하고 건조시킨 상태로 보관한다. 부식 등 취약한 칼날은 즉시 신품으로 교체한다.
- 채소절단기를 이용한 작업 시 투입구로 장갑이나 옷자락이 말려들어 협착사고가 발생되지 않도록 장갑 착용을 금하고 소매나 상의가 늘어지게 하지 않는 등 필요한 조치를 한다.

4) 제면기

제면기는 회전 칼날이 사용되므로 부주의한 사용 시 베임과 협착 등의 사고가 발생된다.

① 위험요소

- 손으로 재료를 투입할 때 회전날에 베임과 협착되는 사고가 발생할 수 있다.
- 제면기의 절연피복이 손상된 상태로 작업이 실시되는 경우 작업자의 신체가 손상된 충전부나 제면기의 철제 표면에 접촉되면 감전사고가 발생할 수 있다.
- 이물질에 의해 작동이 멈춘 제면기를 손으로 점검 및 수리할 때 협착사고가 발생할 수 있다.
- 제면기 작업대가 수평이 유지되지 않는 경우 작업 중 제면기 전도사고가 발생할 수 있다.
- 제면기의 바닥 전선에 작업자의 발이 걸려 넘어지는 전도사고가 발생할 수 있다.
- 작업자가 손으로 제면기 투입구를 잡고 작업하는 경우 손이 베이는 사고가 발생할 수 있다.

② 예방대책

- 재료 투입 시에는 누름봉을 사용하는 등 베임과 협착사고 발생 방지에 필요한 조치를 한다.

- 제면기 전선과 접속부에 대하여 수시로 점검을 하고 전선 피복 손상 등 이상 발생 시 즉시 신품으로 교체하여야 한다. 또한 제면기는 누전차단기에 접속하여 사용하고 제면기 철재 외피에 접지를 실시하는 등 감전사고 발생 방지에 필요한 조치를 한다.
- 제면기가 이물질에 의해 작동이 멈춘 경우 이물질 제거는 반드시 공구를 사용하여야 한다.
- 제면기 작업대는 항시 수평상태를 유지하여 전도사고가 발생치 않도록 한다.
- 제면기 전선을 벽면에 거치하거나 고정하여 사용하는 등 전도사고 방지에 필요한 조치를 한다.
- 제면기 모서리가 날카로울 경우 이를 부드럽게 해주는 샌딩작업을 하거나 보호장갑을 착용한 후에 작업을 한다.

5) 튀김기

튀김기는 기름을 사용하여 고온에서 작업하게 됨에 따라 부주의하게 사용할 때는 화재 · 화상 등의 사고가 발생할 수 있다.

① 위험요소

- 튀김기의 기름이 과도하게 많아 조리물 투입 시 뜨거운 기름이 작업자에게 튀어 화상사고를 유발할 수 있다.
- 작업 중 기름탱크 내에 물기가 있을 경우 기름 비산으로 인한 화상사고의 위험이 있다.
- 기름의 온도가 충분히 내려가지 않은 상태에서 기름을 교환할 때 화상의 위험이 있다.
- 튀김기 가열 후 내용물 조리상태를 점검하는 과정에서 튀김기 외부에 신체 접촉 시 화상을 입을 수 있다.
- 튀김기를 세척한 후 물기가 남아 있는 상태에서 기름을 주입하여 튀길 경우 화상의 위험이 있다.
- 튀김기를 고온에서 장시간 사용 시 과열하여 화재의 위험이 있다.
- 튀김기 후드에 먼지가 많이 쌓이면 과열 시 불이 붙어 화재의 위험이 있다.

② 예방대책

- 튀김기 내에 조리물을 투입할 때는 기름이 흘러넘치지 않도록 기름탱크 내의 기름양을 확

인한 후에 작업하여야 한다.

- 기름탱크에 물기 접촉 방지막을 부착한다.
- 기름 교환은 반드시 기름온도가 충분히 내려간 후에 실시한다.
- 튀김기 전면부에 차열판을 부착한다.
- 튀김기를 세척한 후 튀김기 내부에 남아 있는 물기는 완전히 제거한 후 기름을 주입한다.
- 튀김기의 기름은 조리작업에 적절한 온도를 유지하여야 한다.
- 튀김기는 조리물 없이 가열하지 않는다.
- 튀김기에 의한 화재 예방을 위하여 유류화재 전용의 B형 소화기와 소화용 모포를 비치하고 작업자는 사전에 소화기 사용법을 숙지하여야 한다.
- 튀김기의 후두에 먼지가 쌓이지 않도록 정기적으로 청소하여야 한다.

6) 육류 절단기

육류 절단기는 회전하는 칼날을 수직 또는 상하로 이동시켜 육류를 써는 기계로서 사용 시 회전하는 칼날에 손가락 등이 베이는 등 사고를 당할 수 있으므로 각별한 주의가 요구된다.

① 위험요소

- 가공 중 칼날에 접촉하여 손가락 절상의 위험이 있다.
- 칼날의 불량으로 사용 중 톱날이 파손되어 톱날의 파편에 의한 비래사고의 위험이 있다.
- 칼날의 고정상태를 확인하지 않고 작동시킬 경우 칼날이 파손되어 비래사고의 위험이 있다.
- 재료를 손으로 투입하여 투입구에 신체나 옷자락이 말려들어가 절상이나 협착사고의 위험이 있다.
- 기계 가동 중 청소 및 이물질 제거 작업 시 협착재해 위험이 있다.
- 청소 시 절연파괴 등으로 인한 누전 발생 시 작업자 신체에 접촉되는 감전사고의 위험이 있다.
- 점검 시 전원을 차단하지 않아 전원 계통의 절연파괴로 노출된 전선에의 신체접촉에 의한 감전사고의 위험이 있다.

② 예방대책

- 날 접촉 예방장치를 부착하고 그 상태를 작업 전에 점검하여 이상 유무를 확인한 후 작업을 한다.
- 칼날은 반드시 순정품을 사용하여야 한다.
- 작업 전 칼날의 고정상태를 확인하여야 한다.
- 재료를 투입할 때는 손으로 하지 말고 반드시 작업봉을 이용하여야 한다.
- 청소 및 이물질 제거작업 시에는 반드시 전원을 끄고 기계가 정지된 상태로 안전하게 작업을 해야 한다.
- 청소 작업 시에는 반드시 동력을 차단하고 보호 접지를 실시하고 절연용 보호구를 착용한 후 작업을 실시하여야 한다.
- 점검 시에는 반드시 전원을 차단하고 통전금지 표지판을 설치하며 절연용 보호구를 착용한 후 작업을 실시하여야 한다.

제 3 장

작업환경 안전관리

1. 작업장 환경관리

1) 보관실 배치

① 보관실의 면적과 형태는 주방의 규모, 작업량, 보관기간 및 보관 유형(냉동, 냉장, 건조 등) 등을 고려하여 정한다.

② 육류, 생선 및 가금류 보관실은 건조식품, 채소, 과일 및 제과류와 구분하여 보관이 가능하도록 별도로 둔다.

③ 물을 많이 사용하는 육류, 생선 및 채소의 손질 구역은 물품이 입고되는 곳과 가깝게 위치시킨다.

2) 작업 공간 및 통행로

① 조리기계 · 기구의 전후좌우에 작업공간을 충분히 둔다. 작업자의 통행을 위한 통로의 폭은 1.2m 이상으로 한다.

② 설비의 집합구역과 집합구역 간의 통행을 위하여 1.2m 이상의 폭을 둔다.

③ 문을 설치할 때에는 문으로부터 1.2m 이상, 회전부분은 회전 바깥지점으로부터 반경 1.2m 이상의 공간을 둔다.

3) 바닥

① 작업자가 작업장에서 넘어지거나 미끄러지는 등의 위험이 없도록 안전하고 청결한 상태로 유지시켜야 한다.

② 급식실 바닥은 효과적으로 청결하게 청소될 수 있어야 하고, 기름기, 음식물 찌꺼기 및 물기 등이 흡수되지 않아야 하며 물이 고이지 않도록 한다.

③ 급식실 바닥은 적합한 재료의 선정, 바닥의 불침투성 유지, 이음매의 정확한 밀봉 등을 위하여 적합한 자가 시공한다.

④ 바닥에 물이 고이지 않도록 배수구 방향으로 경사를 주고 막힘과 역류가 없는 일상적인 세정이 가능한 구조여야 한다. 해썹(HACCP)에서는 경사도 기준으로 2%를 권고하고 있다.

4) 배수시설

① 바닥이나 조리기계 · 기구로부터 배출되는 물을 신속하게 배출할 수 있도록 전처리실, 조리실 및 세척실 등의 바닥에 배수로를 설치한다. 또한 배수로 바닥에 경사를 두어 물이 고이거나 역류되지 않도록 한다.

② 배수로는 배출되는 물의 최대량을 고려하여 폭과 깊이를 결정한다.

③ 배수로는 세정대, 작업대 및 국솥 등 물을 취급하는 설비에 최대한 가까이 설치한다.

④ 대형국솥과 같이 많은 배수량이 발생하는 장소에는 해당 솥의 물을 신속히 처리할 수 있는 크기로 배수로를 설치한다.

⑤ 배수로는 내식성이 있고 불침투성이 있는 스테인리스 스틸 또는 대리석 등의 재질로 마감 처리한다.

⑥ 배수로와 인접한 바닥의 마감처리는 오염물질 및 기름기가 축적되지 않고 불침투성이 유지될 수 있도록 한다.

5) 배수로 덮개

① 배수로 덮개는 표면에 타공 또는 무늬 강판 등 미끄럼 방지 처리가 된 것을 사용하고, 그

레이팅의 경우 표면에 요철이 있는 것을 사용한다.

② 덮개는 휘거나 변형되지 않는 견고한 재질의 것으로써 이탈 또는 유동되지 않도록 밀착되게 설치한다.

③ 덮개는 쉽게 열 수 있는 작은 크기로 분할하여 설치한다.

④ 덮개는 모서리와 절단부분은 사상작업을 하여 날카로운 부분이 없게 한다.

⑤ 덮개의 설치 높이는 물의 고임을 방지하고 작업자가 이동할 때 걸려 넘어지지 않도록 급식실 바닥보다 2~3mm 정도 낮게 한다.

⑥ 덮개에 발이 끼이거나 운반대차, 배식차 등의 바퀴가 빠지지 않는 구조로 설치한다.

2. 작업 안전관리

1) 조리사의 유의사항

① 월 2회 검변(건강보균자 색출)

② 설사하는 경우 병의 원인 판명되기까지 종사 금지

③ 종업원의 손이나 얼굴(코, 귀, 목)에 화농증이 없어야 한다(포도상구균 식중독 때문).

④ 조리사의 전용 작업복, 모자, 앞치마, 신 등을 준비 · 착용하고 작업하되, 그 복장으로 특히 화장실에 절대 가지 말아야 한다.

⑤ 배식하는 사람은 마스크 착용, 수저 사용(직접 손대지 않음)

⑥ 머리 청결, 손톱 짧게, 반지를 끼지 않도록 한다.

⑦ 전용 화장실 사용, 용변 후 손 소독을 하고 코, 귀, 입은 긁지 않도록 한다.

2) 조리사 손의 위생

식중독이나 경구전염병 예방대책의 하나로 손의 세척, 소독이 중요하다.

① 그냥 수세보다 흐르는 물에서 비누를 이용하여 수세하면 상당한 제균효과가 있다.(99%)

② 수세 후 역성비누액 몇 방울을 30초 정도 손에서 비벼 닦은 후 종이 타월, 열풍, 자연 건조시킨다.

3. 화재예방 및 조치방법

1) 화재의 정의

화재는 불이 나는 것을 말하며 발생하는 대상에 따라 건축물에서 발생하는 건물화재, 산림 또는 들에서 발생하는 임야화재, 자동차에서 발생하는 차량화재, 선박에서 발생하는 선박화재, 비행기 등에서 발생하는 항공기화재 등이 있다.

2) 화재발생 원인

화재발생 원인은 다음과 같다.

단계	내용
실화	과실에 의해 화재를 발생시키고 물질을 훼손시키는 것으로 부주의한 행위에 의해 화재에 이른 것을 의미한다.
방화	고의적으로 불을 질렀거나 그로 인한 것이라고 의심되는 화재를 말한다.
자연발화	물질이 외부로부터 에너지를 공급받지 않는 가운데 자체적으로 온도가 상승하여 발화하는 현상을 말한다.
재연	화재진압 후 같은 장소에서 다시 발생한 화재를 말한다.
천재발화	지진, 낙뢰, 분화 등에 의해 발생된 것을 말한다.
복사열	물질에 따라 비교적 야간 복사열도 장시간 방사로 발화될 수 있다. 예를 들어 햇빛이 유리나 거울에 반사되어 가연성 물질에 장시간 노출 시 열이 축적되어 발화될 수 있다.
불명	위의 원인 이외로 발생한 화재를 말한다.

3) 화재 안전과 대피요령

화재 안전과 대피요령은 다음과 같다.

① 화재 안전

- 불을 처음 발견한 사람이 '불이야' 하고 큰 소리로 주위 사람들에게 알린 후 화재경보설비가 있으면 비상벨을 누른다.
- 화재 발생 시 침착하게 전화로 119에 신고한다.

- 주위에 있는 소화기, 옥내소화전 등을 이용하여 불을 끈다.
- 화재 시 신속하고 침착한 행동으로 비상구, 피난시설을 이용하여 안전한 곳으로 대피 및 안내한다.
- 문을 닫으면서 대피하여 화재와 연기의 확산을 지연시킨다.
- 대피할 때는 엘리베이터 사용을 자제하고 비상계단으로 대피한다.
- 자세는 낮게 하고 물에 적신 손수건 등으로 입과 코를 막고 숨을 짧게 쉬며 낮은 자세로 대피한다.
- 전기기구는 반드시 규격제품을 사용하고 하나의 콘센트에는 여러 개의 전열기구를 사용하지 않는다.
- 가스레인지 밸브와 중간밸브는 사용 후 항상 잠그고, 월 1회 이상 누설여부를 확인한다.
- 베란다에 설치된 비상탈출구 앞에는 평상시 피난에 장애가 되는 물건 등을 적재해 놓지 않는다.
- 소화기는 눈에 잘 띄는 곳에 두고, 평소에 사용법을 알아둔다.

② 화재 시 대피방법

- 현관을 통해 대피할 수 없을 시에는 베란다로 피신하고 구조를 요청하거나 완강기나 로프를 이용해서 아래층으로 피신한다.
- 방안에 있는데 외부에서 화재가 발생해서 밖으로 피난할 수 없을 때는 문틈으로 들어오는 연기를 옷가지나 수건을 이용해서 막아야 한다.
- 대피 시 문을 열어야 한다면 손을 손잡이나 문에 갖다 대어 뜨거운지 확인한다. 문이 뜨겁다면 외부에 열기가 있다는 뜻이므로 열지 말고 다른 곳을 찾아야 한다.
- 대피할 때는 옷가지나 수건, 휴지로 코와 입을 막고 이동하여 유독가스를 방어해야 한다.

단원 문제

01 **역성비누를 식품소독에 사용하는 이유라고 할 수 없는 것은?**

㉮ 무독 ㉯ 무자극성
㉰ 무해 ㉱ 무살균력

풀이 역성비누는 침투력과 살균력이 강하며, 무미, 무취, 무해하고 자극성이 없다.

정답 ㉱

02 **염소로 물을 소독할 때 장점이 아닌 것은?**

㉮ 냄새가 상쾌하다.
㉯ 잔류효과가 크다.
㉰ 조작이 간편하다.
㉱ 강한 소독력이 있다.

풀이 염소 소독의 단점은 냄새가 나고 독성이 강한 것이다.

정답 ㉮

03 **식당에서 사용하는 식기류, 조리기구류의 소독 방법은?**

㉮ 약물소독 ㉯ 자비소독
㉰ 자외선소독 ㉱ 증기소독

풀이 자비소독은 100℃의 끓는 물속에서 30분간 처리하는 것

정답 ㉯

04 **포자 형성균의 멸균에 가장 적절한 것은?**

㉮ 알코올 ㉯ 염소액
㉰ 역성비누 ㉱ 고압증기

풀이 고압증기 멸균법은 포자 형성균의 확실한 멸균이다.

정답 ㉱

05 **분뇨의 적절한 위생적 처리로 수인성 전염병의 발생을 가장 많이 감소시킬 수 있는 질병은?**

㉮ 발진티푸스 ㉯ 발진열
㉰ 장티푸스 ㉱ 요도염

풀이 장티푸스는 수인성 경구전염병으로 수인성 전염병이다.

정답 ㉰

06 **식품에 사용할 수 있는 살균제는?**

㉮ 승홍 수용액
㉯ 과산화수소 수용액
㉰ 포르말린 수용액
㉱ 역성비누 수용액

풀이 승홍과 과산화수소, 포르말린은 인체 독성 때문에 식품에 사용할 수 없다.

정답 ㉱

III

재료 관리

제 1 장

식품재료의 성분

1. 식품의 개념

1) 정의

의약으로서 섭취하는 것을 제외한 모든 음식물로, 건강을 유지하기 위해서 필요한 열량(Energy)과 체조직의 구성 및 기능의 조절을 위하여 여러 가지 영양소를 함유한 천연물 또는 가공품을 말한다.

핵 | 심 | 문 | 제

식품의 정의

- 영양분을 함유한 음식
- 유해성분이 없는 음식
- 마시는 것
- 의약품은 제외

2) 식품의 기본요소

경제성 – 생산성 향상 및 생산관리의 일원화, 좋은 식품을 값싸게 구입

기호성 – 식품의 외관, 색깔, 향기, 맛 등은 식욕을 증진시켜 영양가치를 향상시킴

안정성 – 불쾌한 맛과 유해물을 제거하여 위생상 안전한 음식으로 제공

영양성 – 소화를 용이하게 하며 영양효율을 높임

실용성 – 조리를 함으로써 저장이 용이하고 운반 또한 편리해짐

핵 | 심 | 문 | 제

식품의 기본요소

경기안영실(경제성, 기호성, 안정성, 영양성, 실용성)

2. 수분

1) 물의 존재 상태

① **결합수** : 단백질, 탄수화물 등의 유기물과 밀접하게 결합되어 있는 상태

② **유리수** : 용매로 작용하는 상태, 자연수라고도 한다.

구분	결합수	유리수=자연수
용매	• 작용하지 않음	• 작용함
물질분리	• 100℃ 이상에서도 잘 제거되지 않음	• 건조시켜 분리 제거 가능함
빙점	• −20~−30℃에서도 잘 얼지 않음	• 0℃ 이하에서 쉽게 동결됨
미생물	• 미생물 번식이 어려움	• 미생물 생육번식이 가능
기타	• 물보다 밀도가 크며 빙점 이하로 내려감에 따라 함량 감소	• 비점과 융점이 높으며 표면장력과 점성이 크다.

2) 수분 활성도(Water activity)

대기 중의 상대습도를 고려하여 식품의 수분 함량을 %로 나타내기보다는 수분 활성도로 표시하는 경우가 많다.

$$Aw = \frac{P(\text{그 식품이 나타내는 수증기압})}{Po(\text{순수한 물의 최대 수증기압})}$$

- 물의 경우 Ps에 대한 Po와 동일하므로 Aw=1이다.
- 수분이 많은 식품류(채소, 과일, 육류, 어패류) : Aw=0.98~0.99
- 건조식품(곡류, 두류) : Aw=0.60~0.64
- 세균 : Aw=0.90~0.94
- 효모 : Aw=0.88
- 내건성곰팡이 : Aw=0.65

핵 | 심 | 문 | 제

물 : Aw = 1, 세균 : Aw 0.95 이하, 효모 : Aw 0.87, 곰팡이 : Aw 0.80일 때 증식 저지됨
생리적으로 하루 필요한 물의 양 2~3ℓ, 체내의 수분함량 65~70%

3) 영양소의 역할에 따른 분류

① **구성소** : 몸의 발육을 위하여 몸의 조직을 만드는 성분을 공급(단백질, 무기질, 칼슘)

② **조절소(비타민과 무기질)** : 신체의 생리기능을 조절하고 예방(체액의 pH 조절, 삼투압 조절, 효소작용의 촉진)

③ **열량소** : 인체활동에 필요한 에너지를 공급(1g당 : 탄수화물 4kcal, 단백질 4kcal, 지방 9kcal)

4) 기초식품군

구분	주요 영양소	식품군	식품명
구성식품	단백질	고기, 생선, 알, 콩	소고기, 닭고기, 돼지고기, 생선, 조개, 굴, 두부, 콩, 된장, 달걀, 햄, 치즈 등
	칼슘	우유 및 유제품, 뼈째 먹는 생선	멸치, 뱅어포, 잔새우, 사골, 우유, 분유, 아이스크림, 요구르트 등
조절식품	무기질 및 비타민	채소 및 과일류	시금치, 당근, 상추, 토마토, 풋고추, 톳, 파래, 김, 다시마, 오이, 딸기, 무, 배추, 포도, 배, 콩나물 등
열량식품	당질	곡류 및 감자류 (잡곡 포함)	쌀, 보리, 콩, 팥, 옥수수, 밀, 감자, 토란, 밤, 밀가루, 벌꿀, 떡, 과자류 등
	지질	유지류	참기름, 콩기름, 동물성기름(소, 돼지), 호두, 버터, 쇼트닝, 잣, 마가린 등

3. 탄수화물

1) 탄수화물의 특징

- 탄소(C), 수소(H), 산소(O) 등의 복합체
- 다량 섭취 시 글리코겐으로 변하여 간이나 근육 속에 저장되고 남는 것은 피하지방으로 축적된다.

(1) 당질의 분류

① **단당류** : 더 이상 가수분해되지 않는 당. 단맛이 있고 물에 녹는다.

- 포도당(glucose, 당도 74) : 포도, 과일즙, 혈액 중에 0.1% 포함
- 과당(fructose, 당도 173) : 단맛이 가장 강하며 꿀과 과일에 다량 함유
- 갈락토오스(galactose, 당도 27~32) : 젖당(lactose)의 구성성분
- 만노오스(mannose) : 곤약의 가수분해로 얻음

② **이당류** : 가수분해하면 2~5분자의 단당류로 분해

- 설탕(sucrose, 자당, 당도 100) : 포도당+과당, 사탕수수, 사탕무의 즙을 농축하여 결정, 정제
- 맥아당(maltose, 엿당, 당도 33~60) : 포도당+포도당, 엿기름이나 발아한 보리 중에 다량 함유
- 젖당(lactose, 유당, 당도 16~28) : 포도당+갈락토오스, 어린이 뇌신경의 구성성분

③ **다당류** : 가수분해하면 다수의 단당류를 생성하는 당류. 단맛이 없고 물에 녹지 않는다.

- 전분(starch) : 곡류와 감자에 많으며 수천 개의 포도당이 결합되어 있다.
- 글리코겐(glycogen) : 동물성 전분으로 간이나 근육에 포함
- 섬유소(cellulose) : 해조, 채소류에 많으며 배변효과가 있다.

④ **펙틴(pectin)** : 과실류에 있고 당이나 산과 함께 가열하면 젤리나 잼을 형성

⑤ **호정(덱스트린)** : 전분을 180℃ 이상 가열하면 전분을 거쳐 호정으로 변화

⑥ **이눌린(inulin)** : 과당의 결합체로, 달리아에 다량 함유되어 있다.

⑦ **갈락탄(galactan)** : 한천에 존재

핵 | 심 | 문 | 제

당도 비교

과당 > 전화당 > 서당 > 포도당 > 맥아당 > 갈락토오스 > 유당

(2) 탄수화물의 기능

- **에너지 공급원** : 1g당 4kcal, 소화율 98%
- 총열량의 65%
- 단백질의 절약작용
- 간의 해독작용
- 지방대사에 필수적(부족 시 케토시스 초래)
- 정상인의 혈당치: 0.1%
- **과잉증** : 비만증, 소화불량
- **결핍증** : 발육불량, 체중감소

2) 곡류

① 쌀

- **현미** : 벼를 탈곡하여 왕겨층을 벗겨낸 것. 비율은 현미 80%, 왕겨층 20%
- **백미** : 현미에서 쌀겨층 및 배아를 제거한 것으로 배유(전분)만 남은 것
  쌀겨의 양(중량%)에 따라 5분 도미, 7분 도미, 9분 도미

② 보리

- 곡물 중에서도 조직이 단단하므로 압맥처리를 하여 조직을 파괴하면 소화가 잘 된다.
- 정맥, 압맥(납작하게 만든 보리), 할맥(섬유소를 제거한 것)

③ 밀

- 75%가 녹말이며 밀 단백질은 글리아딘과 글루테닌으로 구성되어 있다.

종류	단백질(Gluten) 함량	용도
강력분	• 13% 이상	• 식빵, 마카로니
중력분	• 10% 내외	• 국수류
박력분	• 8% 이하	• 과자, 튀김옷, 케이크

3) 서류

① 감자

• 알칼리성 식품, 주성분은 녹말, 맛이 담백하여 주식으로 이용

• 티로시나아제 때문에 갈변현상 발생(물에 담가 방지)

• 싹튼 감자의 독(솔라닌)

② 고구마

• 식용 외에 녹말, 알코올 및 엿의 제조에 쓰임

4) 당질의 변화

(1) 가열에 의한 전분의 변화

• **전분의 호화(α화)** : 전분에 물과 열을 가하면 물을 흡수하여 반투명해지고 내부구조가 헐거워지며 팽창(팽윤)하여 걸쭉한 상태가 되는데 이를 호화(Gelatinization)라 한다.

• **전분의 노화(β화)** : 전분을 실온에 방치해 두면 차차 굳어져서 원래의 전분으로 되돌아가는 것을 노화라고 한다.

• **전분의 호정화(덱스트린)** : 전분에 물을 넣지 않고 160~170℃로 가열하면 가용성 전분을 거쳐 덱스트린(호정)으로 분해되어, 호화전분보다 물에 잘 녹는다.(미숫가루, 건빵, 뻥튀기 등)

(2) 호화의 영향을 미치는 요인

① 가열온도가 높을수록, 전분 입자가 클수록 호화가 빠르다.

② 가열 시 침수하는 물의 양이 많을수록 호화가 빠르다.

③ 쌀의 도정률이 높을수록 호화가 빠르다.

④ pH가 높을수록(알칼리의 농도) 호화가 빠르다.

(3) 전분의 노화에 미치는 영향

① 수분 30~60%

② 온도 0~5℃일 때(냉장온도)

③ 아밀로오스의 함량이 높을수록 가장 일어나기 쉽다. 따라서 겨울철에 밥, 떡, 빵 등이 빨리 굳는다.

(4) 전분의 노화 억제 방법

① 전분을 80℃ 이상에서 급속히 건조하거나 0℃ 이하에서 급속히 탈수하여 수분 함량을 15% 이하로 한다.

② 설탕을 다량 첨가한다.

③ 환원제나 유화제를 사용한다.

(5) 효소 및 미생물에 의한 탄수화물의 변화

① 감자, 고구마, 호박 등을 2℃ 정도의 온도에 오래 저장하면 단맛이 증가하는 것은 전분이 아밀라아제(Amylase), 말타아제(Maltase)의 작용을 받아 포도당으로 되는 동시에 온도가 낮아 호흡이 억제되므로 당의 소비가 감소되기 때문이다.

② 과실류가 익으면서 단맛이 강해지는 것은 유기산이 감소되어 신맛이 줄어듦과 동시에 포도당이 과당으로 변하기 때문이다.

4. 지질

1) 지질의 특성

- 탄소(C), 수소(H), 산소(O)의 화합물
- 상온에서 액체상태인 유(油, oil)와 고체상태인 지(脂, fat)로써 분류된다.

① **지질의 분류**

- **단순지질** : 지방산과 글리세린이 결합
- **복합지질** : 인과 결합된 인지질(레시틴, 세팔린, 스핑고미엘린)
  당과 결합된 당지질(세레브로시드)
- **유도지질** : 단순지질이나 복합지질의 가수분해로 얻어지는 물질(콜레스테롤, 고급알코올)

② **지방산**

– **불포화 지방산** : 하나 이상의 이중결합을 가진 지방산, 식물성 지방 또는 어류에 많이 함유
  올레산(올리브유, 동백유 등), 리놀렌산(등 푸른 생선 기름), 리놀레산(콩기름, 참기름, 옥수수기름, 면실유, 포도씨기름 등), 아라키돈산 등

– **포화 지방산** : 이중결합이 없는 지방산, 동물성 지방에 많이 함유
  스테아르산, 팔미트산 : 소기름, 돼지기름, 양기름, 팜유 등

핵 | 심 | 문 | 제

필수지방산

– 신체의 성장 · 유지과정의 정상적 기능을 수행하는 데 반드시 필요한 지방산
– 체내에서 합성되지 않기 때문에 식품을 통해 공급받아야 하는 지방산
– 콩기름, 참기름, 옥수수기름, 면실유, 포도씨유에 다량 함유
– 올레산, 리놀렌산, 리놀레산 등

③ **지질의 기능**

- **에너지의 공급원** : 1g당 9kcal, 소화율 95%
- 총열량의 20%(영양분의 손실을 막는다.)
- 체조직 구성
- 필수지방산과 지용성 비타민 공급
- 비타민 B_1의 절약작용
- 인지질, 콜레스테롤 합성
- **과잉증** : 비만증, 심장기능 약화, 동맥경화증
- **결핍증** : 신체쇠약, 성장부진

2) 지질의 종류

① 식물성 기름

- **건성유** : 요오드가 130 이상(들깨유, 호두유, 잣유, 아마인유)
- **반건성유** : 요오드가 100~130(참기름, 대두유, 유채유, 고추씨유, 해바라기유)
- **불건성유** : 요오드가 100 이하(땅콩유, 동백유, 올리브유)
- **고체유지** : 상온에서 고체상태(야자유, 코코아유)

② 동물성 기름

- **버터** : 우유의 지방을 모은 것
- **라드** : 돼지의 피하조직. 상온에서는 반고체
- **소기름** : 소의 피하지방을 채취한 것
- **어유** : 요오드가 높고 불포화 지방산으로 액체상태(고래 기름, 간유)

③ 가공유지

- **가공유지(경화유)** : 액체상태의 기름에 H(수소)를 첨가하고 Ni(니켈), Pt(백금)을 넣어 고체형의 기름으로 만든 것(마가린, 쇼트닝)
- **연화작용** : 밀가루 반죽에 유지를 첨가하면 반죽 내에서 지방을 형성하여 전분과 글루텐과의 결합을 방해한다.
- **마가린** : 식물성유에 수소를 첨가하여 만든 경화유(인조 버터)
- **쇼트닝** : 경화유에 공기, 질소 등을 넣어 라드 대용으로 사용(케이크, 과자에 사용)

3) 지질의 변화

(1) 유지의 산패

① **가수분해에 의한 산패** : 물, 산소, 알칼리, 효소에 의하여 유리지방산과 글리세롤로 분해되어 불쾌한 맛이나 냄새를 형성하여 유지가 변질된다.(낙농제품)

② **변향에 의한 변질** : 유지의 산패가 일어나기 전에 풀냄새나 비린내와 같은 이취가 발생하는 현상이다.

③ **중합에 의한 변질** : 불포화도가 높은 기름이나 튀김용으로 반복 사용한 기름에서 중합되기

쉬우며, 중합에 의하여 비중과 점성이 커지고 검게 변하며 향기와 소화율이 나빠진다.

(2) 항산제

① 산화를 억제하는 물질로 천연의 것과 인공의 것이 있다.

② 천연 항산화제는 유지 중에 미량으로 존재하며 유지의 산화를 억제하고, 주로 식물성 유지에 많이 들어 있다.

㉠ **종자유** : 토코페롤(Tocopherol)

㉡ **녹차잎 · 감** : 몰식자산(Gallic acid)

㉢ **참깨유** : 세사몰(Sesamol)

㉣ **면실유** : 고시폴(Gossypol)

③ 인산, 구연산, 주석산, 아스코르빈산(Ascorbic acid) 등은 항산화력을 갖고 있지 않으나 항산화제를 첨가하였을 경우에 이들의 항산화작용을 도우므로 상승제라 한다.

5. 단백질류

1) 단백질의 특성

- 탄소(C), 수소(H), 질소(N), 산소(O), 유황(S) 등의 원소로 구성되는 복잡한 유기화합물이다.
- 질소 함유량은 약 16%(100/16 = 질소계수: 6.25)이다.

(1) 단백질의 분류

① **화학적 분류**

- **단순 단백질** : 가수분해에 의해서 아미노산이 생성되는 것
  섬유상 단백질(콜라겐, 엘라스틴, 케라틴), 구상 단백질(알부민, 글로불린, 글루테닌, 프롤라민, 히스톤, 프로타민)
- **복합 단백질** : 단순 단백질과 비단백질성 물질이나 금속이 결합된 것

Tip 복합 단백질의 종류

- 핵단백질 : 동물체의 흉선, 식물체의 배아
- 인단백질 : 카세인, 비텔린
- 색소단백질 : 헤모글로빈, 미오글로빈, 시토크롬, 클로로필
- 지단백질 : 리포비텔린
- 당단백질 : 뮤신, 뮤코이드
- 금속단백질 : 헤모글로빈, 헤모시아닌

② **유도 단백질** : 단순, 복합 단백질이 물리적으로 변성되거나 화학적으로 변화된 단백질

③ **영양학적 분류**

- **완전 단백질** : 필수 아미노산이 골고루 함유되어 있는 단백질(우유의 카세인, 글로불린 등)
- **부분적 불완전 단백질** : 아미노산의 함유량이 필요량을 충당하지 못하는 단백질(글리아딘, 호르데인)
- **불완전 단백질** : 저질 단백질 혹은 생물가가 낮은 단백질(젤라틴, 옥수수의 제인)

④ **단백질의 아미노산 보강** : 아미노산을 다른 식품을 통해 보관함으로써 완전 단백질을 이뤄 영양가를 높이는 것을 아미노산 보강이라 한다.

예) 쌀(리신 부족)+콩(리신 풍부)=콩밥(완전한 형태의 단백질을 공급)

⑤ **기초대사량** : 생명유지를 위한 무의식적 활동(호흡, 심장박동, 혈액운반, 소화 등)에 필요한 열량을 기초대사량이라 하며 평상시보다 수면 시에는 10% 정도 감소한다.

⑥ **기초대사에 영향을 주는 인자**

㉠ 체표면적이 클수록 소요열량이 크다.

㉡ 남자가 여자보다 소요열량이 크다.

㉢ 근육질인 사람이 지방질인 사람에 비해 소요열량이 크다.

㉣ 기온이 낮으면 소요열량이 커진다.

(2) 아미노산의 종류

- **필수 아미노산** : 체내에서 생성할 수 없으며 반드시 식품으로부터 공급해야만 하는 아미노산 8가지(트립토판, 발린, 트레오닌, 이소루신, 루신, 리신, 페닐알라닌, 메티오닌)이

며, 성장기 어린이에게 알기닌, 히스티딘이 필요하다.
- 불필수 아미노산 : 체내에서 생성할 수 있는 아미노산

(3) 단백질의 기능

- 에너지 공급원 : 1g당 4kcal, 92% 소화율
- 에너지 절약작용
- 성장 및 체성분 구성물질
- 삼투압 유지를 위한 수분 평형 조절
- 체성분의 중성유지
- 호르몬, 항체, 효소 등의 구성성분
- 총열량의 15%
- 결핍증 : 카시오카, 부종, 성장장애, 빈혈

2) 단백질의 종류

① 육류

- 근육조직
  - 단백질 : 약 20%의 단백질이 함유. 라이신 등의 필수 아미노산의 함량이 높다.
  - 탄수화물 : 글리코겐으로 간(10%), 근육(2%)에 들어 있다.
  - 무기질 : 인, 황, 철분 등이 많다.
  - 비타민 : 간과 내장에는 비타민 A와 리보플라빈(B_2)이 많고, 특히 돼지고기에는 티아민(B_1)이 많다.
- 결합조직
  - 쇠머리, 쇠족의 힘줄이 많은 질긴 고기의 조직
  - 소화가 잘 안 되고 영양가가 낮으나, 콜라겐을 끓이면 젤라틴이 되어 소화효소의 작용을 받는다.
- 지방조직
  - 약 10% 정도 들어 있고, 포화 지방산이 다량 함유

핵 | 심 | 문 | 제

식품별 단백질 명칭

- 쌀 : 오리제닌
- 보리 : 호르데인
- 밀가루 : 글루텐
- 달걀 : 알부민
- 콩 : 글리시닌
- 우유 : 카세인
- 옥수수 : 제인

| 부위별 용도 |

소고기	
부위	용도
등 심	구이, 전골
대접살	조림, 포
장정육	편육, 장국, 구이
채끝살	찌개, 구이
쇠머리	편육
사 태	편육, 장국
양지머리	편육, 장국
족	족탕, 탕
안 심	구이, 전골
꼬 리	탕
우둔살	포, 조림, 구이
홍두깨살	조림
업진육	편육, 장국
쇠악지	장국, 조림
갈 비	찜, 탕, 구이

돼지고기	
부위	용도
항 정	조림
등심살	편육, 구이
세겹살	조림, 편육
채끝살	튀김
뒷다리	구이, 갈비
갈 비	구이, 찜
머 리	편육
족	찜, 족편

닭고기	
부위	용도
가슴살	튀김, 구이, 조림, 찜
안 심	냉채, 찜
날개살	튀김, 조림

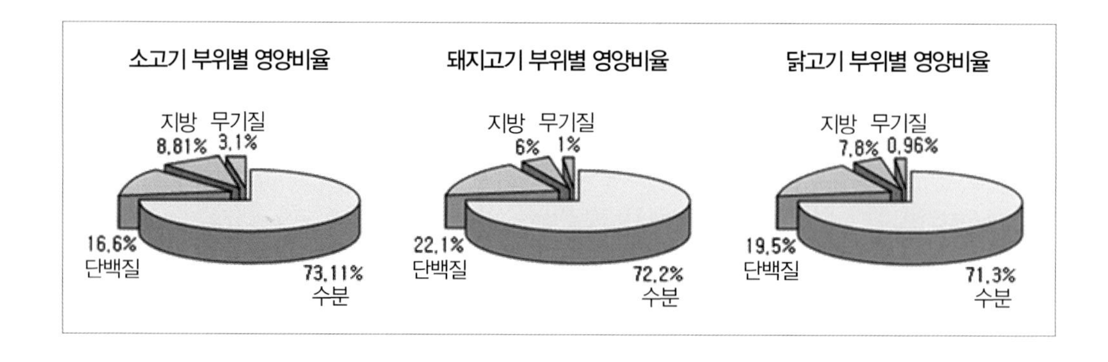

② 조육류

■ **오리고기**

- 육류 중 유일한 알칼리성 식품으로 고기는 붉은빛
- 불포화 지방산으로 동맥경화, 고혈압인 사람에게 좋다.
- 조류 중 가장 맛이 좋고 풍미가 있다.

■ **오골계** : 털, 근육, 뼈까지 검은색이며 흔히 약용으로 쓰임

■ **꿩고기** : 잡은 직후에는 시큼한 냄새가 나고 니아신 함량이 풍부하다.

핵 | 심 | 문 | 제

육류의 선택법

- 도살 직후에는 경직이 일어나 질김
- 2℃의 냉장 온도에서 약 3~4일 보관하면 자가 소화가 일어나 고기가 연해지고 맛이 좋아진다.

③ 어류

필수 아미노산이 고루 들어 있는 양질의 단백질 식품으로 불포화 지방산이 많다.

- 지방이 많은 생선(붉은 살 생선) : 정어리, 장어, 고등어 등(달고 감칠맛)
- 지방이 적은 생선(흰살생선) : 도미, 대구, 광어 등(담백한 맛)

핵 | 심 | 문 | 제

- 생선은 잡은 직후나 사후 경직된 상태가 가장 맛이 있다.
- 어란에는 영양소가 많으나 난막의 케라틴(Keratin) 때문에 소화율이 낮다.

④ 조개류

- 젓산, 초산, 호박산 등이 함유되어 있으며, 특히 조개의 호박산은 특수한 국물 맛을 낸다.

⑤ 난류

- 달걀, 오리알, 메추리알(단백가 100)
- 달걀은 껍질(1) : 흰자(6) : 노른자(3)의 비율로, 1개의 중량은 45~60g이다.

핵 | 심 | 문 | 제

난류의 신선도 측정

① 껍질은 까슬까슬하다.

② 윤기가 없다.

③ 햇빛을 통해 볼 때 맑게 보인다.

④ 소금물에 넣었을 때 가라앉는다.

⑤ 흔들어보았을 때 소리가 없다.

⑥ 깼을 때 노른자가 뚜렷하고 흰자의 농도가 진하다.

⑥ 콩류

- 콩 : 소화율이 낮기 때문에 두부, 청국장, 된장, 간장 등으로 가공해서 사용
- 팥 : 혼식용, 과자, 빙과류, 떡, 죽
- 녹두 : 빈대떡, 묵, 죽, 숙주나물, 떡고물
- 땅콩 : 땅콩버터의 원료

6. 무기질

1) 무기질의 특징

① 무기질의 기능

- 회분이라고도 하며 인체의 4% 차지
- 체액의 성분으로서 산과 염기의 균형 유지를 위해 pH를 조절한다.
- 체내의 삼투압을 조절한다.
- 효소반응의 활성화제, 신경의 자극, 근육수축 등의 조절을 한다.
- 혈액응고에 관여한다.

② 다량요소

종류	결핍증	함유식품
칼슘(Ca)	골격 · 치아발육불량, 골연화증, 구루병, 혈액응고 불량, 내출혈	생선, 우유 및 유제품, 난황, 해조류, 녹엽채소
인(P)	골격, 치아의 발육불량, 성장정지, 골연화증, 구루병	생선, 우유, 콩, 견과류, 달걀, 육류, 채소류
마그네슘(Mg)	신경불안, 경련, 심장 · 간의 장애, 칼슘의 배설 촉진, 골연화증	곡류, 두류, 푸른 잎 채소, 소고기, 해조류, 코코아, 감자류
칼륨(K)	근육의 이완, 발육불량	곡류, 과실, 채소류
나트륨(Na)	소화불량, 식욕부진, 근육경련, 부종, 저혈압	동식물에 널리 분포
염소(Cl)	위액의 산도저하, 식욕부진	NaCl로서 식물에 첨가
황(S)	빈혈, 두발성장의 저해	육류, 어류, 우유, 달걀, 콩
철분(Fe)	빈혈, 신체허약, 식욕부진	채소류, 육류(간, 심장), 난황, 어패류, 두류
요오드(I)	갑상선부종, 성장과 지능발달 부진	해산물, 특히 해조류

핵 | 심 | 문 | 제

1일 권장량

Na : 3,450mg, Ca : 700mg, P : 700mg, Fe : 12mg

2) 무기질의 종류

① 채소류

- **녹황색 채소** : 시금치, 당근, 풋고추, 깻잎, 상추, 피망
- **담색 채소** : 무, 양배추, 배추

② 과일류

- **인과류** : 사과, 배 등
- **준인과류** : 감, 귤 등
- **핵과류** : 복숭아, 살구 등
- **장과류** : 포도, 딸기, 무화과, 바나나, 파인애플 등

• **견과류** : 밤, 잣, 호두, 은행 등

③ **해조류**

• **녹조류** : 파래, 청각 등

• **갈조류** : 조금 깊은 바다에서 사는 것. 미역, 다시마 등

• **홍조류**: 깊은 바다에서 사는 것. 김, 우뭇가사리 등

④ **버섯류** : 송이, 표고, 석이, 느타리, 싸리, 목이, 팽이, 밤버섯 등이 있다.

3) 무기질의 변화

식품을 조리하거나 가공 · 저장하는 동안 갈색으로 변하거나 식품의 본색이 짙어지는 현상을 식품의 갈변현상이라 한다.

(1) 효소적 갈변

① 채소, 과일류를 파쇄하거나 껍질을 벗길 때 일어나는 현상으로, 채소류나 과일류의 상처받은 조직이 공기 중에 노출되면 페놀화합물이 갈색 색소인 멜라닌으로 전환되기 때문이다.

② 효소적 갈변은 수분 활성도(Aw)가 높을수록 증가한다.

(2) 효소적 갈변 방지법

① **열처리** : 데치기와 같이 고온에서 식품을 열처리하여 효소를 불활성화한다.

② **산을 이용** : 수소이온농도(pH)를 3 이하로 낮추어 산의 효소작용을 억제한다.

③ **귤** : 비타민 C의 함량이 높아서 갈변현상이 심하게 나타나지 않는다.

④ **당 또는 염류 첨가** : 껍질 벗긴 과일을 설탕이나 소금물에 담근다.

⑤ **산소 제거** : 밀폐용기에 식품을 넣은 다음, 공기를 제거 또는 공기 대신 이산화탄소나 질소를 주입한다.

⑥ **효소작용 억제** : 온도를 −10℃ 이하로 낮춘다.

⑦ 구리 또는 철로 된 용기나 기구의 사용을 피한다.

(3) 비효소적 갈변 방지법

① **마이야르반응** : 외부 에너지의 공급 없이도 자연 발생적으로 일어나는 반응이다.(식빵, 간장, 된장 등)

② **캐러멜화반응** : 당류를 고온(100~200℃)으로 가열하였을 때 산화 및 분해산물에 의한 중합, 축합에 의한 반응이다.(간장, 소스, 합성청주, 약식 등)

③ **아스코르브산의 반응** : 감귤류의 가공품인 오렌지주스나 농축물 등에서 일어나는 갈변반응이다.(과채류의 가공식품에 이용)

7. 비타민

① 비타민의 기능

- 생리기능 조절과 성장유지
- 체내에서 생성하지 못하고 외부 음식물에서 섭취해야 한다.
- 지용성 비타민과 수용성 비타민으로 나뉜다.

구분	지용성 비타민	수용성 비타민
용매	기름과 유기용매	물에 용해
섭취량이 필요량 이상	체내에 저장	소변으로 배출
결핍증세	서서히 나타난다.	신속하게 나타난다.
공급	매일 공급할 필요 없다.	매일 공급
구성원소	탄소, 수소, 산소	탄소, 수소, 산소, 질소

② 지용성 비타민

종류	결핍증	함유식품
비타민 A	야맹증, 안구건조증, 점막 장해	간, 우유, 난황, 뱀장어
비타민 D	구루병, 골연화증	우유, 마가린, 생선간유, 버섯, 효모, 맥각
비타민 E	불임증, 근육위축증, 용혈작용	식물성 기름, 녹색채소, 곡물의 배아, 달걀
비타민 K	상처에 출혈	달걀, 간, 푸른 잎 채소
비타민 F	피부염, 성장정지, 기관지염	콩기름, 옥수수기름

핵 | 심 | 문 | 제

비타민 D

- 콜레스테롤이 자외선을 받으면 비타민 D가 생긴다. (광부는 비타민 D 결핍증에 걸리기 쉽다.)
- 에르고스테린에 자외선을 쬐면 비타민 D_2가 된다.
- Ca의 흡수를 돕는다.

* 돼지고기를 먹을 때 마늘을 함께 섭취하면 비타민 B_1의 흡수력이 좋아진다.

③ 수용성 비타민

종류	결핍증	함유식품
비타민 B_1	각기병, 다발성 신경염	녹색채소, 돼지고기, 육류 중의 간 · 내장, 난황, 어류
비타민 B_2	피부염, 구순구각염, 설염, 야맹증	우유, 간, 육류, 푸른 잎 채소, 곡류, 난류, 배아, 효모, 난백
니아신	펠라그라(설사, 치매, 피부염, 사망)	육류, 어류, 가금류, 간, 효모, 우유, 땅콩, 곡류
비타민 B_6	피부염	쌀겨, 효모, 간, 난황, 육류, 녹황색 채소
비타민 B_{12}	악성빈혈	살코기, 간, 내장
비타민 C	괴혈병, 간염	감귤류, 토마토, 양배추, 녹황색 채소, 콩나물

8. 칼슘

① 우유

- **버터** : 우유의 지방분을 모은 것(젖산균을 넣어 발효)
- **치즈** : 우유나 그 밖의 유즙에 레닌과 젖산균을 넣어 카세인을 응고시킨 것
- **분유** : 우유의 수분을 제거해서 분말상태로 만든 것(전지분유, 탈지분유, 가당분유, 조제분유)
- **연유** : 가당 연유(10%의 설탕을 첨가하여 약 1/3로 농축), 무가당 연유(그대로 1/3로 농축)
  ※ 사용 시 물을 첨가하여 3배 용적으로 하면 우유와 같아진다.
- **크림** : 우유를 장시간 방치하여 황백색의 지방층으로 만든 것
- **요구르트** : 탈지유를 농축시켜 8%의 설탕을 넣고 가열, 살균한 후 젖산 처리
- **탈지유** : 우유에서 지방을 뺀 것

② **뼈째 먹는 생선** : 멸치, 뱅어, 잔새우(칼슘, 단백질의 좋은 급원식품이다)

9. 식품의 색

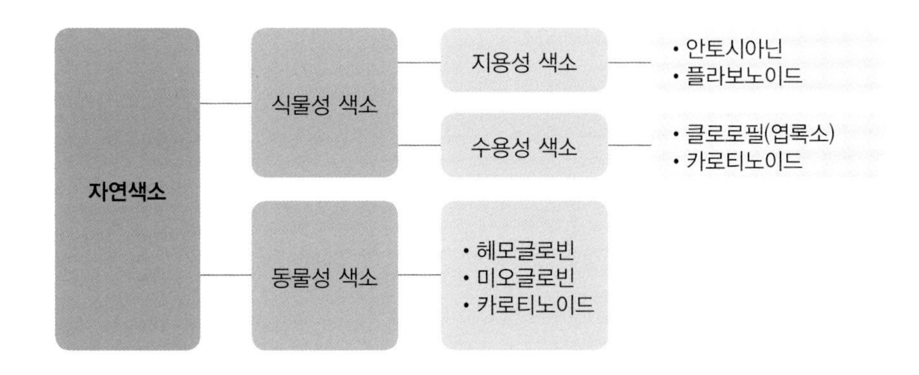

1) 식물성 식품의 색소

- **클로로필(엽록소)** : 식물의 초록색 부분의 색소로서 Mg(마그네슘)을 함유하며, 식물의 광합성에 중요한 촉매구실을 한다.

핵 | 심 | 문 | 제

- 푸른 잎을 데칠 때 유기산 때문에 갈색으로 변하므로 처음에는 뚜껑을 덮지 않고 가열하는 것이 좋다.
- 시금치 같은 푸른 채소를 데칠 때 중탄산나트륨이나 나뭇재를 넣으면 청록색이 선명해진다.

- **카로티노이드** : 오렌지색, 황색, 적황색을 띠며 산, 알칼리에는 변화가 없으나 광선에 민감
- **안토시안** : 꽃, 과피, 잎, 뿌리 등에 존재하는 파랑, 보라, 빨강 등의 색소로 화청소라고도 한다. 산성–적색, 중성–자색, 알칼리성–청색으로 변화한다.

핵 | 심 | 문 | 제

• pH에 따라 색이 변하는데 산에 의하여 적색으로 되고, 중성에서 무색~자색, 알칼리성에서는 청색이 된다.

• **플라보노이드** : 황색 계통의 색소. 산에는 안정, 알칼리에는 불안정. 녹엽, 밀감류의 껍질, 꽃 등에 널리 분포되어 있다.

2) 동물성 식품의 색소

• **헤모글로빈** : 혈색소로 Fe 함유(빨간색), 산소 운반체
• **미오글로빈** : 근육색소로 Fe 함유(적자색), 산소 저장체
• **헤모시아닌** : 패류, 새우, 게 등의 혈색소로 구리(Cu) 함유(청색). 가열 시 적색으로 변함
• **카로티노이드** : 연체동물의 적색 · 황색 색소, 연어 · 송어의 분홍색 색소

3) 기타 색소

난황(루테인), 난백(오보플라빈), 우유(락토플라빈), 오징어, 문어(멜라닌 색소)

10. 식품의 맛과 냄새

1) Henning의 4원미

단맛(sweet), 신맛(sour), 짠맛(saline), 쓴맛(bitter)

① 단맛

내용	특징
맛의 대비	불순물이 들어갈 때 단맛이 증가된다. 예) 백설탕보다 흑설탕이 더 달다.
맛의 상쇄	너무 짜거나 신맛이 강할 때 설탕을 넣어주면 신맛 · 짠맛이 없어진다.
맛의 변조	짠맛, 쓴맛, 신맛을 본 직후에 설탕을 먹으면 단맛이 더 강해진다.
맛의 상승	단맛을 가진 물질에 단맛을 섞어주면, 가지고 있는 맛보다 훨씬 달게 느껴진다.

② 쓴맛

- 알칼로이드, 배당체, 케톤류, 무기염류
- **미맹(PTC)** : 쓴맛을 느끼지 못하는 사람을 말한다.

③ 신맛

- 신맛은 수소이온(H^+)의 맛으로 그 강도는 수소이온의 농도에 비례한다.
- 신맛이 강할 때 설탕을 넣으면 감소된다.

④ 짠맛 : 소금의 맛

⑤ 기타 맛

내용	특징
매운맛	입안의 통감, 식욕촉진, 건위, 살균, 살충작용 (고추–캡사이신, 후추–캬비신, 겨자–시니그린, 마늘–알리신, 생강–진저롤)
떫은맛	타닌(차, 감)류에 의한 혀 점막의 수렴 감각
아린 맛	쓴맛과 떫은맛이 혼합된 맛(가지, 죽순, 우엉, 토란, 도라지)
맛난 맛	정미성분이 적당히 조화된 맛(소고기–아미노산, 된장–글루타민산, 버섯–구아닌산)

■ 혀의 미각 분포

단맛(혀끝), 신맛(혀 양끝), 쓴맛(혀 안쪽), 짠맛(혀 전체)

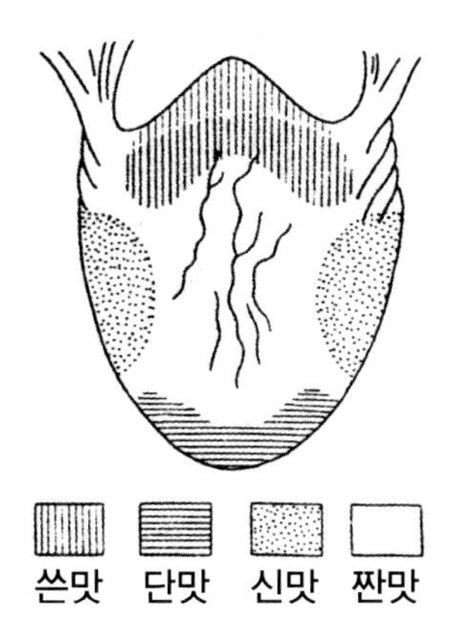

■ 맛의 특징

- 어린이는 어른에 비하여 감수성이 강하다.
- 동물이 사람보다 예민하다.

- 여자보다 남자가 더 예민하다.
- 30℃ 전후에서 가장 예민하다.

■ 맛을 느끼는 최적온도

- **단맛** : 20~50℃
- **짠맛** : 30~40℃
- **신맛** : 25~50℃
- **매운맛** : 50~60℃
- **쓴맛** : 40~50℃

■ 알맞은 음식의 온도

종류	온도(℃)	종류	온도(℃)
청국장의 발효	50~60	맥주	7~8
식혜의 당화온도	60	냉수	4~6
커피 · 차	65~80	곰팡이의 번식	28~30
전골 · 찌개	95	빵의 발효	30~35
사이다 · 소다	1~5	밥	45

2) 식품의 냄새

- **식물성 냄새** : 에스테르류, 알코올, 알데히드류, 유황화합물, 테르펜류
- **동물성 냄새** : 아민류, 암모니아, 카보닐 화합물 및 지방산류
- **어류의 비린내** : TMA(트리메틸아민)
- **민물고기의 비린내** : 피페리딘

11. 식품의 물성

– 식품의 기호적 요소 중에는 맛, 냄새, 색 이외에 입안에서의 촉감과 관계되는 식품의 물성이 있다.

– 식품의 물성은 식품의 가공적성뿐만 아니라 식품 섭취 시의 기호성과 밀접한 관계가 있다.

① **상대습도** : 일정한 부피의 공기에 함유되어 있는 수증기 양과 최대로 함유할 수 있는 수증기 양의 비율(%로 표시)

② **표면장력** : 액체의 자유표면에서 표면을 작게 하려고 작용하는 힘. 계면장력이라고도 함

③ **비중** : 어떤 물질의 질량과 그것과 같은 부피를 가진 표준물질의 질량과의 비율

④ **밀도** : 단위 부피당 물질의 질량

⑤ **비열** : 물질 1g을 1℃(14.5℃→15.5℃) 올리는 데 필요한 열량

⑥ **증기압** : 액체의 표면에서 증기가 나타내는 압력

⑦ **응력** : 단위면적에 작용하는 힘에 대한 내부 저항력

⑧ **변형** : 외부의 힘에 의해 물체의 모양이나 크기가 변화되는 것

⑨ **점성** : 유체의 흐름에 대한 저항

⑩ **점탄성** : 외부 힘에 의해 물체가 점성유동과 탄성변형을 동시에 나타내는 특성

12. 식품의 유독성

1) 식물성 유독성분

① **목화씨(불순 면실유)** : 고시폴(gossypol)

② **피마자** : 리신(ricin)

③ **청매** : 아미그달린(amygdalin)

④ **대두** : 사포닌(saponin)

⑤ **미치광이풀** : 히오시아민(hyoscyamine)

⑥ **오디** : 아코니틴(aconitine)

⑦ **맥각** : 에르고톡신(ergotoxin)

⑧ **벌꿀** : 안드로메도톡신(andromedotoxin)

⑨ **독보리** : 테물린(temuline)

⑩ **독미나리** : 시큐톡신(cicutoxin)

⑪ **오색콩** : 파세올루나틴(phaseolunatin)

⑫ **수수** : 두린(dhurrin)

⑬ **감자 싹** : 솔라닌(solanine)

⑭ **부패 감자** : 셉신(sepsin)

2) 동물성 유독성분

① **복어** : 테트로도톡신(tetrodotoxin)

② **조개류**

- 모시조개 · 바지락 · 굴 : 베네루핀(venerupin)
- 검은 조개 · 섭조개 : 삭시톡신(saxitoxin)
- 소라 : 시구아톡신(ciguatoxin)

핵 | 심 | 문 | 제

- 생선 비린내 성분 : 트리메틸아민(trimethylamine)
- 마늘 : 알리신(allicin)
- 생강 : 진저롤(gingerol), 쇼가올(shogaol)
- 겨자 : 시니그린(sinigrin)
- 와사비 : 아릴이소티오시아네이트(allyl isothiocyanate)
- 참기름 : 세사몰(sesamol)
- 고추 : 캡사이신(capsaicin)
- 후추 : 캬비신(chavicine), 피페린(piperine)
- 홍어 : 암모니아(ammonia)
- 산초 : 산쇼올(sanshool)

제2장

효소

1. 정의

효소식품이란 식물성 원료에 식용미생물을 배양시켜 효소를 다량 함유하게 하거나 식품에서 효소함유부분을 추출한 것 또는 이를 주원료로 하여 섭취가 용이하도록 가공한 것을 의미한다.

2. 유형

효소식품은 제조원료에 따라 크게 4가지로 구분된다.

1) 곡류 효소함유제품

곡류(60.0% 이상)에 식용미생물을 배양시키거나 식품에서 효소함유부분을 추출한 것 또는 이를 주원료(50.0% 이상)로 하여 제조 · 가공한 것. 빵, 간장, 된장, 고추장 등이 있다.

2) 배아 효소함유제품

곡물의 배아(40.0% 이상)에 식용미생물을 배양시키거나 식품에서 효소함유부분을 추출한 것 또는 이를 주원료(50.0% 이상)로 하여 제조 · 가공한 것이다.

3) 과 · 채류 효소함유제품

과 · 채류(60.0% 이상)에 식용미생물을 배양시키거나 식품에서 효소함유부분을 추출한 것 또는 이를 주원료(50.0% 이상)로 하여 제조 · 가공한 것. 김치, 절임채소 등이 있다.

4) 기타 식물 효소함유제품

곡류, 곡물배아 또는 과 · 채류 이외의 식물성원료(60.0% 이상)에 식용미생물을 배양시키거나 식품에서 효소함유부분을 추출한 것 또는 이를 주원료(50.0% 이상)로 하여 제조 · 가공한 것이다.

3. 효소의 특성

① 효소란 생물체 내에서 합성되며 각종 화학반응에서 자신은 변하지 않으나 반응속도를 빠르게 하는 촉매역할을 하는 단백질을 의미한다.

② 효소는 특정 분자(기질, substrate)에만 반응하며, 온도나 pH 등 환경요인에 따라 기능에 영향을 받는다.

③ 모든 효소는 특정 온도범위에서 가장 높은 활성을 나타내나 대부분 35~45℃에서 반응성이 크며, 그 범위를 벗어나면 단백질 구조에 변형이 일어나 촉매기능이 떨어진다.

④ 효소는 pH(수소이온농도)가 일정 범위를 넘어도 기능이 급격하게 떨어지는 특성이 있다.

제 3 장

식품과 영양

1. 영양소의 기능

1) 영양소

- 영양소란 체내에 섭취되어 생명현상을 유지하기 위한, 생리적 기능을 하는 식품 속의 성분
- 인체 구성 영양소의 비율은 수분(65%), 단백질(16%), 지방(14%), 무기질(5%), 당질(소량), 비타민(미량)이다.

2) 영양소의 체내에서의 역할

① 열량소

- 열량원으로서 에너지를 보급하여 신체의 체온유지에 관여한다.
- 탄수화물 중 전분 및 각종 당류, 지방질과 단백질

② 구성소

- 신체의 조직형성과 보수, 혈액 및 골격을 형성하고 체력유지에 관여한다.
- 단백질, 무기질(주로 Ca, P), 일부의 지방질 및 탄수화물

③ 조절소

- 체내에서 여러 가지 생리기능의 조절작용을 하며 보조역할을 한다.

- 무기질, 비타민, 일부의 아미노산 및 지방산, 물

3) 영양가 계산

$$\text{성분의 영양가} = \frac{\text{영양가를 알고자 하는 식품량} \times \text{식품분석표 중 해당성분의 영양가}}{100}$$

4) 대치식품량 계산

대치식품은 식품이 함유한 주영양소가 같아야 한다. 예를 들어 단백질 급원식품은 단백질 식품끼리만, 당질식품은 당질식품끼리만 대치식품이 된다.

$$= \text{해당성분의 영양가} \times \frac{100}{\text{대치하고자 하는 식품 100g의 해당성분량}}$$

$$= \frac{\text{원래 식품의 양} \times \text{원래 식품의 식품분석표 중의 해당성분의 수치}}{\text{대치하고자 하는 식품의 식품분석표 중의 해당성분의 수치}}$$

5) 소화흡수율 계산

$$\text{소화흡수율(\%)} = \frac{\text{섭취식품 중의 각 성분량} - \text{분변 속에 배설된 각 성분량}}{\text{섭취식품 중의 각 성분량}} \times 100$$

2. 소화흡수

1) 소화효소와 그의 작용

구분	작용
타액 효소	프티알린: 전분 → 맥아당 말타아제: 맥아당 → 포도당
위액 효소	펩신: 단백질 → 펩톤 레닌: 우유 → 응고 리파아제: 지방 → 지방산+글리세롤

췌액 효소	아밀롭신 : 전분 → 맥아당 트립신: 단백질과 펩톤 → 아미노산 스테아신 : 지방 → 지방산+글리세롤
장액 효소	에렙신 : 단백질과 펩톤 → 아미노산 사카라아제 : 자당 → 포도당+과당 말타아제: 맥아당 → 포도당 락타아제: 젖당 → 포도당+갈락토오스 리파아제: 지방 → 지방산+글리세롤

핵 | 심 | 문 | 제

- 탄수화물 분해효소 : 프티알린, 말타아제, 아밀라아제, 아밀롭신
- 단백질 분해효소 : 펩신, 트립신
- 지방분해효소 : 라파아제, 스테압신
- 침속의 분해효소 : 프티알린, 아밀라아제
- 우유의 단백질 응고 효소 : 레닌

2) 흡수

탄수화물	단당류로 분해 · 흡수
지방	지방산과 글리세롤로 분해되어 위장에서 흡수
단백질	아미노산으로 분해되어 장에서 흡수
수용성 영양소	소장벽 융털의 모세혈관으로 흡수
지용성 영양소	림프관으로 흡수
물	대장에서 흡수

단당류의 흡수율은 포도당 100(기준치), 갈락토오스 100, 과당 43, 만노오스 19, 크실로오스 15이다.

3. 섭취기준

| 권장섭취량(성인 30~49세 남/여) |

구분	영양소(단위)	남자	여자
지용성 비타민	단백질(g)	60	50
	비타민 A(μg RAE)	750	650
	비타민 C(mg)	100	100
	티아민(mg)	1.2	1.1
	리보플라빈(mg)	1.5	1.2
	니아신(mg NE(니아신당량))	16	14
	비타민 B_6(mg)	1.5	1.4
	엽산(μg DFE(식이엽산당량))	400	400
	비타민 B_{12}(μg)	2.4	2.4
다량 무기질	칼슘(mg)	800	700
	인(mg)	700	700
	마그네슘(mg)	370	280
미량 무기질	철(mg)	10	14
	아연(mg)	10	8
	구리(μg)	800	800
	요오드(μg)	150	150
	셀레늄(μg)	60	60
	몰리브덴(μg)	25	25

단원 문제

01 다음의 식품 중 수분 활성도가 가장 높은 것은?

㉮ 보리 ㉯ 시금치
㉰ 쌀 ㉱ 콩

풀이 수분 활성도(Water activity)는 대기 중의 상대습도를 고려하여 식품의 수분함량을 %로 나타내기보다는 수분 활성도로 표시하는 경우가 많다.

정답 ㉯

02 신선한 어패류의 Aw값은?

㉮ 1.10~1.15 ㉯ 0.98~0.99
㉰ 0.80~0.95 ㉱ 0.60~0.64

풀이 Aw(Water activity)은 수분 활성도를 말한다.

정답 ㉯

03 식품의 산성 및 알칼리성을 결정하는 기준 성분은?

㉮ 구성무기질
㉯ 필수아미노산 존재유무
㉰ 구성 탄수화물
㉱ 필수지방산 존재유무

풀이 필수 아미노산은 트립토판, 발린, 트레오닌, 이소루신, 루신, 리신, 페닐알라닌, 메티오닌 등 8가지이며 존재유무에 따라 산성 및 알칼리성으로 분류한다.

정답 ㉮

04 식품의 성분 중에서 탄수화물에 속하는 것은?

㉮ 섬유소 ㉯ 레시틴
㉰ 리신 ㉱ 콜레스테롤

풀이 섬유소는 해초, 채소류에 많으며 배변효과가 있다.

정답 ㉮

**05 탄수화물 급원인 쌀 100g을 고구마로 대치하려면 고구마는 몇 g 정도 필요한가?
(단, 쌀 100g의 당질 함량 : 77.5g, 고구마 100g의 당질 함량 : 31.7g)**

㉮ 344.5g ㉯ 280.5g
㉰ 260.5g ㉱ 244.5g

풀이 100 : 77.5=X : 31.7= X=244.47g

정답 ㉱

06 총 섭취열량 중 탄수화물로 몇 % 정도 섭취할 것을 권장하는가?

㉮ 75% ㉯ 65%
㉰ 40% ㉱ 25%

풀이 탄수화물은 에너지 공급원으로 1g당 4kcal의 열을 내며, 소화율은 98%이고 총열량의 65%를 차지한다.

정답 ㉯

07 유용한 장내세균의 발육을 왕성케 하여 장에 좋은 영향을 미치는 이당류는?

㉮ 말토오스(maltose)

㉯ 셀로비오스(cellobiose)

㉰ 수크로오스(sucrose)

㉱ 락토오스(lactose)

풀이
- 이당류 : 가수분해하면 2~5분자의 단당류로 분해
- 설탕(sucrose, 자당, 당도 100) : 포도당+과당, 사탕수수, 사탕무의 즙을 농축하여 결정, 정제
- 맥아당(maltose, 엿당, 당도 33~60) : 포도당+포도당, 엿기름이나 발아한 보리 중에 다량 함유
- 젖당(lactose, 유당, 당도 16~28) : 포도당+갈락토오스, 어린이 뇌신경의 구성성분

정답 ㉱

08 우리가 흔히 사용하는 설탕은 당질의 분류 중 어디에 속하는가?

㉮ 다당류 ㉯ 이당류

㉰ 삼당류 ㉱ 단당류

풀이 이당류에는 서당(설탕), 유당, 맥아당이 있다.

정답 ㉯

09 유용한 장내 세균의 발육을 왕성케 하여 장에 좋은 영향을 끼치는 이당류는?

㉮ 말토오스(maltose)

㉯ 셀로비오스(cellobiose)

㉰ 수크로오스(sucrose)

㉱ 락토오스(lactose)

풀이 이당류에는 설탕, 맥아당, 젖당 등이 있다.

정답 ㉱

10 다음 유지류 중 필수지방산이 가장 많이 함유되어 있는 것은?

㉮ 쇼트닝 ㉯ 참기름

㉰ 콩기름 ㉱ 버터

풀이 필수지방산 : 리놀렌산, 리놀레산, 아라키돈산은 필수지방산 또는 비타민 F라 부르고, 샐러드유, 콩기름(대두유), 옥수수유 등의 식물성 기름에 다량 함유되어 있다.

정답 ㉰

11 유지류와 함께 섭취해야 흡수되는 비타민이 <u>아닌</u> 것은?

㉮ 비타민 K ㉯ 비타민 D

㉰ 비타민 A ㉱ 비타민 B

풀이 지용성 비타민 : 비타민 A, 비타민 D, 비타민 E, 비타민 K, 비타민 F(필수지방산)

정답 ㉱

12 식품의 산성 및 알칼리성을 결정하는 기준 성분은?

㉮ 구성 무기질

㉯ 필수아미노산 존재유무

㉰ 구성 탄수화물

㉱ 필수지방산 존재유무

풀이 무기질은 체내에서 적절한 pH를 유지하도록 조절한다. 어떤 무기질은 신체를 산성 쪽으로, 또는 염기 쪽으로 이끄는 경향이 있다.

정답 ㉮

13 단백질에 관한 설명 중 옳은 것은?

㉮ 인단백질은 단순단백질에 인산이 결합한 단백질이다.

㉯ 당단백질은 단순단백질에 지방이 결합한 단백질이다.

㉰ 지단백질은 단순단백질에 당이 결합한 단백

질이다.

㉣ 핵단백질은 단순단백질 또는 복합단백질이 화학적 또는 산소에 의해 변화된 단백질이다.

풀이 복합단백질 : 단순단백질과 비단백질성 물질이나 금속이 결합된 것

정답 ㉮

14 적혈구 형성 시 필수적인 무기질은?

㉮ 철분 ㉯ 칼슘

㉰ 인 ㉣ 마그네슘

풀이 철분이 모자라면 현기증이 난다.

정답 ㉮

15 채소류 조리 시 무기질에 대한 설명 중 잘못된 것은?

㉮ 세포 내외의 삼투압 차이에 의해 무기질의 용출이 일어난다.

㉯ 세포즙액과 같은 농도 및 생리적 식염수에는 무기질의 유실이 매우 느리다.

㉰ 채소를 삶을 때 무기질의 본질적인 화학변화가 매우 크다.

㉣ 조리에 의한 무기질의 손실은 조리법과 무기질 종류에 따라 다르다.

풀이 무기질은 회분이라고도 하며 인체의 4% 정도를 차지한다.

정답 ㉮

16 식품 중의 수용성 비타민, 무기질 및 기타 수용성분을 가장 크게 용출시키는 조리법은?

㉮ 구이 ㉯ 튀김

㉰ 볶음 ㉣ 끓이기

풀이 끓이기는 국의 국물을 주체로 한 요리로 수용성 영양성분의 손실이 많다.

정답 ㉣

17 무기질의 기능과 무관한 것은?

㉮ 체내 조직의 pH 조절

㉯ 몸의 생리기능 조절

㉰ 효소작용의 촉진

㉣ 열량 급원

풀이 무기질의 기능은 체액의 성분으로서 산과 염기의 균형 유지를 위해 pH를 조절하며 체내의 삼투압을 조절한다.

정답 ㉣

18 다음 중 가장 관계 깊은 것끼리 짝지어진 것은?

a. 우유 b. 돼지고기
c. 토마토 d. 당근

1. 칼슘 급원식품
2. 비타민 A 급원식품
3. 비타민 C 급원식품
4. 비타민 B_1 급원식품
5. 지방 급원식품
6. 단백질 급원식품

㉮ a－1, b－6, c－3, d－2

㉯ a－1, b－3, c－4, d－2

㉰ a－5, b－4, c－3, d－3

㉣ a－2, b－4, c－3, d－2

풀이 우유는 칼슘이 많으며, 돼지고기는 단백질, 토마토는 비타민 C, 당근은 비타민 A가 많다.

정답 ㉮

19 **유지류와 함께 섭취해야 흡수되는 비타민이 아닌 것은?**

㉮ 비타민 K ㉯ 비타민 D
㉰ 비타민 A ㉱ 비타민 B_1

풀이 비타민 B_1은 수용성 비타민이다.
정답 ㉱

20 **비타민의 결핍증이 바르게 연결된 것은?**

㉮ 비타민 C-각막건조증
㉯ 비타민 D-야맹증
㉰ 비타민 A-각기병
㉱ 비타민 B_{12}-악성빈혈

풀이 비타민 C – 괴혈병, 비타민 D – 구루병, 비타민 A – 야맹증
정답 ㉱

21 **일광에 말린 생선이나 버섯에 특히 많은 비타민은?**

㉮ 비타민 C ㉯ 비타민 K
㉰ 비타민 D ㉱ 비타민 E

풀이 콜레스테롤이 자외선을 받으면 비타민 D가 생긴다.
정답 ㉰

22 **칼슘(Ca)과 인(P)이 소변 중으로 유출되는 골연화증 현상을 유발하는 유해 중금속은?**

㉮ 납 ㉯ 수은
㉰ 주석 ㉱ 카드뮴

풀이 이타이이타이병은 카드뮴에 의한 질병으로 단백뇨, 골연화증 등을 유발한다.
정답 ㉱

23 **비말 감염이 잘 이루어질 수 있는 조건은?**

㉮ 영양결핍
㉯ 군집
㉰ 매개곤충의 서식
㉱ 피로

풀이 비말 감염은 환자의 담화, 기침, 재채기 등에 의해 전염된다.
정답 ㉯

24 **칼슘의 흡수를 방해하는 인자는?**

㉮ 비타민 C ㉯ 위액
㉰ 옥살산 ㉱ 유당

풀이 수산(=옥살산=피틴산)은 칼슘 흡수를 방해
정답 ㉰

25 **고기를 요리할 때 사용되는 연화제는?**

㉮ 염화칼슘
㉯ 참기름
㉰ 파파인(papain)
㉱ 소금

풀이 고기의 연화제에는 파파야, 파인애플, 무화과, 배즙, 생강즙, 키위 등이 있다.
정답 ㉰

26 **버터의 천연 황색 색소는?**

㉮ 플라보노이드계 색소
㉯ 클로로필계 색소
㉰ 카로티노이드계 색소
㉱ 안토시아닌계 색소

풀이 카로티노이드계 색소는 버터에 많으며 가장 많은 것은 당근이다.

정답 ㉰

27 식품의 색소에 관한 설명 중 옳은 것은?

㉮ 클로로필이란 마그네슘을 중성원소로 하고 산에 의해 클로로라는 갈색물질로 된다.

㉯ 카로티노이드 색소는 카로틴과 크산토필로 대별될 수 있다.

㉰ 플라보노이드 색소는 카로틴과 크산토필로 대별될 수 있다.

㉱ 동물성 색소 중 근육색소는 헤모글로빈이고 혈색소는 미오글로빈이다.

풀이 카로티노이드는 오렌지색, 황색, 적황색을 띠며 산, 알칼리에는 변화가 없으나 광선에는 민감하게 반응한다.

정답 ㉯

28 식혜를 당화시켜 끓일 때 설탕과 함께 소금을 조금 넣어 단맛을 강하게 느끼게 했다면 관계가 깊은 것은?

㉮ 미맹현상 ㉯ 소실현상
㉰ 강화현상 ㉱ 변조현상

풀이 강화현상은 소금이 들어갈 때 단맛이 증가하는 현상을 말한다.

정답 ㉰

29 극히 쓴 물질인 PTC의 쓴맛을 전혀 느낄 수 없는 현상은?

㉮ 상쇄현상 ㉯ 대비현상
㉰ 변조현상 ㉱ 미맹현상

풀이 미맹(PTC)은 쓴맛을 느끼지 못하는 사람을 말한다.

정답 ㉱

30 식품의 맛에 대한 설명 중 옳지 않은 것은?

㉮ 맛은 단맛, 신맛, 짠맛, 쓴맛의 4가지를 기본으로 한다.

㉯ 혀의 미각은 10℃에서 가장 예민하다.

㉰ 맛을 느끼는 부위로서 단맛은 혀끝, 쓴맛은 혀뿌리, 신맛은 혀 양쪽, 짠맛은 혀 전체에서 느낀다.

㉱ 쓴맛을 느끼지 못하는 현상을 미맹이라고 한다.

풀이 온도는 30℃ 전후에서 가장 예민하며 어린이가 어른보다, 사람보다 동물이, 여자보다 남자가 더 예민하다.

정답 ㉯

31 목화씨에 많이 들어 있는 독소는?

㉮ 아미그달린(amygdalin)

㉯ 솔라닌(solanine)

㉰ 고시폴(gossypol)

㉱ 테트로도톡신(tetrodotoxin)

풀이 감자 : 솔라닌(solanine)
청매 : 아미그달린(amygdalin)
복어 : 테트로도톡신(tetrodotoxin)

정답 ㉰

32 덜 익은 매실, 살구씨, 복숭아씨 등에 들어 있으며, 인체 장내에서 청산을 생산하는 것은?

㉮ 시큐톡신(cicutoxin)

㉯ 솔라닌(solanine)

㉰ 아미그달린(amygdalin)

㉱ 고시폴(gossypol)

풀이 청매, 은행, 살구씨 : 아미그달린

정답 ㉰

33 **식품에 따른 독성분이 잘못 연결된 것은?**

㉮ 독미나리 – 시큐톡신(cicutoxin)

㉯ 감자 – 솔라닌(solanine)

㉰ 모시조개 – 베네루핀(venerupin)

㉱ 복어 – 무스카린(muscarine)

풀이 복어–테트로도톡신(tetrodotoxin)

정답 ㉱

34 **다음 영양소 중 주로 우리 몸에 체조직을 구성하는 영양소는?**

㉮ 당질 ㉯ 단백질

㉰ 지방 ㉱ 비타민

풀이 지질은 우리 몸의 체조직을 구성하는 영양소이다.

정답 ㉰

35 **콩밥은 영양소의 보완이 잘된 밥이다. 특히 어떤 영양소의 보완에 좋은가?**

㉮ 단백질 ㉯ 당질

㉰ 지방 ㉱ 비타민

풀이 콩은 단백질 식품이다.

정답 ㉮

36 **식단 작성 시 한국인에게 부족되기 쉬운 영양소와 이를 함유하는 식품을 선택하고자 한다. 잘못된 것은?**

㉮ 칼슘 – 우유, 뱅어포, 사골

㉯ 단백질 – 버터, 두부, 달걀

㉰ 비타민 A – 당근, 쇠간, 시금치

㉱ 철분 – 쇠간, 굴, 우유

풀이 우유에는 칼슘이 많다.

정답 ㉱

37 **다음 중 우리 몸을 구성하는 기능을 하는 영양소는?**

㉮ 탄수화물, 지방

㉯ 비타민, 수분

㉰ 단백질, 비타민

㉱ 단백질, 무기질

풀이 단백질 : 성장 및 체성분 구성물질
무기질 : 회분이라고도 하며 인체의 4% 차지

정답 ㉱

38 **췌액의 소화효소로 알맞게 짝지어진 것은?**

㉮ 프티알린–말타아제

㉯ 펩신–에렙신

㉰ 트립신–스테아신

㉱ 말타아제–레닌

풀이 췌액의 소화효소는 아밀롭신, 트립신, 스테아신이다.

정답 ㉰

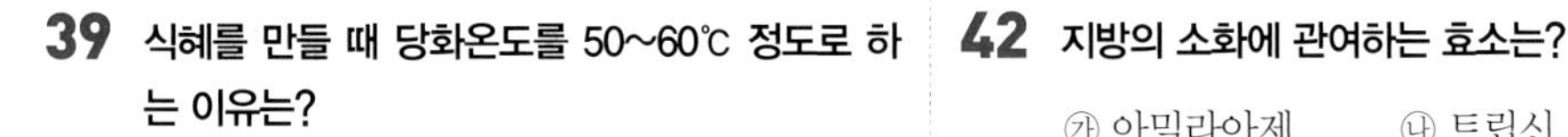

39 **식혜를 만들 때 당화온도를 50~60℃ 정도로 하는 이유는?**

㉮ 밥알을 노화시키기 위하여

㉯ 프티알린의 작용을 활발하게 하기 위하여

㉰ 엿기름을 호화시키기 위하여

㉱ 아밀라아제의 작용을 활발하게 하기 위해

풀이 사람의 아밀라아제는 37℃ 정도에서 엿기름의 아밀라아제는 약 50~60℃에서 가장 잘 삭는다.

정답 ㉱

40 **다음 단백질의 분해효소 중 식물성에서 얻어지는 것은?**

㉮ 펩신 ㉯ 트립신

㉰ 파파인 ㉱ 레닌

풀이 파파인은 피부 속의 단백질 분해를 도와주는 유연제 역할을 한다.

정답 ㉰

41 **소화흡수에 관한 다음 설명 중 <u>잘못된</u> 것은?**

㉮ 지방은 지방산, 글리세롤로 되어 흡수된다.

㉯ 소화산물의 흡수는 핵산에 의한다.

㉰ 당질은 단당류의 형태로 소화되어야 한다.

㉱ 단백질은 보통 아미노산으로 소화된 것이 흡수된다.

풀이 소화산물의 흡수

- 이자액에 있는 트립시노겐은 장액 속의 엔테로키나아제에 의해 트립신으로 활성화되어 단백질을 폴리펩타이드로 분해한다.
- 이자액의 리파아제는 지방을 지방산과 글리세롤로 분해한다.
- 이자액과 장액에 있는 말타아제는 엿당을 포도당으로 분해한다.

정답 ㉯

42 **지방의 소화에 관여하는 효소는?**

㉮ 아밀라아제 ㉯ 트립신

㉰ 프티알린 ㉱ 리파아제

풀이 리파아제 : 지방 → 지방산+글리세롤

정답 ㉱

43 **핵산의 구성 성분이고 보조효소 성분으로 되어 있으며, 생리상 중요한 당은?**

㉮ 프룩토오스 ㉯ 리보오스

㉰ 글루코오스 ㉱ 미오신

풀이 리보오스의 분자식은 $C_5H_{10}O_5$이고 녹는점은 87℃이다.

정답 ㉯

44 **가족의 열량이 2,700kcal가 필요하다. 이 중 탄수화물은 65%, 지방 20%, 단백질 15%을 섭취해야 한다면 각각 탄수화물, 지방, 단백질의 섭취량은?**

㉮ 439g, 90g, 60g

㉯ 410g, 90g, 50g

㉰ 439g, 60g, 101g

㉱ 439g, 90g, 50g

풀이 탄수화물

- $2,700kcal \times \frac{65}{100}$
  = → 탄수화물에서 얻어야 할 열량/4=438.75
- $2,700kcal \times \frac{20}{100}$
  = → 지방에서 얻어야 할 열량/9=60
- $2,700kcal \times \frac{15}{100}$
  = → 단백질에서 얻어야 할 열량/4=101

정답 ㉰

IV

구매 관리

제 1 장

시장조사 및 구매관리

1. 시장조사

1) 정의

한 상품이나 서비스가 어떻게 구입되며 사용되고 있는가, 그리고 어떤 평가를 받고 있는가 하는 시장에 관한 조사를 말한다.

2) 목적

① 판매 가능한 수요를 예측

② 예측된 수요에 따라 시설을 계획

③ 생산 및 판매 계획을 세워 평가해 봄으로써 계획사업의 경제성이 어느 정도인지에 대한 분석을 가능하게 해줌

④ 시장조사를 통해 광고 등 판매촉진비용, 유통과정상의 비용, 판매가격, 할인 및 신용정책 등에 관한 정보를 입수하고 그 원인과 효과를 분석하여 비용관리, 유통방법, 광고정책, 판매가격정책, 신용정책 등을 수정하고 보완하는 데 활용

3) 시장조사를 위한 정보의 분류

① **거시적 환경분석** : 사회문화적 변화나 법 · 제도적 구조, 납품업자나 유통업자의 제도적 · 행태적 특성 분석 등이 여기에 속한다.

② **산업 환경분석** : 시장의 규모, 산업 내 경쟁여건, 경쟁구조 분석 등이다.

③ **기업 환경분석** : 경쟁사와 자사의 강점 및 약점 분석. 즉 목표시장, 각 경쟁사들의 시장 점유율과 성장률, 그리고 어떠한 전략과 정책들을 취하고 있는지 등이 여기에 해당된다.

④ **소비자의 환경분석** : 소비자들의 구매나 사용 등과 관련된 다양한 태도, 행동 및 특징 분석이 이에 속한다.

4) 시장조사 단계

① **문제 제기** : 조사를 통해 해결해야 할 문제 자체와 문제들이 야기된 배경에 대한 분석이 병행됨

② **시장조사 설계**

- 조사하는 목적이 무엇인지, 현재 봉착한 문제가 무엇인지, 현재 시점에서 세울 수 있는 가설은 어떠한지 등에 대한 검토
- 이용될 조사방법을 제시하고, 조사 시 따라야 할 전반적인 틀을 설정하며, 자료수집 절차와 자료분석 기법을 선택
- 예산을 편성하고 조사일정을 작성하고, 소요될 인원, 시간 및 비용 고려
- 시장조사 설계를 평가하고 여러 대안 중 필요한 정보를 제공할 수 있는 방법 채택

③ **자료 수집**

- 1차 자료 : 자신이 직접 수집하는 자료(직접 질문, 전화, 설문조사, 면접 등)
- 2차 자료 : 각종 문헌, 신문이나 잡지, 인터넷 검색엔진 이용

④ **자료의 분석, 해석 및 전략보완과 수정**

2. 식품 구매관리

1) 개념

적정한 품질, 수량, 시기, 가격, 장소, 공급원을 통해 확보, 구매하여 최적의 상태로 보관하였다가 이를 필요로 하는 시간에 주방과 주장에 조달하여 상품인 메뉴제공을 원활하게 하는 과정

2) 구매관리의 목적

① 좋은 품질의 물품구매
② 적당량의 구매
③ 적당한 시기의 구매
④ 적절한 가격의 구매
⑤ 적절한 구매처의 선정

3) 구매절차

① 구매청구 → ② 공급자 파악 → ③ 견적 → ④ 내부검토 및 승인 → ⑤ 계약 → ⑥ 발주서 → ⑦ 물품납입 → ⑧ 검수 및 입고 → ⑨ 구매결과 내부통보 → ⑩ 구매대금 결제

4) 식품의 구매방법

① 식품 종류에 따라 대량구입 또는 공동구입의 방법으로 저렴하게 구입한다.
② 구입계획 시 식품 가격과 출회표를 고려한다.
③ 과일 구입 시 산지, 상자당 개수, 품종 등에 유의한다.
④ 소고기 구입 시 중량, 부위에 유의하며 냉장시설이 갖춰져 있으면 1주일분을 한꺼번에 구입한다.
⑤ 생선, 과일, 채소 등은 부패성을 고려하여 수시로 구입한다.
⑥ 곡류, 건어물, 조미료 등 부패성이 적은 것은 1개월분을 한꺼번에 구입하거나 쌀 때 대량

구입한다.

핵 | 심 | 문 | 제

단체급식의 식품 구입	대체식품
• 폐기율을 고려한다.	• 버터–마가린
• 값이 싼 대체식품을 구입한다.	• 소고기–돼지고기
• 제철식품을 구입한다.	• 감자–고구마

3. 식품 재고관리

1) 정의

능률적이고 계속적인 생산활동을 위하여 재료나 제품의 적절한 보유량을 계획하고 통제하는 일. 원자재 관리와 상품 관리의 두 가지가 있다.

2) 중요성

① 재고관리를 통하여 물품부족으로 인한 급식 생산계획의 차질 감소

② 도난과 부주의 및 부패로 인한 손실 최소화

3) 발주

① **정미량** : 쌀을 정리 및 도정하여 처리하는 수량

② **정미율** : 쌀을 정리, 도정시켜서 처리되는 비율

③ **발주량** : 주문 수량이 얼마나 나가는지의 기준 등에 따라 수량을 다르게 매기게 하는 양

$$총발주량 = \frac{정미중량 \times 100 \times 인원수}{100 - 폐기율}$$

④ 폐기율

폐기율이란 식품 전체의 무게에 대하여 폐기되는 식품의 무게를 백분율로 나타낸 것이다.

$$필요비용 = \frac{필요량 \times 100 \times 1kg당의\ 원가}{가식부율}$$

4) 식품의 폐기율

구분	식품명	분량	중량(g)	가식량(g)	폐기율(%)	비고
곡류	쌀	1C	211	211	0	
	밥	1공기	543	543	0	kcal
	식빵	1장	36	26	27.7	kcal
육류/어패류	생선	1마리	557			
	햄	1장	20	20	0	
알류	달걀	1개	60	50	16.6	
	난황	1개	18	18	0	난황/전란
	난백	1개	32	32	0	난황/전란
과일류	사과	1개	285			비타민 C
	귤	1개	82	64	21.9	비타민 C
	키위	1개	105	87	17.1	비타민 C
채소류	시금치	1단	222	205	7.6	
	감자	1개	99	86	13.1	

4. 식품의 저장 및 출납관리

1) 식품의 저장

① 저장창고의 시설관리를 위해 적정한 온도유지 등의 정기적인 점검을 통해 유사시의 사고에 대비해야 한다.

② 식재료의 재고량을 파악하기 쉽게 위치 선정을 명확히 해야 한다.

③ 물품별로 구입일자, 명칭, 규격, 용도 및 기능별로 표시하여 저장기간이 오래되지 않도록 한다.

④ 충분한 저장공간을 확보한다.

⑤ 식품의 특성에 따라 달걀(3℃, 2주), 채소와 우유(2~4℃, 2~3일)는 냉장고, 육류와 어류는 냉동실, 곡류는 서늘한 창고에 보관한다.

2) 출고관리 절차

① 식재료 청구서 내용의 절차에 의한 식재료 출고관리

② 출고업무 담당자의 처리과정

③ 식재료 청구서의 처리순서

④ 물품취급에 따른 업무의 효율성

⑤ 식재료 출고 이후의 사후 관리

3) 출고관리 방법

① **직접출고** : 당일 납품되어 검수된 물품이 즉시 출고되는 경우로 대개 하루 필요량만 구매하여 사용하는 신선식품(과일, 채소, 생선, 유제품 등) 등이 해당된다.

② **저장출고** : 1일 이상 재고로 유지되는 물품으로 조리 또는 배식 등 필요할 때 출고한다.

③ **선입선출법(First In First Out)** : 먼저 구입한 것을 먼저 출고하는 방법으로 흔히 사용하는 방법이다.

④ **후입선출법(Last In First Out)** : 마지막에 구입한 것을 먼저 출고하는 방법이며, 선입선출법과는 반대의 방법으로, 특별한 경우 외에는 좋지 않은 방법이다.

제2장

검수관리

1. 식재료의 품질 확인 및 선별

1) 검수의 목적

식품 검수의 목적은 품질 좋은 식재료를 감별하고 위생적으로 문제의 소지가 있는 불량상품을 구분하여 식중독을 미연에 방지하는 데 있다.

2) 검수 중점

① 생물적 · 화학적 및 물리적 위해요소의 혼합여부와 냉장 · 냉동상태로 납품되는 PHF(잠재적으로 위해한 식품)의 온도를 확인하여 사용되는 식재료의 안전성을 보증하기 위하여 실시

② 식품온도, 유통기한, 포장상태, 원산지 및 운반차의 위생상태 등 확인

3) 품질 평가기준

① **안전성** : 위생적으로 안전하며 무해한 상태여야 함

② **청결성** : 오물이 묻어 있지 않고 위생처리되어야 함

③ **완전성** : 형태가 완전하고 깨지거나 눌리거나 흠이 없어야 함

④ **균일성** : 식품의 크기가 대체적으로 고른 것이어야 함

⑤ **보존성** : 식품이 갖고 있는 색, 맛, 풍미, 질감 등의 고유한 특성이 보존되어야 함

4) 검수 시 유의사항

① 식재료를 검수대 위에 올려놓고 검수하며, 맨바닥에 놓지 않도록 한다.

② 검수대의 조도는 540Lux 이상을 유지

③ 식재료 운송차량의 청결상태 및 온도유지 여부를 확인 · 기록한다.

④ 식재료명, 품질, 온도, 이물질 혼입, 포장상태, 유통기한, 수량 및 원산지 표시 등을 확인 · 기록한다.

⑤ 검수가 끝난 식재료는 곧바로 전처리 과정을 거치도록 하되, 온도관리를 요하는 것은 전처리하기 전까지 냉장 · 냉동 보관한다.

⑥ 외부포장 등 오염 우려가 있는 것은 제거한 후 조리실에 반입한다.

⑦ 검수기준에 부적합한 식재료는 자체규정에 따라 반품 등의 조치를 취하도록 하고, 그 조치내용을 검수일지에 기록 · 관리한다.

⑧ 곡류, 식용류, 통조림 등 상온에서 보관 가능한 것을 제외한 육류, 어패류, 채소류 등의 신선식품 및 냉장 · 냉동식품은 당일 구입하여 당일 사용을 원칙으로 한다.

5) 온도기준

① **냉장식품** : 10℃ 이하

② **냉동식품** : 언 상태유지, 녹은 흔적이 없을 것

③ **전처리된 채소** : 10℃ 이하(일반채소는 상온, 신선도 확인)

2. 조리기구 및 설비 특성과 품질 확인

1) 조리설비기구

① **개수대** : 조리용과 후처리용으로 구분하여 설치한다.

② **조리작업대** : 높이 80cm 내지 90cm로서 급식학생 수를 고려한 크기의 것으로 한다.

③ **냉장고** : 급식학생 수를 고려한 크기의 것으로 한다.

④ **식기보관장** : 급식학생 수를 고려한 크기의 것으로 한다.

⑤ **조리용구보관장** : 급식학생 수를 고려한 크기의 것으로 한다.

⑥ **제반기 또는 밥솥** : 급식학생 수를 고려한 크기의 것으로 한다.

⑦ **국솥** : 급식학생 수를 고려한 크기의 것으로 한다.

⑧ **조리용구** : 적정수량의 조리에 필요한 각종 용구를 갖춘다.

⑨ **저울** : 100kg, 10kg 및 1kg용으로 각 1대를 갖춘다.

⑩ **계량컵** : 1개 이상을 갖춘다.

⑪ **조리실용 시계 · 조리용 온도계 및 온 · 습도계** : 1개 이상을 갖춘다.

⑫ **조리종사자용 위생복 · 위생모 · 위생화 및 마스크** : 조리종사자별로 각 한 벌씩 갖춘다.

⑬ **식품절단기** : 권장사항

⑭ **식품박피기** : 권장사항

⑮ **우유균질기(전지분유급식 학교의 경우)** : 권장사항

⑯ **음식물쓰레기처리설비** : 권장사항

⑰ **자동세척기** : 권장사항

⑱ **식품운반용 수레** : 권장사항

⑲ **세미기** : 권장사항

⑳ **소독기** : 권장사항

2) 급식기구

① **밥 운반용기** : 급식학생 수를 고려한 수량만큼 갖춘다.(식당시설이 있는 경우는 제외한다)

② **국 운반용기** : 급식학생 수를 고려한 수량만큼 갖춘다.(식당시설이 있는 경우는 제외한다)

③ **주전자 또는 보온물통** : 급식학생 수를 고려한 수량만큼 갖춘다.

④ **배식대** : 급식학생 수를 고려한 수량만큼 갖춘다.

⑤ **식판** : 급식학생 수를 고려한 수량만큼 갖춘다.

⑥ 기타 배식에 필요한 기구

3. 검수를 위한 설비 및 장비 활용방법

1) 검수실

① 차량의 진입이 용이

② 창고, 냉장고, 조리장과 가까워야 함

③ 깨끗하고 벌레가 없어야 함

④ 물품과 사람이 이동하기 충분한 넓이

⑤ 청소하기 쉬우며 배수가 잘되는 시설

⑥ 위생 및 안전성이 확보될 수 있는 장소

2) 검수장비

저울, 온도계, 검수대

3) 장비 활용방법

① 식재료 검수 시 일반적으로 적용할 수 있는 관능검사나 이화학적, 물리적 방법을 통해 식재료를 감별할 수 있다.

② 관능검사법은 식품의 색, 맛, 향기, 광택, 촉감, 품종 등의 외관 관찰에 의해 품질을 검사하는 것이다. 화학적 방법은 영양소의 분석, 첨가물, 유해성분 등을 검출하는 방법이며, 물리적 방법은 식품의 중량, 부피, 크기, 경도, 점도 등을 측정하는 방법이다.

4) 식품별 검수 요령

대분류	검수 요령
채소류	
당근	• 둥글고 살찐 것으로 마디가 없어야 한다. • 잘랐을 때 단단한 심이 없어야 한다. • 전체가 같은 색을 띠며 속의 색이 고와야 한다.
무	• 무거우며 색과 모양이 좋아야 한다.
파	• 광택이 있고 부드러우며 굵기는 고르고 건조되지 않아야 한다. • 뿌리에 가까운 부분의 흰색이 길고 잎이 싱싱해야 한다.
양파	• 색과 광택이 좋아야 한다. • 충분히 건조되어 중심부를 눌렀을 때 연하지 않아야 한다. • 껍질은 종이같이 얇아야 한다.
오이	• 색이 좋고, 굵기가 고르며 무거운 느낌이 나는 것이 좋다. • 만졌을 때 가시가 있고, 끝에 마른 꽃이 달린 것이 좋다.
고추	• 반짝이는 외형과 색이 진해야 한다.
서류	
감자	• 단단하고 표면이 매끄러워야 한다. • 발아된 싹이 없고 크기가 고른 것이어야 한다. • 형태가 바르고 겉껍질이 깨끗한 것이어야 한다.
고구마	• 껍질의 색깔이 밝아야 한다. • 발아된 싹이 없고 크기가 고른 것이어야 한다. • 형태가 바르고 겉껍질이 깨끗한 것이어야 한다.
토란	• 원형에 가까운 모양이 좋다. • 껍질을 벗겼을 때 흰색으로 단단하고 끈적끈적한 감이 강한 것이 좋다.
버섯류	
송이버섯	• 봉오리가 작은 것으로 줄기가 단단해야 한다. • 색채가 선명한 것은 독이 있을 수 있으므로 피한다.
말린 버섯	• 잘 건조된 것으로 변색, 변질되지 않아야 한다. • 잎이 형태를 잘 유지하고 있어야 한다. • 육질이 두껍고 잎이 찢어지지 않아야 한다.
깨류	
들깨	• 커피색에 가깝고 입자가 크며 껍질이 두껍지 않아야 한다.
참깨	• 노르스름하고 입으로 불었을 때 날아가지 않는 것이 좋다.

어패류	
생선류	• 외형이 확실하고 손으로 눌렀을 때 탄력이 있어야 한다. • 눈이 싱싱하고 아가미는 선홍색이어야 한다. • 비늘이 밀착되어 있고, 내장이 나와 있지 않아야 한다.
패류	• 껍질이 얇은 어린 조개가 좋다. • 물기가 있고, 입이 열려 있거나 굳게 닫힌 것은 죽은 것이다.
건어물	• 건조도가 좋은 것으로 이물질, 이취가 없어야 한다.
어육연제품	• 특유의 향기를 가지며 부패취가 나지 않아야 한다. • 내층과 외층의 응고상태가 같아야 한다. • 손으로 눌러보아 탄력 있는 것이 좋다.
해조류	
미역	• 잘 건조되고 육질이 두꺼워야 한다.
김, 다시마	• 검은색에 광택이 있고 표면에 구멍이 없어야 한다.
난류	
달걀	• 표면이 꺼칠꺼칠하고 광택이 없어야 한다. • 햇빛에 투시해 보았을 때 모양이 선명하고 환한 것이 좋다. • 흔들어보았을 때 소리가 없어야 한다. • 깨어보았을 때 흰자와 노른자가 탄력이 있고 흘러내리지 않아야 한다.
우유 및 유제품	
우유	• 용기나 뚜껑이 위생적이고 날짜가 분명한 것이 좋다. • 유백색 내지 약간 황색을 띤 유백색이 좋다. • 개봉했을 때 이취가 없어야 한다.
버터	• 특유의 방향을 가지며 변색되지 않아야 한다. • 담황색으로 색도가 균일하고 부패취가 없어야 한다.
치즈	• 건조되거나 곰팡이가 슬지 않아야 한다. • 각 종류별로 고유의 맛, 질감, 색을 지녀야 한다.
분유	• 광택이 있는 담크림색으로 반점이 없어야 한다. • 입자가 균일하며 풍미가 좋아야 한다. • 약 50℃에서 잘 녹고 부유물, 침전물이 없어야 한다.
연유	• 광택이 있는 담크림색이어야 한다. • 조직이 매끈거리며 지방이 분리되지 않은 것이 좋다. • 부유물이나 침전물이 없어야 한다.
육류	
돼지고기	• 색은 선홍색이 좋다. • 지방은 담황색으로 탄력이 있고 향이 있는 것이 좋다.

닭고기	• 신선한 광택이 있고 이취가 없어야 한다. • 살이 단단하고 탄력이 있어야 한다. • 날개가 끈적거리거나 어두운 색으로 변한 것은 부패한 것이다.
햄	• 절단했을 때 탄력이 있고 육질이 밀착되어 있어야 한다. • 특유의 향과 냄새가 있어야 한다.
소시지	• 절단했을 때 담황색이고 향이 육질과 함께 조화를 이루는 것이 좋다.
베이컨	• 특유의 훈취가 있고 광택이 있어야 한다. • 살과 지방의 두께가 일정하고 지방이 끈적이지 않아야 한다.
유지류	
유지	• 변색, 착색되지 않아야 한다. • 액체인 것은 투명하고 점도가 낮은 것이 좋다. • 참기름을 제외하고는 무미, 무취인 것이 좋다.
저장식품	
통조림	• 겉이 찌그러지지 않고 녹슬지 않아야 한다. • 뚜껑이 돌출되거나 들어가 있지 않아야 한다. • 내용물에 거품이 있거나 액체가 우윳빛을 나타내는 것은 반품한다.
조미료	
간장	• 색은 적색으로 맛이 강하고 투명한 것이 좋다. • 광택이 있고 특유한 향기가 있어야 한다.
식초	• 담황색으로 초산냄새를 가진 것이 좋다. • 색이 선명하고 특유의 향미가 있는 것이 좋다.
토마토케첩	• 선명한 색과 특유의 향미가 있으며 이취가 없는 것이 좋다.

4. 작업장 및 동선 관리

1) 조리작업장의 기본조건

• **조리작업장의 기본** : 위생, 능률, 경제의 3요소를 기본으로 갖추어야 한다.

(1) 위치

① 통풍, 배수가 용이하며 악취, 유독가스가 들어오지 않는 장소여야 한다.

② 물건의 출입, 반출에 편리하고 종업원의 출입이 쉬워야 한다.

③ 손님에게 피해가 가지 않는 위치여야 한다.

④ 비상시 출입문과 통로에 방해가 되지 않는 장소여야 한다.

(2) 면적

① 식당 넓이의 1/3이 기준이다.

② 일반급식소(1식당) $0.1m^2$, 학교(아동 1인당) $0.1m^2$, 병원급식시설(침대 1개당) $1.0m^2$, 기숙사(1인당) $0.3m^2$가 일반적 기준이다.

(3) 조리작업장의 형태

주방의 평면형에서 폭과 길이의 비율은 폭 1.0, 길이 2.0~2.5가 직사각형 구조로 능률적이다.

(4) 조리작업장의 구조

① 충분한 내구력이 있어야 한다.

② 바닥과 바닥으로부터 1m까지의 내벽은 타일, 콘크리트 등의 내수성 자재를 사용해야 한다.

③ 배수 및 청소가 쉬운 구조여야 한다. 특히 바닥은 배수가 잘 되게 지상에서 20cm 높게 구축하며, 완만한 구배(기울기 1.5/100)를 둔다.

④ 조리장은 객석에서 그 내부를 볼 수 있는 개방식 구조로 하되, 조리장이 객석과 접하여 있지 아니한 경우에는 조리장 출입문의 2/3 이상을 투명유리로 하여 이에 갈음한다.

⑤ 조명은 50럭스(Lux) 이상이어야 하며, 방충 · 방서시설을 해야 한다.

(5) 동선관리

① 공간과 설비를 최대한 활용하여 경제성과 효율성을 높인다.

② 작업자가 최소의 노동력과 시간을 소비하여 작업이 이루어질 수 있도록 한다.

③ 조리에서 배식까지 신속하게 이루어질 수 있도록 한다.

④ 가공되지 않은 재료, 기기, 기물은 가능한 손을 적게 댈 수 있는 곳에 두어야 한다.

(6) 배수설비

① **트랩장치 설치** : 악취나 해충 등의 침입 방지를 위해 관은 S자형, U자형, P자형으로 구부

려 물이 채워지도록 한다.

② 배수장 바닥에 배수구가 있는 경우 덮개를 해야 하고, 조리장의 바닥은 배수구를 중심으로 구배를 준다.

(7) 환기시설

창에 팬을 설치하는 방법과 후두(Hood)를 설치하여 환기하는 방법이 있다. 후드의 모양은 4방형이 가장 효율적이다.

(8) 작업대의 종류

① **ㄷ자형** : 면적이 같을 경우 동선이 가장 짧고 대규모 조리장에 사용되어 가장 이상적이다.

② **ㄴ자형** : 동선이 짧으며 조리장이 좁은 경우에 사용한다.

③ **병렬형** : 180°의 회전을 요하므로 피로가 빨리 온다.

④ **일렬형** : 작업동선이 비능률적이며 조리장이 굽은 경우에 사용된다.

⑤ **높이** : 신장의 52%(80~85cm)가 적당하다.

⑥ **넓이** : 55~60cm 넓이가 효율적이다.

(9) 조리기기

① **필러(peeler)** : 감자, 무, 당근, 토란 등의 껍질을 벗기는 기계(박피기)

② **슬라이서(slicer)** : 육류, 햄을 얇게 저미는 기계

③ **베지터블 커터(vegetable cutter)** : 채소를 여러 형태로 썰어주는 기계

④ **푸드초퍼(food chopper)** : 식품을 다져주는 기계

⑤ **샐러맨더(salamander)** : 가스 또는 전기를 열원으로 하는 하향식 구이용 기기로 생선구이나 스테이크 구이용으로 많이 쓰임

⑥ **온장고(steam table)** : 조리한 음식이 식지 않도록 음식을 보관하는 기기로, 내부온도는 65℃가 유지되어야 함

⑦ **그리들(griddle)** : 두꺼운 철판 밑에서 열을 가열하며 철판을 뜨겁게 달구어 철판 위에서 음식을 조리하는 기기로 햄버거, 전 등 부침요리에 적합함

⑧ **브로일러(broiler)** : 복사열을 직간접으로 이용하여 음식을 조리하는 기기로 구이에 적합하며, 석쇠에 구운 모양을 나타내는 시각적 효과로 스테이크 등의 메뉴에 많이 사용

⑨ **스쿠퍼(scooper)** : 아이스크림이나 채소의 모양을 뜨는 데 사용

⑩ **믹싱기(mixing machine)** : 식품을 섞어 반죽하거나 분쇄 · 절단하는 작업이 편리한 조리기기로 주로 소시지나 만두소 등을 만들 때 사용

⑪ **믹서(mixer)** : 식품의 혼합 · 교반 등에 사용된다. 액체를 교반하여 동일한 성질로 만드는 블렌더(blender)와 여러 가지 재료를 혼합하는 믹서(mixer)가 있다.

⑫ **그라인더(grinder)** : 갈아주는 기계

⑬ **세미기(rice washer)** : 쌀 씻어주는 기계

제 3 장

원가

1. 원가의 의의 및 종류

1) 정의

① 제품을 생산하기 위하여 소비된 경제가치를 화폐액수로 표시한 것

② 특정한 제품의 제조 · 판매 · 서비스의 제공을 위하여 소비된 경제가치

2) 원가계산의 목적

① 가격결정

② 원가관리

③ 예산편성

④ 재무제표 작성

3) 원가계산의 기간

1개월에 한 번씩 실시하는 것을 원칙으로 하나 경우에 따라서는 3개월 또는 1년 단위로 하기도 한다.

4) 원가의 종류

① 원가의 3요소

- **재료비** : 제품의 제조를 위하여 소비되는 물품의 원가
- **노무비** : 제품의 제조를 위하여 소비되는 노동의 가치(임금, 급료, 잡금, 상여금)
- **경비** : 제품의 제조를 위하여 소비되는 경비(수도비, 광열비, 전력비, 감가상각비, 전화사용료, 여비, 보험료, 교통비)

② 원가의 종류

- **직접원가** : 기초원가라고도 하며, 특정제품에 직접 부담시킬 수 있는 원가(직접재료비+직접노무비+직접경비)
- **제조원가** : 직접원가에 제조 간접비를 더하여 산출한 원가(공장원가, 생산원가)
- **총원가** : 제품의 제조원가에 판매를 위한 일반 관리비용까지 포함시킨 원가
- **판매원가** : 총원가에 판매이익을 포함시킨 원가를 말하며 판매가격이 되는 원가
- **실제원가** : 제품을 제조한 후에 실제로 소비된 원가를 산출한 원가(확정원가, 보통원가)
- **예정원가** : 제품의 제조에 소비될 것으로 예상되는 원가를 산출한 사전원가(추정원가)
- **표준원가** : 과학적 및 통계적 방법에 의하여 미리 표준이 되는 원가를 산출한 것
- **부가원가** : 원가이지만 비용이 아닌 원가로 자기자본에 대한 이자 등
- **중성비용** : 비용이나 원가가 아닌 것

직접원가	제조원가	총원가	판매원가
			이익
		판매관리비	총원가
	간접재료비	제조원가	
	간접노무비		
	간접경비		
직접재료비	직접원가		
직접노무비			
직접경비			

5) 원가계산의 원칙

① 진실성의 원칙

② 발생기준의 원칙

③ 계산경제성의 원칙(중요성의 원칙) : 경제성을 고려해야 한다는 원칙

④ 확실성의 원칙

⑤ 정상성의 원칙

⑥ 비교상의 원칙

⑦ 상호관리의 원칙

6) 원가계산의 3단계

① **요소별 원가계산** : 재료비, 노무비, 경비의 3가지 요소별 계산

- **직접비** : 직접재료비, 직접노무비, 직접경비(외주가공비)
- **간접비** : 간접재료비(보조재료비), 간접노무비(급료, 급여수당), 간접경비(감가상각비, 보험료, 수선비, 여비, 전력비, 수도비, 교통통신비, 가스비 등)

② **부문별 원가계산** : 전 단계에서 파악된 원가요소를 원가 부문별로 집계하여 계산한다.

③ **제품별 원가계산** : 각 부문별로 집계한 원가를 제품별로 배분하여 최종적으로 각 제품의 원가를 계산한다.

2. 원가분석 및 계산

1) 재료비의 개념

제품을 제조할 목적으로 외부로부터 구입 · 조달한 물품을 재료라 하고 제품의 제조과정에서 실제로 소비되는 재료의 가치를 화폐액수로 표시한 금액을 말한다.

(※ 재료비=재료소비량×재료소비단가)

2) 재료소비량의 계산법

① **계속기록법** : 재료의 수입 불출 및 재고량을 계속하여 기록함으로써 재료소비량을 파악하는 방법

② **재고조사법** : 전기이월량과 당기구입량의 합계에서 재고량을 차감함으로써 재료소비량을 산출하는 방법

③ **역계산법** : 일정단위를 생산하는 데 소요되는 재료의 표준소비량을 정하고 그것에 제품의 수량을 곱하여 전체의 재료소비량을 산출하는 방법

3) 재료소비가격의 계산법

① **개별법** : 재료의 구입단가별로 가격표를 붙여서 재료의 소비가격으로 계산하는 방법

② **선입선출법** : 재료의 구입순서에 따라 먼저 구입한 재료를 먼저 소비한다는 가정하에 계산하는 방법

③ **후입선출법** : 나중에 구입한 재료를 먼저 소비한다는 가정하에 계산하는 방법

④ **단순평균법** : 일정기간 동안의 구입단가를 구입횟수로 나눈 구입단가의 가중 평균치를 산출하는 방법

⑤ **이동평균법** : 구입단가가 다른 재료를 구입할 때마다 재고량과의 가중평균치를 산출하여 이를 소비재료의 가격으로 하는 방법

4) 고정비와 변동비

① **고정비** : 제품의 제조 · 판매 수량의 증감에 관계없이 고정적으로 발생하는 비용(감가상각비, 고정급)

② **변동비** : 제품의 제조 · 판매 수량의 증감에 따라 비례적으로 증감하는 비용(주요 재료비, 임금)

핵 | 심 | 문 | 제

손익분기점

수익과 총비용(고정비+변동비)이 일치하는 점으로 이 점에서는 이익도 손실도 발생하지 않는다.

3. 감가상각

1) 정의

고정자산의 감가를 일정한 내용연수에 일정한 비율로 할당하여 비용으로 계산하는 것으로, 이때 감가된 비용을 감가상각비라 한다.

2) 감가상각의 계산요소

① **기초가격** : 취득원가(구입가격)

② **내용연수** : 취득한 고정자산이 유효하게 사용될 수 있는 추산기간

③ **잔존가격** : 고정자산이 내용연수에 도달하였을 때 매각하여 얻어지는 추정가격(보통 구입가격의 10%)

3) 감가상각의 계산법

① **정액법** : 고정자산의 감가 총액을 내용연수로 균등하게 할당하는 방법이다.

(※ 매년의 감가상각액=(기초가격-잔존가격)/내용연수)

② **정률법** : 기초가격에서 감가상각비 누계를 차감한 미상각액에 대하여 매년 일정률을 곱하여 산출한 금액을 상각하는 방법이다. 따라서 초년도의 상각액이 제일 크고, 연수가 경과함에 따라 상각액은 줄어든다.

단원 문제

01 다음 중 원가계산의 목적이 아닌 것은?

㉮ 예산 편성
㉯ 기말 재고량 측정
㉰ 원가관리
㉱ 가격 결정

풀이 원가계산의 목적 : 재무제표의 작성 목적, 원가 통제(원가관리)의 목적, 가격 결정의 목적, 예산 편성의 목적

정답 ㉯

02 제조원가에 해당되는 것은?

㉮ 직접재료비+직접노무비
㉯ 제조변동비+제조경비
㉰ 직접재료비+직접노무비+경비
㉱ 직접재료비+직접노무비+직접경비+제조간접비

풀이 제조원가는 모든 것을 포함한다. 즉 직접재료비+직접노무비+직접경비+제조간접비

정답 ㉱

03 다음 자료에 의해서 직접원가를 산출하면 얼마인가?

직접재료비-₩150,000, 간접재료비-₩50,000
직접노무비-₩120,000, 간접노무비-₩20,000
직접경비-₩5,000, 간접경비-₩100,000

㉮ ₩370,000 ㉯ ₩320,000
㉰ ₩275,000 ㉱ ₩170,000

풀이 직접재료비+직접노무비+직접경비=150,000+120,000+5,000=275,000

정답 ㉰

04 식품판매의 원가산출 시 구별할 비용 중 매상고가 증가하여도 그것에 따라 증감하지 않는 비용은?

㉮ 이익 ㉯ 단기이익금
㉰ 고정비 ㉱ 변동비

풀이 고정비는 건물, 기계와 같은 것으로 매상이 증가해도 변화하지 않는다.

정답 ㉰

05 판매에서 계획을 세울 때 이용되는 손익분기점을 잘 설명한 것은?

㉮ 급식에 필요한 비용을 목적에 따라 분류, 집계, 분석하는 작업
㉯ 사용 또는 기간의 경과에 따라 고정자산의 가치감소를 결산기마다 일정한 방법으로 계산한 비용
㉰ 이익과 손실이 균형을 유지하고 있는 수지의 매상고로서 최저 필요 매상 시점
㉱ 완성된 제품과 관련하여 최후의 제품별 원가 집계 단위별 원가를 산정하는 시점

풀이 손익분기점 : 이익과 손실이 같은 점

정답 ㉰

06 **직접 원가를 계산하는 데 포함되지 않는 것은?**

㉮ 봉사의 제공을 위한 비용

㉯ 제품의 제조를 위한 재료비

㉰ 기계의 감가상각비

㉱ 판매를 위한 소비

풀이 직접원가=직접재료비+직접노무비+직접제조경비

정답 ㉰

07 **조리를 하는 단계에서 원가를 통제하기 위해 선행되어야 하는 내용으로 가장 적절한 것은?**

㉮ 싼 가격의 식재료로 식단을 구성한다.

㉯ 표준 항목표대로 조리한다.

㉰ 판매가를 높여 원가 부담을 줄인다.

㉱ 폐기율이 낮은 재료로만 식단을 구성한다.

풀이 원가를 통제하기 위해 선행되어야 하는 것은 싼 가격의 식재료로 식단을 구성하는 것이다.

정답 ㉮

08 **조리기계류는 사용빈도, 설치장소 등에 따라 소모도에 차이가 생기므로 이들 시설에 대한 가치감소를 일정한 방법으로 원가관리에서 고려하는 것은?**

㉮ 한계이익률 ㉯ 손익분기점

㉰ 감가상각비 ㉱ 식품수출부

풀이 감가상각비는 고정자산의 감가를 일정한 내용연수에 일정한 비율로 할당하여 비용으로 처리한다.

정답 ㉰

09 **다음은 원가계산의 절차들이다. 이들 중 옳은 것은?**

㉮ 부문별 원가계산–요소별 원가계산–제품별 원가계산

㉯ 제품별 원가계산–부문별 원가계산–요소별 원가계산

㉰ 요소별 원가계산–제품별 원가계산–부문별 원가계산

㉱ 요소별 원가계산–부문별 원가계산–제품별 원가계산

풀이 원가계산의 절차
제1단계–요소별 원가계산(재료비, 노무비, 경비의 3가지 요소별 계산)
제2단계–부문별 원가계산(발생장소인 부문별로 분류, 집계법)
제3단계–제품별 원가계산(제품별로 배분하여 최종적으로 각 제품의 제조원가 계산)

정답 ㉱

10 **노동력의 소비에 의하여 발생한 원가는?**

㉮ 재료비 ㉯ 노무비

㉰ 경비 ㉱ 직접비

풀이 원가의 3요소
재료비 : 제품의 제조를 위하여 소비되는 물품의 원가
노무비 : 제품의 제조를 위하여 소비되는 노동의 가치(임금, 급료, 잡금, 상여금)
경비 : 제품의 제조를 위하여 소비되는 경비(수도비, 광열비, 전력비, 감가상각비, 전화사용료, 여비, 보험료, 교통비)

정답 ㉯

11 **조리기계류는 사용빈도, 설치장소 등에 따라 소모도에 차이가 생기므로 이들 시설에 대한 가치감소를 일정한 방법으로 원가관리에서 고려하는 것은?**

㉮ 한계이익률 ㉯ 손익분기점

㉰ 감가상각비 ㉱ 식품수불부

풀이 고정자산의 감가를 일정한 내용연수에 일정한 비율

로 할당하여 비용으로 계산하는 것으로, 이때 감가된 비용을 감가상각비라 한다.

정답 ㉰

12 **제품이 제조된 후에 실제로 발생한 소비액을 기초로 하여 산출하는 원가계산방법은?**

㉮ 표준원가계산 ㉯ 추산원가계산
㉰ 예정원가계산 ㉱ 실제원가계산

풀이 실제원가는 제품을 제조한 후에 실제로 소비된 원가를 산출한 원가를 말한다.

정답 ㉱

13 **예정원가에 대하여 가장 잘 설명한 것은?**

㉮ 추정원가라 하며 언제나 실제원가보다는 높게 책정하는 것이 유리하다.
㉯ 견적원가라 하며 이는 제품의 제조 이전에 예상되는 값을 산출하는 것이다.
㉰ 견적원가라 하며 실제원가보다 낮게 책정하는 것이 생산의욕을 위해 좋다.
㉱ 예정원가는 원가관리에 도움을 주지 못한다.

풀이 예정원가는 제품의 제조에 소비될 것으로 예상되는 원가를 산출한 사전원가(추정원가)

정답 ㉯

14 **원가계산의 원칙에 속하지 않는 것은?**

㉮ 발생기준의 원칙
㉯ 상호관리의 원칙
㉰ 진실성의 원칙
㉱ 예상성의 원칙

풀이 원가계산의 원칙
① 진실성의 원칙
② 발생기준의 원칙
③ 계산경제성의 원칙(중요성의 원칙) : 경제성을 고려해야 한다는 원칙
④ 확실성의 원칙
⑤ 정상성의 원칙
⑥ 비교상의 원칙
⑦ 상호관리의 원칙

정답 ㉱

V

한식
기초조리 실무

제 1 장

조리 준비

1. 조리의 정의 및 기본 조리조작

1) 조리의 의의

• 식품에 물리 · 화학적 작용을 가하여 합리적인 음식물로 만드는 과정
• 위생적으로 적합한 처리를 한 후 먹기 좋고, 소화하기 쉽고, 맛있고 보기 좋게, 식욕이 나도록 하는 과정이다.

핵 | 심 | 문 | 제

조리의 의의
먹기 좋게
소화하기 쉽게
맛있고 보기 좋게
식욕이 나도록 하는 과정

2) 조리의 목적

① **안전성** : 식품에 부착된 유해한 것들을 살균하여 위생적으로 안전한 음식물로 만든다.

② **영양성** : 식품을 연하게 하여 소화작용을 도와 식품의 영양효율을 높이기 위하여 행한다.

③ **기호성** : 식품의 맛, 색깔, 모양을 좋게 하여 먹는 사람의 기호에 맞게 한다.

④ **저장성** : 식품의 저장성을 높이기 위하여 행한다.

2. 기본 조리법 및 대량 조리기술

1) 기본 조리법

① 굽기

- 방사열 또는 달군 금속판 위에서 비교적 고온에서 가열하는 조리법으로 수용성 성분의 손실이 적다.
- 단백의 응고, 전분의 호화, 지방의 용해 등 성분의 변화로 맛이 좋아진다.

② 튀김(영양소 손실이 가장 적음)

- 고온에서 단시간에 처리하므로 영양소의 손실이 조리방법 중 가장 적다.
- 튀김의 적온은 160~180℃이나, 수분이 많은 식품은 150~160℃, 크로켓은 190℃에서 튀긴다.

③ 볶음

- 구이와 튀김의 중간요리로서 센 불에서 단시간에 조리되므로 영양상 지용성 비타민의 흡수에 좋다.
- 식물성 식품은 연화, 동물성 식품은 단단해지고, 기름의 향미가 증가하며, 가열 중 감미의 증가, 당분의 캐러멜화, 전분의 덱스트린화가 된다.

④ 찜

- 수증기의 잠열(1g당 539kcal)에 의하여 식품을 조리하는 방법이다.
- 모양이 흐트러지지 않고, 유동성이라도 용기에 넣어 찔 수 있고, 수용성 물질의 용출이 조림보다 적으나 시간이 많이 소요된다.

⑤ 끓이기

- 맛난 성분을 많이 포함한 식품을 물속에서 가열하여, 국의 국물을 주체로 한 요리이다.
- 한번에 많은 음식을 할 수 있고, 조미하는 데 편리하고 음식이 부드러워지나 수용성 영양 성분의 손실이 많다.

⑥ 삶기

- 군맛 및 비린내를 제거하고, 식품조직의 연화, 탈수, 색을 좋게 하고, 단백질의 응고, 소독이 삶기의 목적이다.
- 조미료의 사용 순서는 설탕 → 소금 → 식초 순으로 넣어야 식품이 연하고 맛이 있다.

핵 | 심 | 문 | 제

조리방법

- 습열에 의한 조리 : 삶기, 끓이기, 찌기 등
- 건열에 의한 조리 : 굽기, 석쇠구이, 볶기, 튀기기
- 전자레인지에 의한 조리 : 초단파(전자파) 이용

2) 대량 조리기술

① 국

- 토장국이 좋다.
- 건더기는 국물의 1/3 정도가 좋고, 국물 맛을 내는 멸치, 육류 등을 넣고 먼저 국물을 우린 후에 넣는다.

② 찌개

- 센 불에서 끓이다 어느 정도 익으면 약하게 하여 약 20분간 끓인다.
- 건더기는 국물의 2/3 정도가 좋다.

③ 조림

- 국물보다는 재료에 맛이 들게 하는 조리법이다.

• 물은 조금만 넣고 양념을 넣어 끓인다.
• 생선은 오래 조리하면 살이 부서지고, 영양 손실이 많으므로 익을 정도까지만 가열한다.

④ 튀김

• 깨끗하게 튀기려면 식용유는 1회만 사용하고, 2회는 볶음에 사용하는 것이 좋다.
• 국보다 3배의 조리시간이 소요된다.

⑤ 구이

• 미리 달군 석쇠나 오븐에 굽거나 소금구이를 이용한다.
• 여러 번 뒤집으면 생선살이 부서지므로 조심한다.

⑥ 나물

• 생채는 고춧가루, 소금, 설탕, 간장을 넣고 무친 후 식초나 화학조미료를 첨가한다.
• 푸른 채소는 끓는 물에 살짝 데쳐 먹기 직전에 무친다.

3. 기본 칼 기술 습득

1) 용도별 칼의 역할

① **다용도 칼** : 일반 요리를 할 경우 범용적으로 사용할 수 있도록 고안되어 어류, 육류, 채소 등 모든 요리에 사용할 수 있는 만능형 칼이다.

② **육류용 칼** : 끝부분을 날카롭게 구성하여 특별히 고기 등의 육류를 요리하는 데 편리하도록 디자인된 식칼이다.

③ **채소용 칼** : 칼날 폭과 형태를 넓게 디자인하여 제작된 식도이기 때문에 채소 썰기, 무채 등에 적합하다.

④ **과일용 칼** : 칼날의 형상과 크기를 작고 간결하게 구성하여 과일 껍질을 벗길 때 사용하거나 간편한 요리에 적합한 식칼이다.

⑤ **생선용 칼** : 생선요리 전용으로 생선회를 뜰 때 적합하다.

⑥ **빵칼** : 부드러운 빵을 손쉽게 자를 수 있도록 디자인되었다.

2) 칼 사용법

① **칼끝** : 고기의 살과 뼈를 바르고 생선의 포를 뜨거나 채소의 꼭지를 도려내는 데 사용한다.

② **칼 중앙** : 가장 많이 사용하는 부위로 썰기와 자르기, 다지기 등에 사용한다.

③ **칼밑** : 과일의 껍질을 벗기거나 단단한 껍질이나 뼈를 자를 때 사용한다.

④ **칼턱** : 작고 오목한 부분을 도려내는 데 사용하거나 잘 끊어지지 않는 딱딱한 부위를 자를 때 사용한다.

⑤ **칼등** : 얇고 긴 채소의 껍질을 벗길 때, 생선의 비늘을 긁을 때, 고기를 부드럽게 다질 때 사용한다.

⑥ **칼배(칼편)** : 두부를 으깨거나 마늘, 생강을 곱게 다질 때 칼배로 눌러서 사용한다.

⑦ **편 썰기** : 밤이나 마늘 같은 것을 얇게 써는 것을 말한다.

4. 조리기구의 종류와 용도

1) 기계적 조작기구

계량용 컵 · 스푼, 식기 세정기, 식기 건조대, 식칼, 도마, 커터, 슬라이서, 혼합 · 교반용 거품기, 체, 믹서 등이 있다.

2) 가열조작용 기구

풍로, 오븐, 전자레인지, 그릴, 튀김기, 자동밥솥, 찜기, 각종 냄비류 등이 있다.

3) 관리용 기구

냉장고, 냉동고, 온장고, 보온병 등이 있다.

4) 그릇용 기구

접시, 공기, 주발, 볼 등이 있다.

5. 식재료 계량방법

1) 밀가루

① 밀가루는 보관하면 부피가 점점 줄어들기 때문에 반드시 체로 친 다음에 계량

② 밀가루를 컵에 수북이 담아 표면을 편평하게 깎아서 계량

2) 설탕

① **흰 설탕** : 덩어리가 지지 않게 곱게 부순 다음 계량컵에 수북이 담아 표면을 편평하게 깎아서 계량

② **황설탕, 흑설탕** : 표면에 당밀이 남아 있어 설탕입자가 서로 달라붙는 성질이 있으므로, 계량컵에 꾹꾹 눌러 담아 계량

③ **분말설탕** : 입자가 매우 작아 보관하면 부피가 감소하므로 반드시 체로 친 다음 밀가루와 같은 방법으로 계량

3) 지방

버터, 마가린과 같은 고체 지방은 실온에서 일정시간 방치하여 반고체상태로 부드럽게 만든 다음 계량컵에 빈 공간이 없도록 눌러 담아 계량

4) 액체식품

액체 계량컵을 사용하여 액체를 부으면 오목한 메니스커스(meniscus)가 형성되는데, 메니스커스의 가장 아랫부분과 눈높이를 일치시켜서 계량

5) 꿀과 시럽

계량컵에 가득 채운 다음 위로 볼록하게 올라온 부분을 편평하게 깎아서 계량

6. 조리장의 시설 및 설비 관리

1) 조리장의 기본조건 및 관리

① **조리장의 기본조건** : 위생 · 능률 · 경제 등의 3가지 기본문제 고려(위생이 제일 먼저 고려 대상)

② **조리장의 면적** : 식당 넓이의 1/3

③ **조리장의 형태** : 폭을 1.0m로 하면 길이는 폭의 2~3배

핵 | 심 | 문 | 제

식당의 면적

급식수 1인당 1.0m² +식기 회수 공간으로 급식수 1인당 0.1m²

예) 급식수 200명의 식당면적과 주방면적은 얼마인가?

▶ 식당면적=(200×1.0)+(200×0.1)=220m²

▶ 주방면적=200×0.3=60m²

④ **조리장의 위치**

• 조리장 바닥과 내벽 1m까지는 타일, 콘크리트 등 내수성 자재 사용

• 통풍, 채광, 배수가 잘 되며, 악취, 먼지, 유독가스, 공해가 없는 곳

• 종업원의 출입이 용이하고 물건 구입, 반출이 편리한 곳

⑤ **조리장의 관리**

• 매일 1회 이상 청소하여 청결을 유지

• 조리기구, 식기류, 수저는 매일 1회 이상 멸균처리에 의해 소독

• 손님에게 제공되었다가 회수된 잔여 음식물은 반드시 폐기할 것

• 매주 1회 이상 대청소 및 소독을 실시할 것

2) 조리장의 설비

① **환기시설** : 환기장치는 후드가 좋고 4방향이 가장 효율적이다.

② **급수시설**

- 지하수를 사용하는 경우 오염원으로부터 20m 이상 떨어져 있어야 한다.
- 물의 양은 일반적으로 1식당 6.0~10.0ℓ(평균 0.8ℓ)로 되어 있다.

③ **조명시설** : 50럭스 이상

④ 주방용 식기류를 소독하기 위한 자외선 또는 전기살균소독기를 설치하거나 열탕세척소독시설(식중독을 일으키는 병원성 미생물 등이 살균될 수 있는 시설이어야 한다. 이하 같다)을 갖추어야 한다. 다만, 주방용 식기류를 기구 등의 살균·소독제로만 소독하는 경우에는 그러하지 아니하다.

⑤ 식품 등의 기준 및 규격 중 식품별 보존 및 유통기준에 적합한 온도가 유지될 수 있는 냉장시설 또는 냉동시설을 갖추어야 한다.

제 2 장

식품의 조리원리

1. 농산물의 조리 및 가공 · 저장

1) 쌀

• **현미** : 벼를 탈곡하여 왕겨층을 벗겨낸 것. 비율은 현미 80%, 왕겨층 20%

• **백미** : 현미에서 쌀겨층 및 배아를 제거한 것으로 배유(전분)만 남은 것
쌀겨의 양(중량%)에 따라 5분 도미, 7분 도미, 9분 도미

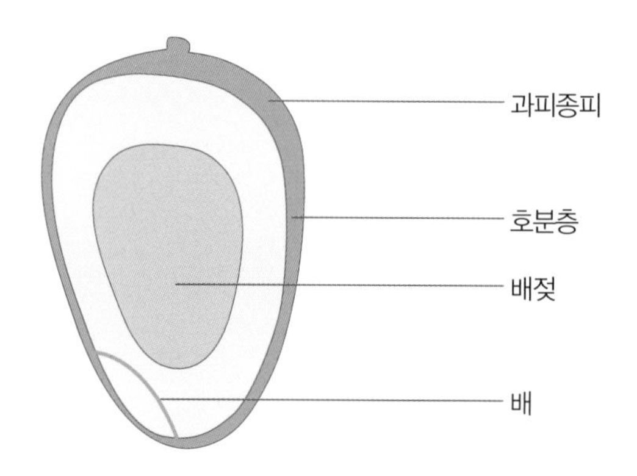

① 쌀의 가공품

• **강화미** : 쌀을 비타민 B_1 용액에 담가 비타민이 쌀 내부로 스며들게 만든 것

- **인조미** : 밀가루, 전분, 쇄미분을 약 8 : 1 : 1 정도로 혼합하여 건조시킨 것
- **건조미** : 밥이 뜨거울 때 고온 건조시킨 것으로 수분은 10% 정도
- **팽화미** : 고압으로 가열하여 압축한 것. 튀밥
- **종국류** : 감주, 떡, 술, 된장, 식혜 등에 사용

② 전분의 노화

- 알파전분을 실온에 방치해 두면 차차 굳어져서 원래의 전분인 알파전분으로 되돌아가는 현상
- 수분함량이 30~70%, 온도가 0℃ 부근인 경우에 노화되기 쉽다.
- 아밀로오스와 아밀로펙틴의 함량에 따라 그 속도가 달라지는데, 아밀로오스가 많은 전분(멥쌀)은 노화가 빨리 일어나고 아밀로펙틴이 많은 전분(찹쌀)은 서서히 일어난다.

– 노화 촉진에 관계하는 요인

- 온도 : 0~4℃
- 수분함량 : 30~70%
- pH : 수소이온이 많을수록, 산도가 높을수록
- 전분분자의 종류 : 아밀로오스의 함량이 많을수록

– 노화 방지

- 0℃ 이하로 얼려서 급속히 탈수
- 수분함량을 15% 이하로 조절
- 80℃ 이상의 고온으로 유지하면서 수분 제거
- 아밀라아제 전분분자보다 아밀로펙틴은 노화하기 힘듦
- 설탕을 다량 함유

– 노화 방지법(호화상태일 때)

노화 : α전분이 수분함량 30~60%, 온도 5℃ 이하일 때 β전분으로 변화하는 것으로 점성이 작아지고 소화가 잘 안 됨

- 0℃ 이하로 얼려서 급속히 탈수
- 수분함량을 15% 이하로 조절

- 80℃ 이상의 고온으로 유지하면서 수분 제거
- 아밀라아제 전분분자보다 아밀로펙틴은 노화하기 힘들다.

– 전분의 호정화(가장 좋은 상태)

- 전분에 물을 가하지 않고 160℃ 이상으로 가열하면 전분이 가용성이 되고 덱스트린이 되는데 이러한 변화를 호정화라 한다.
- 물에 녹을 수 있으며 오래 보존할 수 있고 소화가 잘 된다.
- 알파화한 식품의 예 : α–rice, 오블라이트, 쿠키, 튀밥, 냉동미, α–떡가루, 미숫가루 등

③ 쌀의 조리

- 백미는 15% 정도의 수분을 함유하며 맛있게 지어진 밥은 65% 정도의 수분을 함유한다.
- 쌀을 씻을 때 비타민 B_1의 손실을 줄이기 위해 가볍게 3~4회 정도 씻는다.

– 쌀의 종류에 따른 물의 분량

- 멥쌀은 30분, 찹쌀은 50분 정도 물에 담가 놓으면 최대 흡수량에 도달한다.
- 밥의 중량은 쌀의 2.5배 정도

종류	중량	부피
정백미	1.5배	1.2배
햅쌀	1.4배	1.0배
찹쌀	1.1~1.2배	0.9~1.0배

– 밥맛의 구성요소

- 밥물은 pH 7~8의 것이 밥맛이 가장 좋고 산성일수록 밥맛은 나쁘다.
- 약간(0.03%)의 소금을 넣으면 밥맛이 좋아진다.
- 묵은쌀보다 햅쌀의 밥맛이 좋다.
- 쌀의 품종과 재배지역의 토질에 따라 밥맛은 달라진다.
- 지나치게 건조된 쌀은 밥맛이 나쁘다.
- 쌀의 일반성분은 밥맛과 거의 관계가 없다.

2) 보리

- 곡물 중에서도 조직이 단단하므로 압맥처리를 하여 조직을 파괴하면 소화가 잘 된다.
- 정맥, 압맥(납작하게 만든 보리), 할맥(섬유소를 제거한 것)

3) 소맥분

- 제분은 곡류, 감자류, 콩류 등을 건조 분쇄하여 가루로 만드는 것으로 소화율, 팽창성이 커진다.
- 밀가루는 제분 직후에는 불안정하므로 약 6주간 저장하여 숙성시키면 제빵 적성이 좋아지고 색깔이 하얗게 된다.

① 특성

- 글루텐이라는 단백질이 물을 흡수하므로 반죽할수록 점성 · 탄성이 증가하는 성질이 있다.
- 물에 녹지 않는 부분이 글루텐이며 글루테닌과 글리아딘으로 되어 있다.

② 소맥분의 종류

종류	단백질(Gluten) 함량	용도
강력분	13% 이상	식빵, 마카로니
중력분	10% 내외	국수류
박력분	8% 이하	과자, 튀김옷, 케이크

③ 밀가루 반죽 시 글루텐에 영향을 미치는 요인

- **팽창제** : CO_2(탄산가스)를 발생시켜 가볍게 부풀게 한다.
- **지방** : 반죽에 층을 형성하여 음식을 부드럽고 아삭아삭하게 한다.(예: 파이)
- **설탕** : 열을 가했을 때 음식의 표면에 착색되어 보기 좋게 만들지만, 글루텐을 분해하여 반죽을 구우면 부풀지 못하고 꺼진다.
- **달걀** : 밀가루 반죽형태의 형성을 돕지만 지나치게 많이 사용하면 음식이 질겨진다.
- **소금** : 설탕의 단맛을 강하게 하고 점탄성을 증가시킨다.

④ 제빵

효모(yeast)를 사용하여 팽창시킨 발효빵(식빵)과 팽창제를 사용하여 만든 무발효빵(도넛,

카스텔라)이 있다.

– 팽창제

• 발효법 : 이스트의 발효로 생긴 CO_2가 팽창제 역할

• 무발효법 : 베이킹 파우더에 의해서 생긴 암모니아 및 CO_2가 팽창제의 역할

– 지방

• 반죽에 켜를 생기게 하는 연화작용이 있고 향기, 저장성이 좋아지며 표면의 갈색화 작용이 있다.

• 과다하게 사용하면 팽창이 억제되고, 오히려 품질이 저하된다.

– 설탕

• 단맛, 효모의 영양원, 발효 촉진, 설탕의 캐러멜화에 의한 빛깔 및 특유한 향기, 노화방지, 단백 연화작용을 한다.

• 설탕의 양은 밀가루의 2~3%를 사용하고 너무 많으면 글루텐 형성을 방해한다.

– 물 : 보통 음료수면 적당하나 물이 너무 알칼리성이면 글루텐이 연해져서 탄력이 떨어지는 결점이 있다.

– 우유와 달걀 : 빵을 부드럽게 하며 빛깔, 맛, 향기 및 영양가를 높여준다.

– 소금 : 설탕의 단맛을 강하게 하고 점탄성을 증가시킨다.

4) 두류 및 두류제품

① 두류의 분류

• 고단백 저탄수화물류 : 대두, 땅콩(낙화생) 등

• 저단백 고탄수화물류 : 팥, 녹두, 완두, 강낭콩 등

② 두류의 가열조리 시 변화

• **독성물질의 파괴** : 대두와 팥에는 사포닌이라는 용혈독성분이 있으나 가열 시 파괴된다.

• **단백질 이용률의 증가** : 날콩 속에는 안티트립신이 있어 소화가 잘 안 되지만 가열에 의해 불활성화시켜 소화율을 높여준다.

• **두류의 연화** : 대두를 삶을 때 탄산수소나트륨(중조)을 사용하면 빨리 무르지만, 비타민 B_1이 파괴된다.

- **콩나물 가열조리 시** : 비타민 C의 손실을 줄이기 위해 소금을 넣는 것이 효과적이다.
- **글루텐** : 밀가루에 물을 가해서 반죽했을 때 조직이 그물모양을 형성하는 성질을 말한다.

③ 두류의 가공

- 단백질 약 40%, 지방 8%, 무기질 4~6% 함유
- 콩은 단백질의 급원이므로 중요한 식품
- 조직이 단단하여 소화 흡수가 잘 안 되므로 가공해서 먹으면 소화율과 영양가의 효율을 높일 수 있다.
  - 두유 : 콩을 갈아 만든 것으로 콩에 물을 부어 맷돌이나 마쇄기로 갈아 압착, 여과시킨 것
  - 두부 : 콩의 수용성 단백질인 글리시닌(glycinin)을 더운물로 추출하여 여과하고 그 여과액을 두유와 비지로 분리한 다음 두유에 응고제를 가하여 단백질을 응고시킨 것
    - 순두부(전두부) : 원료 콩 5~6배의 물만 넣어 만든 진한 두유를 응고시킨 것
    - 건조두부(얼린 두부) : 생두부를 얇게 썰어 동결시킨 뒤 탈수 · 건조한 것, 풍미와 저장성이 있음
    - 튀김두부(유부) : 두부의 수분을 줄여서 튀긴 것

핵 | 심 | 문 | 제

두부 응고제

황산칼슘($CaSO_4$), 황산마그네슘($MgSO_4$), 염화마그네슘($MgCl_2$), 염화칼슘($CaCl_2$)

두부 제조순서

콩 선별 → 침지→ 마쇄 → 증자 → 압착 → 응고 → 탈수 및 성형 → 자르기

- 콩나물 : 콩에는 비타민 C가 전혀 없지만, 콩나물에는 비타민 C가 풍부하다.
- 땅콩버터(Peanut butter) : 땅콩(낙화생)을 볶아서 마쇄시킨 것이다.
- 양갱 : 떡소와 우무를 물과 혼합 가열하여 냉각 응고시킨 것이다.

5) 장류의 가공

① **간장** : 콩과 볶은 밀을 마쇄하여 누룩(황곡균)을 뿌려 메주(코지)를 만든 다음 소금물에 담가 숙성시킨 뒤 짜서 달인다. 장을 달이는 주목적은 살균 때문이다.

② **된장** : 전분질(쌀, 밀, 보리) 등을 쪄서 황곡을 넣고 코지를 만든 다음, 소금을 혼합하고 찐 콩을 섞은 뒤 마쇄하여 통에 담아 숙성시킨 조미식품

③ **고추장** : 쌀 또는 콩을 쪄서 황곡균을 뿌리고 25~35℃에서 2~3일간 보온하면 흰색 균사가 황색이 된다. 이것을 건조시켜 가루로 만들어 고춧가루와 엿기름을 첨가하여 55~60℃로 2~3시간 잘 저으면서 가열하면 당화되는데, 여기에 소금을 넣고 섞어 저온에서 숙성시킨다.

④ **청국장** : 콩을 삶아 60℃까지 냉각시키고 볏짚을 2~4개 넣어 40~45℃에서 2~3일간 두면 납두균(Bacillus natto)이 번식하여 콩단백질을 분해시킨다. 여기에 파, 마늘, 고춧가루, 소금을 첨가하여 찧어 저장한다.

6) 서류의 가공

- 고구마, 감자는 전분함량이 높아서 전분이나 물엿, 합성주를 위한 알코올 등의 원료가 된다.
- **전분** : 고구마, 감자가 전분의 원료로 많이 쓰이지만, 옥수수, 밀, 쌀 등도 이용된다.

7) 과실과 채소류의 가공

① 과실 가공

- **젤리** : 과즙에 설탕을 가한 후 농축한 것으로 투명하고 광택이 있으며, 원료 과일 특유의 향과 색을 갖는다.
- **잼** : 과실과 설탕을 함께 농축한 것으로 설탕과 과실의 비율은 1 : 1이 좋다.
- **마멀레이드** : 과실류를 이용한 잼으로 과실류를 껍질째 넣어 만든 것
- **건조 과일** : 건조사과, 곶감, 황률
- **과즙 제품** : 주스, 넥타, 시럽

② 토마토 가공품

- **토마토 퓌레** : 토마토를 마쇄하여 씨와 껍질을 제거하고 조린 것
- **토마토케첩** : 토마토 퓌레에 소금, 설탕, 식초, 향신료 등의 조미료를 넣어 농축한 것
- **토마토 페이스트** : 토마토 퓌레를 더욱 농축하여 전 고형분이 24% 이상 되도록 만든 것
- **토마토 소스** : 토마토의 껍질과 씨를 제거하고 잘게 다져 월계수잎, 바질, 오레가노, 타임, 꿀, 소금을 넣고 저으며 중불에서 뭉근하게 끓여 만든 것

③ 침채류 : 김치, 단무지, 오이절임, 마늘절임, 송이절임 등

④ 채소의 분류

- **엽채류** : 수분과 섬유소가 많고 카로틴, 비타민 C, 비타민 B_2가 많다. 시금치, 아욱, 근대, 상추 등
- **과채류** : 비타민 C와 카로틴이 낮다. 토마토, 참외, 오이, 고추, 호박, 가지 등(단, 고추와 토마토 제외)
- **근채류** : 당질함량이 많고 섬유소 함량은 적다. 당근, 연근, 우엉, 무, 감자, 고구마 등
- **종실류** : 다량의 단백질과 당질이 있으나 수분, 섬유소 함량은 적다. 옥수수, 콩, 수수 등

⑤ 채소류의 조리법

- **생채** : 채소를 데치지 않고 생으로 양념(도라지생채, 오이생채, 무생채 등)
- **숙채** : 채소를 데친 후 양념하는 것(미나리나물, 시금치나물, 콩나물 등)
- **침채** : 채소를 소금에 절인 후 양념해서 숙성시키는 것(김치)

⑥ 각종 채소의 특징

- **시금치** : 비타민 C와 비타민 A의 전구체인 카로틴도 많다.
- **배추** : 배추를 삶으면 퀴퀴한 냄새(황화합물)가 나므로 배춧국을 끓일 때 5분간 뚜껑을 열어 H_2S를 휘발시킨다.
- **양배추** : 배추와 같은 냄새가 나며, 무기질 중 K가 많다.
- **감자** : 전분이 65~80%로 10℃ 이하의 찬 곳에 저장하면 전분이 당분으로 변한다.(감자칩, 과자원료, 전분, 물엿, 포도당, 풀, 주정 등)
- **고구마** : 얌, 밤고구마가 있다.(전분, 물엿, 제과용, 주정 등)
- **무** : 디아스타아제가 많아 소화를 촉진한다.

⑦ 조리 시 채소의 변화

- 열, 산, 알칼리에 매우 약하므로 생으로 먹는 것이 가장 좋다. 특히 비타민 C는 대단히 불안정하므로 조리 시 칼, 그릇 등에 유의해야 한다.
- 비타민 A는 알칼리와 열에 강하고 기름에 녹아 흡수가 잘 된다. 그러므로 녹황색 채소는 될 수 있으면 기름을 이용한 조리법으로 섭취하는 게 좋다.
- 채소는 물의 양을 5배로 하여 뚜껑을 열고 끓는 물에 단시간 데쳐 냉수에 헹구어 놓는다.
- 죽순, 우엉, 연근 등의 흰색 채소는 쌀뜨물이나 식초물에 삶으면 흰색을 유지시키고 연하게 한다.

8) 통조림

① 통조림의 외관상 변질

- **하드스웰(Hard swell)** : 세균으로 인한 가스 팽창으로 양면을 손가락으로 눌러도 들어가지 않는 상태
- **소프트스웰(Soft swell)** : 세균으로 인해 가스 팽창되어, 양면을 손가락으로 누르면 들어갔다 다시 나오는 상태
- **하이드로겐스웰(Hydrogen swell)** : 내용물과 용기재질의 작용에 의해 생긴 수소가스의 팽창상태
- **스프링거(Springer)** : 내용물의 과도한 양으로 부풀거나 가스가 발생하여 통조림이 팽창하여 나타나는 현상
- **플리퍼(Flipper)** : 탈기 불충분으로 눌렀을 때 들어가서 작게 나오는 상태
- **통조림 리커(Leaker)** : 통조림의 깡통이 불안정하거나 녹이 슬어 내용물이 새는 현상

② 통조림의 내용물 변질

- **플랫사워(flat sour : 평면 산패)** : 밀폐 후 내용물이 변질되어 신맛을 낸다.
- **흑변** : 황화수소(H_2S)에 의한 흑변
- **주석 용출** : 밀봉 불량, 살균 부족 등에 의해 주석이 용출
- 곰팡이 발생

• **펙틴 용출** : 미숙한 과일을 사용할수록 국물이 혼탁해짐

③ **통조림, 병조림 제조의 3요소** : 탈기 → 밀봉→ 가열 살균 및 냉각

④ **통조림의 용기 표시**

• 조리표시

보일드 통조림	BL	훈제기름 담근 통조림	SO	젤리 담근 통조림	JY
가미 통조림	FD	머스터드 담근 통조림	MD	채소가미 통조림	VD
기름 담근 통조림	OL	조림 통조림	BD	구이 통조림	RD
토마토 담근 통조림	TO	스튜 통조림	ST	소시지 통조림	SG

• 연월일 표시

年-마지막 2자리, 月-1~9월=01~09, 10=0, 11=Y 또는 N, 12=Z 또는 D

日-그대로

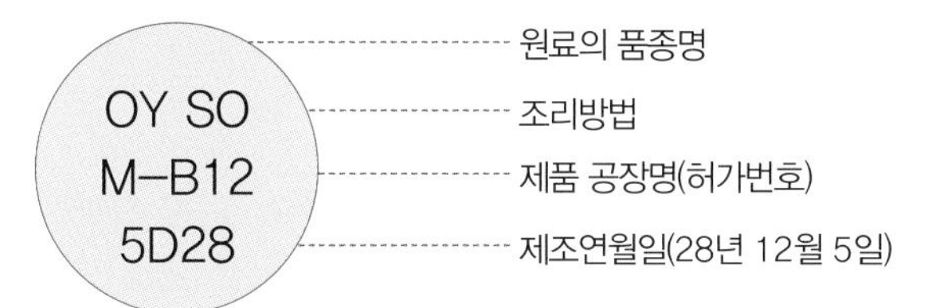

2. 축산물의 조리 및 가공 · 저장

1) 우유의 가공

① **성분 및 조성**

수분	단백질	지질	젖당	회분
85~89%	2.7~4.4%	2.8~5.2%	4.0~4.9%	0.5~1.1%

② **우유 살균법**

• **저온 장시간 살균법** : 63~65℃에서 30분간 가열

• **고온 순간 살균법** : 72~75℃에서 15~20초 유지 후 급랭

- **초고온 순간 살균법** : 130~150℃에서 0.5~5초간 멸균

③ 우유 가공품

- **크림** : 우유를 장시간 방치하여 황백색의 지방층으로 만든 것(지방 18% 이상 함유)
- **버터** : 우유의 지방을 크림상태로 모아 굳혀서 만든 것(유지방 80% 이상)
- **치즈** : 우유나 그 밖의 유즙에 레닌과 젖산균을 넣어 카세인을 응고시켜 만든 것
- **연유** : 가당 연유(10%의 설탕을 첨가하여 약 1/3 부피로 농축), 무당 연유(그대로 1/3 부피로 농축)

  ※ 사용 시 물을 첨가하여 3배 용적으로 하면 우유와 같이 된다.
- **분유** : 우유를 농축하여 건조시킨 것
  - ㉠ 전지분유 : 수분을 2~3%로 분무 건조시킨 것
  - ㉡ 탈지분유 : 수분, 지방을 제거한 것
  - ㉢ 조제분유 : 우유성분에서 부족되기 쉬운 성분을 보강하여 모유성분에 가깝도록 조제한 것
- **요구르트** : 탈지유를 농축시켜 8%의 설탕을 넣고 가열, 살균한 후 젖산 처리한 것
- **아이스크림** : 20~30%의 유지방을 가진 크림을 주원료로 하고, 설탕, 향료, 안정제(젤라틴, 달걀 등)를 첨가하여 혼합 · 동결시킨 것으로 지방이 많고 영양가가 높다.

2) 육류의 가공

① 사후강직과 숙성

- **사후강직** : 도살 후 근육이 수축하여 경직되는 현상(닭고기 6~12시간; 소고기 12~14시간; 돼지고기 3시간)
- **숙성** : 경직시간이 지나면 근육 자체의 자가소화 현상이 일어나는데 고기가 연해지고 맛이 좋아진다. 송아지 고기나 돼지고기는 지방산화에 의해 오히려 맛이 나빠진다.(소고기 5℃, 7~8일; 10℃, 4~5일; 15℃, 2~3일)

② 고기 연화법

- **단백질의 분해효소 첨가** : 파파야(파파인), 무화과(휘신), 파인애플(브로멜린), 배(프로테아제), 키위(액티니딘) 등

- **동결** : 얼리면 수분이 먼저 얼어 용적이 팽창하므로 세포가 파괴되어 연해진다.
- 잔칼질 및 육섬유의 길이를 반대로 썰어 연화한다.
- 숙성시킨다.
- **기타 첨가물질** : 식염, 인산염, 설탕, 식초, 레몬 등

③ 육류 가공품

- **햄** : 돼지고기 뒷다리를 이용하여 소금, 설탕, 후추를 섞은 염지제를 바르고 1~2일간 서늘한 곳에 둔 다음 침지액에 담가 3~7일간 방치한 후 건조하여 훈연한 것
- **베이컨** : 돼지의 복부 지육을 염지하여 훈연한 것
- **소시지** : 햄, 베이컨 등을 가공하고 남은 고기를 조미하여 만든 것
- **기타** : 건조육, 라드, 젤라틴 등

핵 | 심 | 문 | 제

훈연 시 사용하는 나무

수지가 적은 참나무 같은 것을 이용(수지가 많은 전나무, 소나무 사용 금지)

④ 육류의 조리방법

- **습열 조리법** : 고기에 물을 가하거나 증기로 가열하는 방법(육수, 탕, 국, 찜, 장조림, 편육 또는 수육)
- **건열 조리법** : 건열이나 직화로 수분이나 액체를 가하지 않고 익히는 방법(구이, 불고기, 브로일링)
- **튀김** : 기름에 튀겨내는 방법
- **로스팅(Rosting)** : 오븐 내에서 고기를 굽는 것

가열정도	내부온도(℃)	비고
레어(rare)	58~60	겉면의 핏물만 응고
미디엄(medium)	71~75	내부 핏물 응고, 겉면 갈색
웰던(well done)	77~82	속과 겉면 모두 갈색

⑤ 가열에 의한 고기의 변화

- 단백질의 응고, 수축, 분해
- 중량의 감소(20~40% 감소), 보수성 감소
- 결합조직의 연화 : 콜라겐→젤라틴(75~80℃ 이상)
- 지방의 융해
- 색소의 변화, 풍미의 변화
- 영양가의 손실

⑥ 육류의 연화

- **단백질의 분해효소 첨가** : 파파야, 파인애플, 무화과, 배즙, 생강즙, 키위
- 잔칼질 및 육섬유의 길이를 반대로 썰어 연화한다.
- 숙성시킨다.
- 기타 첨가물질 : 식염, 인산염, 설탕, 식초, 레몬 등

⑦ 육류의 감별

- 육질이 선홍색이고 윤택이 나며 손으로 찢기 쉬운 것이 좋다.
- 수분이 충분하게 함유되고 탄력이 있는 것이 좋다.
- 너무 빨간 것은 오래되었거나 늙은 고기 또는 노동을 많이 한 고기로 질기고 좋지 않다.

⑧ 냉동육의 조리

- 냉동육은 해빙 후 다시 냉동하는 것을 금한다.
- 냉장고에서 해동하면 실온보다 시간이 3배 더 걸림(가장 안전한 방법)

3) 난류의 가공

① 달걀의 품질

- 외관 및 내용물의 투시비중 측정(6%의 식염수에서 부유상태, 경사각도 측정)으로 평가
- 알의 열에 의한 응고는 흰자는 58℃에서 응고되기 시작하여 80℃에서 완전히 굳어지고, 노른자는 100℃에서 완전히 굳어진다.
- 끓는 물에서 7분이면 반숙, 10~15분 정도면 완숙, 15분 이상 되면 녹변현상이 일어난다.

② 달걀의 가공

- **건조달걀** : 난백의 수분을 증발시켜 만든 것으로 달걀가루, 흰자가루, 노른자가루 등이 있다.
- **피단** : 중국에서 알을 발효시켜 만든 것으로 알칼리에 침지하여 내용물을 응고 · 숙성시킨 조미 알가공품이다.
- **마요네즈** : 난황의 유화성을 이용한 것으로 난황에 샐러드 오일, 식초를 넣고 유화시킨 것

③ 저장

- **냉장법** : 0.5~1℃에서 6개월까지 저장 가능
- **가스저장** : CO_2, N_2가스 이용
- **침지법** : 포화 소금물을 끓여 침지시켜 살균
- **표면 도포법** : 규산화나트륨 등을 표면에 입혀 저장
- **간이법** : 왕겨, 톱밥, 소금, 초목 등에 묻어 저장하는 방법(통풍이 잘 되고 냉한 곳)
- **냉동법** : −15℃에서 산란 2~3일 이내에 동결시켜 저장

④ 달걀의 특성

- **농후제** : 가열되면 열에 의하여 응고되어 음식을 걸쭉하게 한다.(알찜, 커스터드, 푸딩)
- **결합제** : 점성과 달걀 단백질의 응고성이 있다.(크로켓, 만두속 결착)
- **청정제** : 난백은 국물 내의 기타 물질을 같이 응고 침전시켜 국물을 맑게 한다.
- **유화제** : 난황은 기름과 수용액을 혼합시킬 때 유화제 역할을 한다.
- **팽창제** : 난백의 단백질은 표면활성으로 기포를 형성케 한다.(케이크)
- **간섭제** : 거품낸 난백을 냉동음식(셔벗)에 섞으면 질감을 부드럽게 한다.
- **수응력** : 달걀의 독특한 향기와 색은 음식을 조리할 때 맛을 살려준다.

⑤ 녹변현상

상한 달걀이나 오래 삶은 달걀은 난백의 황과 난황의 철이 결합하여 황화제일철(FeS)을 만들어 난황 주위가 암갈색이나 회녹색으로 변한다.

⑥ 난백의 기포성

- 신선한 달걀일수록 거품이 잘 일지만 안정성은 적다.

- 난백이 응고하지 않을 정도의 온도에서 거품이 잘 난다.
- 기름을 넣고 저으면 거품나는 것을 현저히 저하시키며, 소량의 소금, 산(오렌지 주스, 레몬즙 사용)을 첨가하면 기포현상을 도와준다.
- 입구가 좁고 깊숙하며 밑바닥이 둥근 용기가 적합하다.

4) 조류의 조리

- 1년 이하의 어린 것은 주로 건열법(튀김, 구이), 1년 이상은 습열 조리법(찜, 조리, 국)으로 한다.
- 살모넬라균에 감염된 닭고기는 식중독의 원인이 되므로 조리된 닭고기는 곧 먹어야 한다.
- 1일 이상 경과 시 냉동 저장하며, 저장 시 내장은 따로 보관해야 한다.
- 급히 해동할 경우 언 것을 포장째 찬물에서 녹인다.
- 사후경직은 1시간 이후가 최대 경직상태이나 4~5시간 경과하면 숙성되어 연해진다.
- 냉동닭은 냉장고에서 해동시켜 반쯤 녹았을 때 조리하며 다시 냉동시키지 않아야 한다.

3. 수산물의 조리 및 가공 · 저장

1) 어패류의 특징

- 어패류는 일반적으로 수분이 많고 근육이 연한 데다 미생물이 부착하여 변질 · 부패하기 쉽다.
- 소량의 물로 가열하는 급속 해동과 냉수에 담가 해동시키는 완만 해동방법이 있다.
- 미생물이나 효소의 작용을 쉽게 받으며, 공기에 의한 산화가 일어나기 쉽다.
- 사후경직에 이어 자가소화와 부패가 일어나 근육의 탄력이 없어지고 선도가 저하된다.
- 지방분이 적은 백색어류(도미, 민어, 광어, 조기 등)와 지방분이 많은 적색어류(꽁치, 고등어, 정어리 등)가 있다.
- 산란기 직전이 가장 살이 찌고 지방도 많으며 맛도 좋다.

2) 어류의 성분

① 단백질

- 섬유상 단백질(미오신, 액틴, 액토미오신)이 70%를 차지. 소금에 녹는 성질이 있어 어묵 가공에 이용
- 구상 단백질(콜로이드액)이 있으므로 토막낸 생선을 씻을 때 유실에 주의한다.

② 지방

- 약 80%가 불포화 지방산이고, 나머지 약 20%가 포화 지방산
- 고도의 불포화 지방산은 공기 중의 산소와 결합하면 산화 · 분해된다.

③ 탄수화물 : 극소량의 글리코겐(glycogen)

④ 어취 : 트리메틸아민옥사이드가 트리메틸아민으로 환원되어 나는 냄새

3) 가열에 의한 변화

- 단백질의 응고
- **탈수와 체적감소** : 보통 생선 20~25%, 오징어 30% 탈수율
- 수용성 성분의 용출
- 콜라겐의 젤라틴화
- 껍질의 수축

4) 조리에 의한 어취 제거

- **물로 씻기** : 생선의 표피 점액을 물로 씻으면 아민류의 악취를 제거할 수 있다.
- **식초 및 산 첨가** : 아민류는 산과 결합하면 냄새가 없어지므로 식초나 레몬즙을 이용한다.
- **술** : 술에는 succinic acid가 있으므로 맛이 좋아지고 어취가 약해진다.
- **파** : 파에 들어 있는 휘발성 물질인 황화아릴류의 냄새성분에 의하여 비린내가 약해진다.
- **마늘** : 마늘의 매운맛 성분인 알리신에 의하여 비린내가 약해진다.
- **생강** : 진저롤과 쇼가올에 의하여 비린내를 제거할 수 있다.
- 간장, 된장, 고추장이나 그 밖에 고추, 냉이, 겨자, 들깻잎, 우유, 무 등도 비린내를 제거

할 수 있다.

핵 | 심 | 문 | 제

파, 마늘, 생강은 생선이 다 익은 후에 넣어야 양념의 냄새가 남아 있어 어취가 덜해진다.

5) 어패류의 가공

■ 건조품

- **소건품** : 날것 그대로 건조시킨 것(마른오징어, 마른 명태 등)
- **자건품** : 삶은 후 건조시킨 것(마른멸치, 마른 전복 등)
- **염건품** : 소금에 절여 건조시킨 것(굴비, 염건대구 등)
- **배건품** : 직접 불에 구워 건조시킨 것
- **동건품** : 동결과 해빙을 반복해서 건조시킨 것
- **기타** : 조미건조법, 훈제품 등

■ 연제품

- 생선묵과 같이 Gel화되도록 일정한 형태로 굽거나 튀긴 것이다.
- 주원료는 흰살생선을 이용하고, 부원료는 달걀 흰자, 소금, 전분, 설탕, 화학조미료 등이 사용된다.

■ 염장품

- **염장어**
  - **염수법** : 소금물에 어류를 담그는 방법
  - **건염법** : 어류에 직접 소금을 뿌리는 방법
- **젓갈류** : 어패류의 살, 내장에 소금 20~30%를 넣어 저장

■ 기타 가공

생선소시지, 훈제오징어

6) 해조류의 가공

- 대체로 녹조류(파래, 청각), 갈조류(미역, 다시마), 홍조류(김, 우뭇가사리)로 나눈다.
- 해조류는 요오드가 많이 함유되어 있어 갑상선 장애를 치료할 수 있다.
- **김** : 저장 중 햇볕의 영향을 받아 색소가 변한다.
- **다시마** : 점질물질인 당질이 주성분으로 과자, 아이스크림 등에 이용된다.
- **우무, 한천** : 미생물의 배지, 아이스크림, 과자 등에 이용된다.

4. 유지 및 유지 가공품

1) 특징

- 상온에서 액체상태인 기름(Oil), 고체상태인 지방(Fat)을 합쳐 유지(Lipids)라고 한다.
- 음식에 맛을 부여
- **유화액의 형성** : 우유, 크림, 버터, 난황, 프렌치 드레싱, 잣미음, 크림수프, 마요네즈 등
- **튀김요리** : 튀김용 기름은 발연점이 높은 것이 좋고, 직경이 좁은 냄비가 좋다.
- **연화작용** : 밀가루 제품을 부드럽게 만든다.
- **크리밍성** : 교반에 의해 기름 내부에 공기를 내포하게 한다.

2) 지방의 열에 의한 변화

- **중합** : 점성이 커지고 영양가도 손실된다.
- **산화** : 가열, 산소에 의해 알데히드, 산 등을 생성한다.
- **가수분해** : 고온으로 가열하면 아크롤레인이라는 물질을 생성한다.

3) 기름의 발연점에 영향을 주는 조건

- 유리지방산의 함량이 높을수록 발연점이 낮다.
- 기름의 표면적이 넓으면 발연점이 낮다.

• 기름에 다른 물질이 섞여 있으면 발연점이 낮다.

4) 유화성의 이용

• **수중유적형** : 물속에 기름이 분산된 형태(우유, 아이스크림, 마요네즈 등)
• **유중수적형** : 기름이 물에 분산된 형태(버터, 마가린 등)

5) 유지의 산패

지방은 효소 · 광선 · 미생물 · 수분 · 금속 등에 의해 산화되며 영양소가 저하되고 악취를 내며 신맛을 가진다.

5. 냉동식품의 조리

• **어류, 육류** : 급속히 해동하면 조직이 상해서 드립이 많이 나오므로 자연 해동하는 것이 좋다.
• **채소류** : 끓는 물에 데친다.
• **튀김류** : 빵가루로 겉을 싼 것은 동결된 대로 다소 높은 온도의 기름에 튀기고, 프라이한 것을 얼린 것은 오븐에 약 20분간 데운다.
• **조리식품** : 알루미늄박스에 넣은 것을 오븐에 약 20분간 덥힌다.
• **빵, 케이크류** : 실내온도에서 해동해서 먹어도 좋고 오븐에 덥힌다.
• **과일류** : 동결한 그대로 주스를 만들던가 반동결상태에서 먹어도 좋다. 완전 해동하면 조직이 부서져서 좋지 않다.

6. 조미료와 향신료

1) 조미료

음식을 만드는 주재료인 식품에 첨가해서 음식의 맛을 돋우며 조절하는 물질. 대체로 4가지 기본맛 중 짠맛 · 단맛 · 신맛을 내는 물질들을 조미료로 본다.

① **함미료** : 소금, 간장 · 된장 · 고추장, 각종 젓갈 등

② **감미료** : 설탕, 꿀

③ **산미료** : 식초

④ **지미료** : 구수한 맛 또는 감칠맛을 내는 말린 멸치, 다시마, 표고버섯, 가쓰오부시[鰹節] 등은 자연지미료에 속하고, 글루탐산모노나트륨과 이노신산은 화학지미료에 속한다.

2) 향신료

- **고추** : 캡사이신이 매운맛을 내며 소화와 혈액순환의 촉진제 역할
- **후추** : 캬비신, 피페린의 성분이 누린내와 비린내 제거
- **겨자** : 매운맛은 시니그린이며 40℃의 물로 개서 찬 음식과 생선요리에 씀
- **생강** : 진저롤은 살균력이 강하며 누린내와 비린내 제거
- **마늘** : 알리신은 살균력이 강하며, 누린내와 비린내 제거
- **기타** : 계피, 박하, 월계수잎, 카레, 고추냉이(와사비)가 있다.

단원 문제

01 조리의 목적과 가장 거리가 먼 것은?

㉮ 외관상으로 식욕을 자극하게 한다.

㉯ 농약 등 화학성분의 잔류를 없애기 위해 높은 온도에서 조리한다.

㉰ 조리로 저장성을 줄 수 있다.

㉱ 위생적으로 안전하게 하고 소화를 용이하게 한다.

풀이 농약 등 화학성분은 높은 온도에서도 없어지지 않는다.

정답 ㉯

02 다음 중 조리의 목적과 가장 거리가 먼 것은?

㉮ 유해물을 제거하여 위생상 안전하게 한다.

㉯ 식품의 가열, 연화로 소화가 잘 되게 한다.

㉰ 식품은 손질하여 더 좋은 식품으로 만들어 식품의 상품가격을 높인다.

㉱ 향미를 좋게 하고 외관을 아름답게 하여 식욕을 돋운다.

풀이 조리의 목적

① 안전성 : 식품에 부착된 유해한 것들을 살균하여 위생적으로 안전한 음식물로 만든다.

② 영양성 : 식품을 연하게 하여 소화작용을 도와 식품의 영양효율을 높이기 위하여 행한다.

③ 기호성 : 식품의 맛, 색깔, 모양을 좋게 하여 먹는 사람의 기호에 맞게 한다.

④ 저장성 : 식품의 저장성을 높이기 위하여 행한다.

정답 ㉰

03 서양요리의 기본 조리법에 대한 설명 중 틀린 것은?

㉮ 끓는 물에 잠깐 데치는 이유는 채소와 감자의 조리 중 기공을 닫아 색과 영양을 보존하기 위해서이다.

㉯ 로스팅(roasting)은 육류나 조육류의 큰 덩어리 고기를 통째로 오븐에 구워내는 조리방법을 말한다.

㉰ 보일링은 높은 온도의 물 또는 스톡에 갖은 식재료를 넣고 끓이는 조리방법을 말한다.

㉱ 감자, 뼈 등은 찬물에 뚜껑을 열고 끓여야 한다.

풀이 감자, 뼈 등은 찬물에 뚜껑을 닫고 끓여야 푹 익는다.

정답 ㉱

04 밀가루를 계량하는 방법으로 정확한 것은?

㉮ 계량컵에 눌러서 담는다.

㉯ 체에 친 후 스푼으로 담고 계량컵과 수평이 되게 한다.

㉰ 계량컵에 담고 살짝 흔들어 수평이 되게 한다.

㉱ 체에 친 후 계량컵이 평평하게 되도록 흔들어준다.

풀이 입자를 고르게 하기 위해 체에 친 후 계량컵과 수평이 되게 한다.

정답 ㉯

05 조리장의 설치에 대한 설명 중 잘못된 것은?

㉮ 조리장에는 위생상 필요한 화기시설을 갖추어야 한다.

㉯ 그리스트법은 하수관으로 지방유입을 방지한다.

㉰ 기기가 위생적이고 능률적이면 경제성은 고려하지 않아도 된다.

㉱ 조리장에는 모든 음식물의 원재료를 보관할 수 있는 보관시설과 냉장시설을 갖추어야 한다.

풀이 조리장의 기기는 위생적이고 능률적이면서 경제성도 고려해야 한다.

정답 ㉰

06 식품의 위생적인 준비를 위한 조리장의 관리로 부적당한 것은?

㉮ 조리장의 위생해충은 약제사용을 1회만 실시하면 영구적으로 박멸된다.

㉯ 조리장에 음식물과 음식물 찌꺼기를 함부로 방치하지 않는다.

㉰ 조리장의 출입구에 신발을 소독할 수 있는 시설을 갖춘다.

㉱ 조리장의 문은 자동개폐식으로 하는 것이 쥐의 침입을 막는 데 효과적이다.

풀이 조리장의 위생해충은 영구적으로 박멸되기 어렵다.

정답 ㉮

07 다음은 식당 넓이에 대한 조리장의 일반적인 크기를 나타낸 것이다. 가장 적당한 것은?

㉮ 1/2 ㉯ 1/3

㉰ 1/4 ㉱ 1/5

풀이 조리장의 면적은 식당 넓이의 1/3 크기이다.

정답 ㉯

08 집단급식 시설에서 조리기기를 선택할 때 우선적으로 고려할 사항과 가장 거리가 먼 것은?

㉮ 위생적일 것 ㉯ 심미성이 있을 것

㉰ 경제적일 것 ㉱ 능률적일 것

풀이 조리장의 설치 시 고려해야 사항은 위생적인 면, 능률적인 면, 경제적인 면이다.

정답 ㉯

09 싱크대에서 일하는 사람 뒤를 다른 사람이 통과할 수 있도록 하기 위해 조리장의 싱크대와 뒷선반과의 간격은 최소 몇 cm 이상 되어야 하는가?

㉮ 50 ㉯ 80

㉰ 150 ㉱ 200

풀이 조리장의 싱크대와 뒷선반과의 간격은 최소 80cm 이상 되어야 한다.

정답 ㉯

10 조리장의 기계설비는 무엇에 따라 배치해야 하는가?

㉮ 크기의 순으로

㉯ 조리의 순으로

㉰ 동력의 종류별로

㉱ 보기 좋은 모양으로

풀이 조리장의 기계설비는 조리 순으로 배치해야 편리하다.

정답 ㉯

11 대기오염을 유발시키는 행위는?

㉮ 조리장의 열기를 후드로 배출시켰다.

㉯ 조리장의 쓰레기를 노천 소각시켰다.

㉰ 조리장의 음식물 쓰레기를 퇴비화하였다.

㉱ 튀김기름을 응고시켜 일반 쓰레기통에 버렸다.

풀이 소각은 대기오염을 유발한다.

정답 ㉯

12 다음 중 조리장에 가장 효율적인 후드장치 형태는?

㉮ 일방(환기장치)

㉯ 이방(환기장치)

㉰ 삼방(환기장치)

㉱ 사방(환기장치)

풀이 조리장에 가장 효율적인 후드장치 형태는 사방형이어야 한다.

정답 ㉱

13 단체급식소의 설비 시 조도에 가장 주의를 기울여야 할 구역은?

㉮ 식기세척 구역

㉯ 식품저장 구역

㉰ 어 · 육류 처리 구역

㉱ 배식대

풀이 가장 밝아야 하는 곳은 조리장과 어 · 육류 처리 구역이다. 이곳이 밝아야 작업하기 좋다.

정답 ㉰

14 식품위생 대책상 조리사가 유의해야 할 사항으로 잘못된 것은?

㉮ 손톱과 머리를 짧게 깎고 청결한 복장을 한다.

㉯ 조리관계자 외엔 조리장 출입을 금한다.

㉰ 화장실 출입 시 반드시 손을 씻고 소독을 한다.

㉱ 조리 중 권태를 느끼지 않도록 이야기를 많이 한다.

풀이 조리 중 위생과 안전을 위하여 이야기를 많이 하지 않는다.

정답 ㉱

15 조리장 내에서 사용되는 기기의 주요 재질별 관리방법으로 부적당한 것은?

㉮ 스테인리스 스틸제의 작업대는 스펀지를 사용하여 중성세제로 닦는다.

㉯ 알루미늄제 냄비는 거친 솔을 사용하여 알칼리성 세제로 닦는다.

㉰ 주철로 만든 국솥 등은 수세 후 습기를 건조시킨다.

㉱ 철강제의 구이 기계류는 오물을 세제로 씻고 습기를 건조시킨다.

풀이 알루미늄제 냄비는 부드러운 솔을 사용하여 중성세제로 닦는다.

정답 ㉯

16 일반급식소에서 조리장의 급수설비 용량을 환산할 때 1식(一食)당의 사용물량을 얼마로 하는 것이 가장 좋은가?

㉮ 0.1~0.4 ℓ　　㉯ 1.0~4.0 ℓ

㉰ 6.0~10.0 ℓ　　㉱ 0.6~1.0 ℓ

풀이 조리장의 급수설비 용량은 1인당 6.0~10.0 ℓ 정도이다.

정답 ㉰

17 호화전분의 노화를 억제하는 방법은?

㉮ 수분율 10 이하로
㉯ 냉장고에 보관
㉰ 보존료 사용
㉱ 소량의 소금 첨가

풀이 호화전분의 노화를 억제하기 위해서는 수분을 최대한 억제한다.

정답 ㉮

18 갓 지은 밥이 맛있고 소화가 잘 되는 이유는?

㉮ 쌀 전분의 호화로
㉯ 쌀 전분의 호정화로
㉰ 쌀 전분의 노화로
㉱ 쌀 전분의 당화로

풀이 호화 : 소화가 안 되는 베타 전분(β-starch)을 소화가 잘되는 알파 전분(α-starch)으로 만드는 것

정답 ㉮

19 전분에 관하여 올바르게 설명한 것은?

㉮ 아밀로오스의 함량이 많은 전분이 아밀로펙틴이 많은 전분보다 노화되기 어렵다.
㉯ 전분의 노화를 방지하려면 호화전분을 0℃ 이하로 급속 동결시키거나 수분을 15% 이하로 감소시킨다.
㉰ 전분을 묽은 산이나 효소로 가수분해시키거나 수분이 없는 상태에서 160~170℃로 가열하는 것을 호화라 한다.
㉱ 물을 넣고 가열시키면 전분입자가 파괴되고 미셀구조가 파괴되는 것을 호정화라 한다.

풀이 아밀로오스가 많은 전분(멥쌀)은 노화가 빨리 일어나고 아밀로펙틴이 많은 전분(찹쌀)은 서서히 일어난다.
호화 : 전분을 물에 넣고 가열하면 전분입자가 반투명해지고 팽창하여 풀처럼 끈적해지는 상태
호정화 : 전분에 물을 가하지 않고 160℃ 이상으로 가열하면 전분이 가용성이 되고 덱스트린이 되는데 이러한 변화를 호정화라 한다.

정답 ㉯

20 설탕의 특성에 대한 설명 중 틀린 것은?

㉮ 설탕은 농도가 높아지면 방부성을 지닌다.
㉯ 설탕은 전분의 노화를 촉진시킨다.
㉰ 설탕은 다른 당류와 함께 흡습성을 가지고 있다.
㉱ 설탕은 물에 녹기 쉽다.

풀이 설탕은 전분의 노화를 느리게 한다.

정답 ㉯

21 전분식품의 노화를 억제하는 방법으로 부적당한 것은?

㉮ 설탕을 첨가한다.
㉯ 식품을 냉장 보관한다.
㉰ 식품의 수분함량을 15% 이하로 한다.
㉱ 유화제를 사용한다.

풀이 노화 방지법 : 0℃ 이하로 얼려서 급속히 탈수하며, 수분함량을 15% 이하로 조절하고, 80℃ 이상의 고온으로 유지하면서 수분을 제거한다.

정답 ㉯

22 먹다 남은 찹쌀떡을 보관하려 할 때 노화가 가장 빨리 일어나는 경우는?

㉮ 냉동고 보관 ㉯ 온장고 보관

㉰ 상온보관　　　　㉱ 냉장고 보관

풀이 노화 방지법에는 0℃ 이하로 얼려서 급속히 탈수, 수분함량을 15% 이하로 조절, 80℃ 이상의 고온으로 유지하면서 수분 제거 등이 있다.

정답 ㉰

23 전분의 호정화는 언제 일어나는가?

㉮ 전분에 물을 넣고 100℃로 끓일 때

㉯ 전분에 물을 넣지 않고 160℃ 이상으로 가열할 때

㉰ 전분에 염분류를 가할 때

㉱ 전분에 당류를 가할 때

풀이 전분을 160~170℃ 건열로 여러 단계의 가용성 전분을 거쳐 dextrin(가용성 전분)으로 분해되는 것을 호정화라고 한다. 빵을 구울 때 빵의 표면이나 가루를 볶을 때 일어나는 현상들이다.

정답 ㉯

24 냉동식품의 해동에 관한 설명으로 잘못된 것은?

㉮ 비닐봉지에 넣어 물속에서 해동시킬 수 있으며 그때 물의 온도는 30℃ 이상되는 것이 좋다.

㉯ 과일, 생선의 냉동품은 반 정도 해동하여 조리하는 것이 안전하다.

㉰ 냉동식품 중 바로 가열할 수 있는 것은 그렇게 함으로써 효소나 미생물에 의한 변질의 우려가 없다.

㉱ 일단 해동된 식품은 더 쉽게 변질되므로 필요한 양만큼만 해동한다.

풀이 물속에서 해동시킬 때 물의 온도는 상온이 좋다.

정답 ㉮

25 마카로니의 기본재료와 가장 거리가 먼 것은?

㉮ 물　　　　㉯ 밀가루(강력분)

㉰ 소금　　　　㉱ 쌀가루

풀이 마카로니의 기본재료는 물, 강력분, 소금이다.

정답 ㉱

26 글루텐 형성능력이 가장 큰 밀가루는?

㉮ 강력분　　　　㉯ 중력분

㉰ 박력분　　　　㉱ 약력분

풀이 강력분은 글루텐 성분이 13% 이상이다.

정답 ㉮

27 다목적용으로 가장 많이 사용하는 밀가루는?

㉮ 박력분　　　　㉯ 중력분

㉰ 강력분　　　　㉱ 초강력분

풀이 중력분은 다목적용이다.

정답 ㉯

28 맥류에 관한 설명 중 옳은 것은?

㉮ 박력분은 글루텐의 함량이 8% 이하로 과자, 비스킷 제조적성에 가장 알맞다.

㉯ 압맥, 할맥은 소화율을 저하시킨다.

㉰ 보리의 고유한 단백질은 오리제닌이다.

㉱ 강력분은 글루텐의 함량이 13% 이상으로 케이크 제조적성에 가장 알맞다.

풀이

종류	단백질(Gluten) 함량	용도
강력분	13% 이상	식빵, 마카로니
중력분	10% 내외	국수류
박력분	8% 이하	과자, 튀김옷, 케이크

정답 ㉮

29 다음의 건조 두류들을 동일한 조건에서 침수시킬 때 가장 빨리 최대의 수분을 흡수하는 것은?

㉮ 붉은팥 ㉯ 녹두
㉰ 검은팥 ㉱ 흰 대두

풀이 흰 대두가 최대의 수분을 흡수한다.

정답 ㉱

30 무기염류에 의한 단백질 변성을 이용한 식품은?

㉮ 두부 ㉯ 버터
㉰ 요구르트 ㉱ 곰탕

풀이 두부는 콩의 수용성 단백질인 글리시닌을 더운물로 추출하여 여과하고 그 여과액을 두유와 비지로 분리한 다음 두유에 무기염류와 같은 응고제를 가하여 단백질을 응고시킨 것이다.

정답 ㉮

31 다음의 식품 중 미생물에 의해 만들어지는 발효식품은?

㉮ 햄 ㉯ 소스
㉰ 두부 ㉱ 식빵

풀이 식빵은 이스트에 의해 발효된다.

정답 ㉱

32 유화된 식품과 가장 거리가 먼 것은?

㉮ 두부 ㉯ 버터
㉰ 마요네즈 ㉱ 떡

풀이 유화식품은 두 종류의 물질을 혼합한 것을 말한다.

정답 ㉱

33 식용미생물을 이용하여 만든 식품은?

㉮ 치즈 ㉯ 두부
㉰ 꿀 ㉱ 마가린

풀이 치즈는 식용미생물을 이용하여 발효해서 만든 식품이다.

정답 ㉮

34 두부 제조 시 염류 응고제를 첨가할 때 적당한 두유의 온도는?

㉮ 10℃~15℃ ㉯ 30℃~40℃
㉰ 50℃~55℃ ㉱ 70℃~80℃

풀이 염류 응고제를 첨가할 때 두유의 온도는 70℃~80℃가 적당하다.

정답 ㉱

35 서류(감자, 고구마, 토란 등)에 대한 특징이 잘못 설명된 것은?

㉮ 수분함량과 환경온도의 적응성이 커서 저장성이 우수하다.
㉯ 탄수화물 급원식품이다.
㉰ 열량공급원이다.
㉱ 무기질 중 칼륨(K) 함량이 비교적 높다.

풀이 수분함량이 많아 저장성이 우수하지 못하다.

정답 ㉮

36 **토마토 크림수프를 만들 때 일어나는 우유의 응고 현상을 바르게 설명한 것은?**

㉮ 산에 의한 응고

㉯ 가열에 의한 응고

㉰ 염에 의한 응고

㉱ 효소에 의한 응고

풀이 우유단백질은 산에 의하여 침전되고 이 반응이 치즈 제조에 활용된다.

정답 ㉮

37 **통조림 식품의 구입 시 잘못된 것은?**

㉮ 상표가 변색되지 않은 것

㉯ 외부가 깨끗한 것

㉰ 두드렸을 때 탁음이 나는 것

㉱ 뚜껑이 돌출되지 않은 것

풀이 통조림 식품은 두드렸을 때 청음이 나는 것이 좋다.

정답 ㉰

38 **훈연식품을 만들 때 훈연재료로 부적당한 것은?**

㉮ 참나무 ㉯ 오리나무

㉰ 왕겨 ㉱ 전나무

풀이 훈연 시 나무는 수지가 적은 참나무 같은 것을 이용하고 수지가 많은 나무인 전나무, 소나무 등은 사용을 금지한다.

정답 ㉱

39 **식품의 급속 냉동 시 장점 설명이 잘못된 것은?**

㉮ 효소작용을 빨리 억제시킬 수 있어 변질이 적다.

㉯ 급속하게 냉동되므로 얼음 결정이 매우 크게 형성된다.

㉰ 식품 중 단백질의 변질이 적다.

㉱ 식품의 형태 및 절임의 현상유지에 유리하다.

풀이 급속하게 냉동하면 얼음 결정이 작게 형성된다.

정답 ㉯

40 **다음 알칼로이드 성분과 관계식품의 연결이 잘못된 것은?**

㉮ 카페인－커피

㉯ 무스카린－감자

㉰ 네오브로이인－코코아

㉱ 뉴린－버섯

풀이 감자는 솔라닌 독이 있다.

정답 ㉯

41 **양갱제조에서 팥소를 굳히는 작용을 하는 재료는?**

㉮ 젤라틴 ㉯ 갈분

㉰ 한천 ㉱ 밀가루

풀이 한천은 재료를 굳게 하는 역할을 하며 체내에서는 소화가 되지 않으나 연장작용이 있다. 또한 포만감을 느끼게 하며, 적량 섭취하면 변비를 예방할 수 있다.

정답 ㉰

42 **단백질의 변성과 가장 관계가 적은 것은?**

㉮ 가열 ㉯ 산

㉰ 물 ㉱ 알칼리

풀이 단백질의 변성은 가열과 산, 알칼리에 의하여 영향을 받는다.

정답 ㉰

43 **밀가루에 지방을 많이 넣고 구웠을 때 연하고 부드러워지는 것은?**

㉮ 향기부가 ㉯ 유화현상
㉰ 연화작용 ㉱ 갈변작용

풀이 지방을 많이 넣으면 부드러워지는 연화작용을 한다.

정답 ㉰

44 **다음 중 조리에 이용 시 흡수성이 강하여 밀가루 식품의 노화를 방지하며, 육류의 연화작용, 고농도일 때 방부작용을 하는 조미료는?**

㉮ 소금 ㉯ 식초
㉰ 설탕 ㉱ 레몬

풀이 설탕은 포도당+과당으로 형성되어 있으며, 육류의 연화작용, 고농도일 때 방부작용을 한다.

정답 ㉰

45 **달걀의 녹변현상이 잘 일어나는 조건이 아닌 것은?**

㉮ 가열온도가 높을수록 잘 일어난다.
㉯ 오래된 달걀일수록 잘 일어난다.
㉰ 기실이 적은 달걀일수록 잘 일어난다.
㉱ 가열시간이 길수록 잘 일어난다.

풀이 15분 이상 끓이면 녹변현상이 일어난다.

정답 ㉮

46 **어류의 보존성을 높이기 위한 가공품과 가장 거리가 먼 것은?**

㉮ 건어물류 ㉯ 염장어류
㉰ 생선묵류 ㉱ 훈제어류

풀이 어류의 보존성을 높이기 위한 가공품에는 건조품, 연제품, 염장품, 생선소시지, 훈제어류가 있다.

정답 ㉰

47 **발연점이 가장 높은 것은?**

㉮ 정제된 대두유 ㉯ 조제된 올리브유
㉰ 버터 ㉱ 조제된 옥수수유

풀이 발연점이 높은 기름은 튀김용으로 적당하며 대두유는 208℃가 발연점이다.

정답 ㉮

48 **다음 중 화학조미료는?**

㉮ 설탕 ㉯ 물엿
㉰ 맥아당 ㉱ 글루타민산나트륨

풀이 설탕, 물엿, 맥아당은 천연 조미료이다.

정답 ㉱

49 **조미료의 사용순서로 맞는 것은?**

㉮ 향이 있는 조미료는 조리 중 불을 끄기 직전에 넣는다.
㉯ 양조 조미료는 조리가 끝날 때 사용한다.
㉰ 향이 없는 조미료는 장시간 가열한 후 넣는다.
㉱ 조미료는 요리에 따라 넣는 순서가 일정하다.

풀이 조미료는 나중에 넣어 특유한 향미를 살린다.

정답 ㉮

50 **관능을 만족시키는 첨가물이 아닌 것은?**

㉮ 발색제 ㉯ 조미료
㉰ 강화제 ㉱ 산미료

풀이 강화제 : 식품의 영양을 강화하는 데 사용되는 첨가

물로서 비타민, 아미노산류, 무기염류(칼슘, 철) 등이 미량 사용된다.

정답 ㉰

51 다음 중 향신료와 가장 거리가 먼 것은?

㉮ 고추장 ㉯ 생강
㉰ 산초 ㉱ 계피

풀이 고추장은 양념이다.

정답 ㉮

52 육류의 보존 및 가공에 대한 질문 중 잘못된 것은?

㉮ 육가공 식품으로 햄, 소시지, 베이컨, 살라미 등이 있다.

㉯ 육류를 즉시 조리하지 않을 때는 한끼 분량으로 나누어 잘 포장하여 −18℃에서 냉동하여 두는 것이 좋다.

㉰ 훈연육은 저장성과 독특한 풍미를 가지며 또한 육지방의 항산화성을 높인다.

㉱ 햄은 소고기의 살코기에 소금, 설탕 및 향신료를 첨가한 다음 훈연 가공한 것이다.

풀이 햄 : 돼지고기 뒷다리를 이용하여 소금, 설탕, 후추를 섞은 염지제를 바르고 1~2일간 서늘한 곳에 둔 다음 침지액에 담가 3~7일간 방치한 후 건조하여 훈연한 것

정답 ㉱

53 주로 생선이나 육류요리에 쓰이는 향신료가 아닌 것은?

㉮ 월계수 잎 ㉯ 파피씨드
㉰ 파프리카 ㉱ 로즈메리

풀이 육류요리에 쓰이는 향신료에는 월계수 잎, 파프리카, 로즈메리가 있다.

정답 ㉯

54 매운맛을 내는 성분의 연결이 바른 것은?

㉮ 겨자−캡사이신

㉯ 생강−호박산

㉰ 마늘−알리신

㉱ 고추−진저롤

풀이 생강 : 진저롤, 고추 : 캅(캡)사이신, 겨자−시니그린

정답 ㉰

55 냉동식품의 해동에 관한 내용이 잘못된 것은?

㉮ 생선의 냉동식품은 반쯤 해동하여 조리하는 것이 안전하다.

㉯ 비닐봉지에 50℃ 이상의 물속에서 빨리 해동시키는 것이 이상적인 방법이다.

㉰ 일단 해동된 식품은 더 쉽게 변질되므로 필요한 양만큼 해동하여 사용한다.

㉱ 냉동식품 중 해동하지 않고 직접 가열하면 효소나 미생물에 의한 변질의 염려가 적다.

풀이 급히 해동할 경우 언 것을 포장째 찬물에서 녹인다.

정답 ㉯

Memo

한식조리기능사 실기

한식조리기능사 자격증 취득과정

1. 응시자격

성별 · 연령 · 학력 등 응시자격에 제한이 없다. 조리에 대한 중급 숙련기능을 가지고 작업관리 및 이에 관련되는 업무를 수행할 수 있는 능력의 유무를 파악한다. 시험은 정시와 상시로 나누어진다.

2. 필기시험

1) 필기시험은 객관식(사지 선다형)으로, 총 60분 동안 치러지는데 100점 만점에 60점 이상 되어야 합격이 된다. 실기시험 역시 100점 만점에 60점 이상이 합격선이다.
   ① **정시** : 1년에 정해진 날짜에만 시험을 본다. 합격자 발표는 2주 후에 한다.
   ② **상시** : 수시로 원서를 접수하고 수시시험 일정에 맞춰 시험을 본다. 문제를 다 풀고 제출을 클릭하면 즉시 합격자가 발표된다.
   * 필기시험 일정은 날짜만 달리하면 여러 번 접수가 가능하다.
2) 필기 불합격 시 http://www.q-net.or.kr의 원서접수로 들어가 재접수하여 재시험을 보면 된다.
3) 1차 필기시험 합격자는 차후 2년까지 실기시험에 필기 면제자로 실기시험을 볼 수 있다.

3. 실기시험

☞ **시험 전날**

1) 전날은 준비물을 모두 빠짐없이 체크한다. 만약 한 가지라도 빠진다면 시험장에서 필요해졌을 때 빌리지 못해서 시험에 불합격하는 경우가 발생한다.

● 위생상태 및 안전관리 세부기준 안내 ●

순번	구분	세부기준
1	위생복 상의	• 전체 흰색, 손목까지 오는 긴소매 – 조리과정에서 발생 가능한 안전사고(화상 등) 예방 및 식품위생(체모 유입방지, 오염도 확인 등) 관리를 위한 기준 적용 – 조리과정에서 편의를 위해 소매를 접어 작업하는 것은 허용 – 부직포, 비닐 등 화재에 취약한 재질이 아닐 것, 팔토시는 긴팔로 불인정 • 상의 여밈은 위생복에 부착된 것이어야 하며 벨크로(일명 찍찍이), 단추 등의 크기, 색상, 모양, 재질은 제한하지 않음(단, 핀 등 별도 부착한 금속성은 제외)
2	위생복 하의	• 색상 · 재질 무관, 안전과 작업에 방해가 되지 않는 발목까지 오는 긴바지 – 조리기구 낙하, 화상 등 안전사고 예방을 위한 기준 적용
3	위생모	• 전체 흰색, 빈틈이 없고 바느질 마감처리가 되어 있는 일반 조리장에서 통용되는 위생모(모자의 크기, 길이, 모양, 재질(면 · 부직포 등)은 무관)
4	앞치마	• 전체 흰색, 무릎 아래까지 덮이는 길이 – 상하일체형(목끈형) 가능, 부직포 · 비닐 등 화재에 취약한 재질이 아닐 것
5	마스크	• 침액을 통한 위생상의 위해 방지용으로 종류는 제한하지 않음 (단, 감염병 예방법에 따라 마스크 착용 의무화 기간에는 '투명 위생 플라스틱 입가리개'는 마스크 착용으로 인정하지 않음)
6	위생화 (작업화)	• 색상 무관, 굽이 높지 않고 발가락 · 발등 · 발뒤꿈치가 덮여 안전사고를 예방할 수 있는 깨끗한 운동화 형태
7	장신구	• 일체의 개인용 장신구 착용 금지(단, 위생모 고정을 위한 머리핀 허용)
8	두발	• 단정하고 청결할 것, 머리카락이 길 경우 흘러내리지 않도록 머리망을 착용하거나 묶을 것
9	손 / 손톱	• 손에 상처가 없어야 하나, 상처가 있을 경우 보이지 않도록 할 것 (시험위원 확인하에 추가 조치 가능) • 손톱은 길지 않고 청결하며 매니큐어, 인조손톱 등을 부착하지 않을 것
10	폐식용유 처리	• 사용한 폐식용유는 시험위원이 지시하는 적재장소에 처리할 것
11	교차오염	• 교차오염 방지를 위한 칼, 도마 등 조리기구 구분 사용은 세척으로 대신하여 예방할 것 • 조리기구에 이물질(예, 테이프)을 부착하지 않을 것
12	위생관리	• 재료, 조리기구 등 조리에 사용되는 모든 것은 위생적으로 처리하여야 하며, 조리용으로 적합한 것일 것
13	안전사고 발생 처리	• 칼 사용(손 빔) 등으로 안전사고 발생 시 응급조치를 하여야 하며, 응급조치에도 지혈이 되지 않을 경우 시험진행 불가
14	부정 방지	• 위생복, 조리기구 등 시험장 내 모든 개인물품에는 수험자의 소속 및 성명 등의 표식이 없을 것(위생복의 개인 표식 제거는 테이프로 부착 가능)
15	테이프 사용	• 위생복 상의, 앞치마, 위생모의 소속 및 성명을 가리는 용도로만 허용

※ 위 내용은 안전관리인증기준(HACCP) 평가(심사) 매뉴얼, 위생등급 가이드라인 평가 기준 및 시행상의 운영사항을 참고하여 작성된 기준입니다.

● 수험자 지참 준비물 ●

번호	재료명	규격	단위	수량	비고
1	가위	–	EA	1	
2	강판	–	EA	1	
3	계량스푼	–	EA	1	
4	계량컵	–	EA	1	
5	국대접	기타 유사품 포함	EA	1	
6	국자	–	EA	1	
7	냄비	–	EA	1	시험장에도 준비되어 있음
8	도마	흰색 또는 나무도마	EA	1	시험장에도 준비되어 있음
9	뒤집개	–	EA	1	
10	랩	–	EA	1	
11	마스크		EA	1	*위생복장(위생복, 위생모, 앞치마, 마스크)을 착용하지 않을 경우 채점대상에서 제외(실격)됩니다.
12	면포/행주	흰색	장	1	
13	밀대	–	EA	1	
14	밥공기	–	EA	1	
15	볼(bowl)	–	EA	1	
16	비닐백	위생백, 비닐봉지 등 유사품 포함	장	1	
17	상비의약품	손가락골무, 밴드 등	EA	1	
18	석쇠	–	EA	1	
19	쇠조리(혹은 체)	–	EA	1	
20	숟가락	차스푼 등 유사품 포함	EA	1	
21	앞치마	흰색(남, 녀 공용)	EA	1	*위생복장(위생복, 위생모, 앞치마, 마스크)을 착용하지 않을 경우 채점대상에서 제외(실격)됩니다.
22	위생모	흰색	EA	1	*위생복장(위생복, 위생모, 앞치마, 마스크)을 착용하지 않을 경우 채점대상에서 제외(실격)됩니다.
23	위생복	상의–흰색/긴소매, 하의–긴바지(색상 무관)	벌	1	*위생복장(위생복, 위생모, 앞치마, 마스크)을 착용하지 않을 경우 채점대상에서 제외(실격)됩니다.

24	위생타월	키친타월, 휴지 등 유사품 포함	장	1	
25	이쑤시개	산적꼬치 등 유사품 포함	EA	1	
26	접시	양념접시 등 유사품 포함	EA	1	
27	젓가락		EA	1	
28	종이컵	–	EA	1	
29	종지	–	EA	1	
30	주걱	–	EA	1	
31	집게	–	EA	1	
32	칼	조리용 칼, 칼집 포함	EA	1	
33	호일	–	EA	1	
34	프라이팬	–	EA	1	시험장에도 준비되어 있음

1. 지참준비물의 수량은 최소 필요수량이므로 수험자가 필요시 추가 지참 가능합니다.
2. 지참준비물은 일반적인 조리용을 의미하며, 기관명, 이름 등 표시가 없는 것이어야 합니다.
3. 지참준비물 중 수험자 개인에 따라 과제를 조리하는데 불필요하다고 판단되는 조리기구는 지참하지 않아도 됩니다.
4. 지참준비물 목록에는 없으나 조리에 직접 사용되지 않는 조리 주방용품(예, 수저통 등)은 지참 가능합니다.
5. 수험자 지참준비물 이외의 조리기구를 사용한 경우 채점대상에서 제외(실격)됩니다.
6. 위생상태 세부기준은 큐넷–자료실–공개문제에 공지된 "위생상태 및 안전관리 세부기준"을 참조하시기 바랍니다.

준비물 및 조리용구 진열방법

▶ 쓰던 조리용 칼은 갈아서 날을 세운 후 한 번 정도 사용하여 손에 익힌다.

▶ 새로 산 프라이팬은 불에 올려놓고 기름을 얇게 한번 먹여 시험장에서 바로 쓸 수 있도록 해 놓는다.

▶ 행주와 위생타월은 시험장에 가져가 시험이 시작되면 바로 사용할 수 있도록 잘 접어놓는다.

2) 신분증을 꼭 챙겨 놓는다.(주민등록증, 운전면허증, 여권 중 1가지)

3) 시험 볼 내용들을 책을 보며 마음속으로 조리 순으로 해본다.

4) 마음을 가다듬고 잠을 일찍 잔다.

☞ **시험 당일**

1) 일찍 일어나서 준비물들을 다시 한 번 확인하고 복장은 단정한 차림으로 준비하고 신발은 안전화를 신어야 위생점수에서 감점당하지 않는다.

▶ 야한 옷, 반바지, 샌들, 장신구(시계나 반지), 지나친 화장 등은 삼가야 한다.

▶ 수험장에는 30분 전에 도착하여 대기실에서 조리복을 갈아입고 신분증과 수험표를 꺼내 놓고 대기한다.

▶ 수험장에 늦게 도착하면 입장을 안 시켜주므로 일찍 도착해야 한다.

2) 진행위원이 호명하면 수험표와 신분증을 보이고 수검번호를 부여받는다. 수검번호를 등에 부착하고 나머지 시간은 머릿속에서 가상으로 만들어본다. 잘 기억이 나지 않는 경우 다시 한 번 책을 들여다본다.

3) 시험장에 입장하면 먼저 감독관의 말을 잘 듣고 앞에 놓인 재료와 시험지에 나와 있는 재료들을 비교하여 부족한 것을 청구하거나 형태가 잘못된 것은 교환해 달라고 한다. 남는 시간은 수검자 요구사항을 충분히 숙지하여 정해진 시간 내에 지정된 조리작품을 만들어 내도록 한다.

4) 가져온 준비물들을 조리대의 사용하기 쉬운 위치에 진열한다.

▶ 예 : 도마 왼쪽에 행주를 접어서 놓고 도마 오른쪽에는 행주 한 장을 깔고 계량컵, 조리용 칼, 계량스푼, 젓가락 등을 진열해 놓는다.

5) 시험 시작종과 함께 시험이 시작되면 가스레인지가 하나이므로 불 사용계획을 세워서 작업에 들어간다.

6) 작업 도중 너무 떨면 작품을 망칠 염려가 있으며, 손을 벨 염려가 있으므로 안정을 유지하면서 작업을 진행한다.

▶ 손을 베도 가져간 일회용 밴드로 지혈을 하고 시험에 응한다. 손을 베었다고 탈락되는 것은 아니니 끝까지 작품을 만들어낸다.

7) 작업 도중 생기는 쓰레기는 지저분하게 개수대에 버리지 말고 준비해 가지고 간 위생봉투에 담아 처리한다.

8) 따뜻한 음식은 미리 만들어 놓지 말고 제출할 때에 맞추어 따뜻하게 만들어 제출한다. 제출할 때는 바닥이 미끄러우니 조심해야 하며 다른 사람과 충돌하지 않도록 조심해서 가지고 나가 제출한다.

▶ 소금에 절였던 음식이나 육회는 오래 두면 물이 나와 지저분해지므로 양념을 제출할 때에 맞추어 만들어서 제출한다.

9) 작품을 제출한 후에는 본인이 사용한 조리대, 가스레인지, 양념통 등을 깨끗이 청소한다.

10) 시험시간이 종료되면 검수대의 문이 닫히므로 작품을 제출할 수 없으니 시간 안배를 잘 해야 하며 시간 안에 완성작품을 만들어 제출해야만 채점을 받을 수 있다.

4. 합격자 발표

1) 인터넷: http://www.q-net.or.kr 사이트 마이페이지에서 검색

2) 안내 전화 : 지역별로 1644-8000

5. 자격증 교부

1) 장소 : 한국산업인력공단

2) 준비사항 : 증명사진(사진을 교체할 경우) 1매, 수수료, 신분증

3) http://www.q-net.or.kr 인터넷으로 신청가능(수수료 별도)

6. 실기시험 채점 기준표

1) 공통채점

과목	세부항목	조리시험 시 지켜야 할 점	배점
위생상태	위생복 착용 및 개인위생 상태	흰색 위생복, 흰색 조리모, 흰색 앞치마 착용으로 규정준수할 경우	5
정리정돈 상태	정리정돈 및 청소	지급된 기구류 등과 주위 청소 및 뒷정리 상태가 양호할 경우	

2) 조리기술 및 작품평가

과목	세부항목	채점방법	배점
조리기술	조리순서 및 적절한 기구사용 등 취급상태	전체 조리과정을 조리순서에 맞게 조리하고 적절한 재료와 적절한 도구 사용 등 조리기술의 숙련도에 따라	30점
작품평가	작품의 맛, 색, 그릇에 담기	작품의 맛과 빛깔, 모양에 따라	15점

● **계산방법**

실기시험 2가지 메뉴임 : $(2 \times 45)+(2 \times 5)=100$점 만점 중 60점 합격

7. 실기시험 필수 상식

1. 요구사항에 나와 있는 개수나 크기를 맞추어야 하며 아무리 잘 만들어도 시간 내에 내지 못하면 채점 자체를 받을 수 없으므로 다 만들지 못하더라도 우선 시간 내에 작품을 내도록 해야 한다.

▶ 시험이 어려워 작품을 정해진 시간 안에 제출하지 못하는 사람들이 많을 때에도, 끝까지 최선을 다해서 작품을 완성하여 제출하면 채점을 받을 수 있어 합격할 수도 있다는 점을 명심해야 한다.

2. 찌개나 국류는 끓고 나면 약한 불로 해주고 거품을 떠서 제거해 주어야 맑게 끓여진다.
3. 소금에 절였던 음식이나 육회는 오래 두면 물이 나와 지저분해지므로 양념을 제출할 때에 맞추어 만들어서 제출한다.
4. 따뜻한 음식은 미리 만들어 놓지 말고 제출할 때에 맞추어 따뜻하게 만들어 제출한다.

5. 불을 사용하는 작품은 반드시 익어야 하며 눋거나 타지 않아야 한다. 눋거나 타지 않게 하려면 처음에는 불을 강하게 하나 음식이 끓으면 약하게 해야 한다.
6. 불을 사용할 때는 안전에 각별히 유의해야 한다.

제 1 장

한국요리의 특징

음식은 인류가 지구상에 존재하던 날부터 먹기 시작해서 단순히 생존을 목적으로 한 원시적인 식사를 시초로 하였으며, 지구상의 여러 지역으로 이동한 원시인들에 의하여 그 지역의 기후와 풍토에 따라 각기 다른 식품들을 이용하여 조리를 달리하고 그 지방에 맞는 식생활의 재미있는 풍습이 자리를 잡았다.

각국 요리를 보면 나라마다 주식이 차지하는 비중에 다소의 경중이 있음을 알 수 있다.

서양요리의 주식은 전체 요리에 비하여 차지하는 비중과 관념이 우리나라의 식습관과 대조적인 경향이 있고, 중국요리에 있어서도 주부식(主副食)의 형태로서 변화도 그다지 심하지 않음에 비하여 한국요리의 특징은 주식으로서 밥이 가장 많은 비율을 차지하고 있으며 섭취하는 영양분은 탄수화물이 주가 된다. 탄수화물은 하루에 필요한 총열량의 70~80%를 차지하는 실정이다. 그러나 우리나라는 기후적으로 사계절이 뚜렷하고 지리적으로 삼면이 바다로 둘러싸여 있기 때문에 곡물, 채소류, 조육류, 수산물 등 산과 바다, 육지에서 나는 산물이 다양해서 요리에 풍부하게 사용되고 있다.

상차림은 밥과 국을 기본으로 김치와 조치(찌개), 나물 등 모든 반찬이 한 상에 차려지는 것이 특징으로 반찬의 가짓수에 따라 서민의 3첩 반상에서 임금님 수라상의 12첩 반상까지 있다. 또 면상과 죽상 등 각기 차려지는 주식과 부식의 성격에 따라 상이 정해지며 격식을 중하게 생각하여 독상 차림이 발달하였다.

또한 중국과 일본을 포함한 동양 3국 가운데 수저가 가장 발달할 정도로 국이나 찌개, 탕 등의 국물류가 발달하였는데 이러한 조리법은 최근의 여러 연구에서 아주 과학적인 조리방식으로 인정받고 있다. 또한 기후조건에 따른 식품 저장기술의 발달과 발효식품의 개발이 일찍부터 이루어져 왔다. 이처럼 우리나라는 주부식의 뚜렷한 구분과 함께 조리법이 발달되어 있으며, 풍부한 식재료가 있다. 그러나 우리나라 요리의 단점은 다른 나라 요리에 비하여 시간과 노력이 많이 들어간다는 것이다.

진정한 맛을 내는 비결은 이러한 기본적인 환경보다
음식 만드는 사람의 정성과 마음가짐, 바른 태도라고 할 수 있다.

”

제2장

한국요리의 종류

1. 주식류

1) 밥

- **흰밥** : 쌀만으로만 짓는 밥
- **잡곡밥** : 조 · 보리 · 수수 · 콩 · 팥 · 녹두 · 밤 등을 섞어 짓는 밥
- **비빔밥** : 고기 · 나물 따위를 섞고 갖은양념과 고명을 넣어 비빈 밥
- **별미밥** : 해산물 · 채소류 · 버섯 · 육류 등을 넣어 짓는 밥

2) 죽

- **흰죽**
  ① 옹근죽, 비단죽 : 쌀을 통째로 해서 만든 죽
  ② 무리죽 : 물에 불린 쌀을 맷돌에 갈아 만든 죽
- **두태죽** : 콩팥을 넣어 만든 죽
- **장국죽** : 쌀을 불려 부서뜨린 후 간장으로 색을 낸 죽
- **어패죽** : 어패류를 넣어 만든 죽

3) 미음, 응이, 암죽, 즙

- **미음** : 쌀 분량 5~10배의 물을 사용하여 죽보다 묽게 만든 것
- **응이** : 미음보다 묽으며 녹두, 갈근, 연근 등의 녹말을 넣고 끓여서 만든 것
- **암죽** : 곡식이나 밤의 가루로 묽게 쑨 죽. 어린아이에게 젖 대신 먹이는 것
- **즙(허약한 사람의 보양식)**
  ① 양즙 : 소의 양을 잘게 썬 뒤 짓이겨 중탕(重湯)으로 끓이거나 볶아서 짜낸 물
  ② 육즙 : 소고기를 다져 삶아 짠 국물

4) 국수, 만두, 떡국

잔치나 명절 혹은 손님을 접대할 때 사용하는 음식으로 미리 장국을 마련한다. 장국의 재료로는 소고기 · 닭고기 · 꿩고기 등과 멸치장국이 많이 쓰인다.

- **국수** : 밀가루, 메밀가루, 감자가루를 면으로 만든 음식
  ① 콩국수 : 차가운 콩국에 국수를 만 음식
  ② 냉면 : 주로 메밀로 만든 국수에 차게 식힌 육수 또는 동치미 국물 따위를 말거나, 고추장으로 양념하여 비빈 음식. 물냉면 · 비빔냉면 · 회냉면 등이 있음. 주로 북쪽 지방에서 발달
  ③ 온면 : 더운 장국에 만 국수. 국수장국 같은 것으로 주로 남쪽에서 발달
  ④ 비빔국수 : 국물 없이 고기나 나물 같은 것을 넣고 양념하여 비빈 국수
  ⑤ 제물국수 : 장국물이나 육수에 처음부터 넣어 바로 끓인 국수
- **만두** : 만둣국과 떡국은 정초에 설 상에 내는데 북쪽 지방에서는 만두를 즐기고, 남쪽 지방에서는 떡국을 즐긴다. 만두는 계절에 따라 봄에는 준치만두, 여름에는 편수 · 규아상, 겨울에는 생치만두 · 김치만두 등을 먹는다.
  ① 준치만두 : 준치살과 고기를 섞어서 완자를 빚어 넣은 만두
  ② 편수 : 얇게 밀어 편 밀가루 반죽에 채소로 만든 소를 넣고 네 귀를 붙여, 끓는 물에 익혀 장국에 넣어 먹는 여름 음식. 변씨 만두

③ 규아상 : 미만두라고도 한다. 미는 해삼의 옛말. 큼지막하게 빚은 만두 모양이 해삼처럼 주름이 잡혀서 붙은 이름

④ 생치만두 : 메밀로 만드는 만두

⑤ 김치만두 : 김치를 잘게 썰어서 육류나 두부를 넣은 만두

- **떡국** : 정초의 절식인 떡국에는 흰 떡국, 조랭이떡국, 생떡국 등이 있다.

① 흰 떡국 : 멥쌀가루를 고수레하여 시루에 찐 다음 안반에 놓고 떡메로 쳐서 만든 떡. 지금은 기계로 만든 떡으로 끓인 음식

② 조랭이떡국 : 쌀가루로 손가락 굵기의 흰떡을 만들어 젓가락으로 굴리면서 가운데를 눌러 만든 조랭이떡으로 끓인 것으로 주로 섬에서 만들어 먹는다.

③ 생떡국 : 쌀가루를 반죽하여 새알만큼씩 만들어, 끓는 장국에 넣어 익힌 음식

2. 부식류

1) 국, 탕

국은 밥과 함께 내는 국물요리로서 여러 가지 수조육류, 어패류, 채소류 등으로 끓인다. 국의 종류를 크게 구분하면 맑은장국, 토장국, 곰국, 냉국 등으로 나눌 수 있다. 국은 밥상을 차릴 때 기본적이며 필수 음식이다.

- **맑은장국** : 물이나 양지머리 국물에 건더기를 넣어 맑은 집간장으로 간을 맞추어 끓인 국이다.(콩나물국, 미역국, 뭇국, 완자탕, 북엇국)
- **토장국**: 쌀뜨물에 된장으로 간을 맞추고 건더기를 넣어 끓인 국이다.(시금치국, 배추속댓국, 아욱국, 냉잇국)
- **곰국** : 소고기의 질긴 부위나 뼈, 내장을 푹 고아서 소금으로 간을 맞춘 국이다.(장국밥, 설렁탕, 곰탕)
- **냉국** : 끓여서 식힌 국물에 집간장으로 간을 맞추어 날로 먹을 수 있는 건더기를 넣어 먹는 국이다.(미역냉국, 오이냉국)

2) 찌개

국보다 국물을 적게 하여 끓인 국물요리로서 조치라고도 한다. 간을 한 식품에 따라 고추장찌개, 된장찌개, 새우젓찌개 등이 있다. 또 재료에 따라 생선찌개, 두부찌개 등으로 나누어지며 찌개는 밥상차림의 필수 음식이다. 종류에 따라 술안주 요리로도 이용된다. 돌냄비, 뚝배기에 끓인 찌개가 별미이다.(두부젓국찌개, 생선찌개, 순두부찌개, 된장찌개, 고추장찌개, 젓국찌개, 새우젓찌개)

3) 전골

계절의 채소, 생굴, 조개류, 소고기 등을 색 맞추어 담고 육수에 간을 하면서 끓인 국물요리의 하나이다. 조선시대의 전골냄비는 중앙이 오목하여 육수를 담게 되어 있고 가장자리 부분은 편편하여 고기를 얇게 펴 구워 가면서 먹을 수 있게 되어 있다.

전골은 반상이나 주안상에 곁상으로 따라 나가는 중요한 음식이며 즉석에서 높이가 낮은 냄비에 육류와 채소 등을 썰어 넣고 가열하여 익히는 음식이다.(신선로, 소고기전골, 생선전골, 낙지전골, 생굴전골, 두부전골, 각색전골, 곱창전골, 버섯전골)

4) 선

호박, 오이, 가지, 배추, 두부, 흰살생선과 같은 식물성 식품에 소를 넣어 찜과 같이 만든 요리이다. 대부분 녹말을 씌워 찐 것으로 식품 본래의 맛을 즐길 수 있다.(오이선, 호박선, 가지선, 어선, 두부선)

5) 구이

가장 기본적인 조리법으로 수조육류, 어패류 및 가지, 더덕과 같은 채소류에 소금간 또는 양념을 하여 불에 구운 음식이다. 직접 불에 닿게 굽는 직접구이와 간접구이가 있다.(갈비구이, 불고기, 너비아니, 제육구이, 북어구이, 생선구이, 더덕구이, 오징어불고기구이)

6) 조림

어패류, 육류 등의 재료에 간을 약간 세게 하여 재료에 간이 충분히 스며들도록 약한 불에서 오래 익히는 요리이다. 조림은 주로 간장으로 하지만 꽁치, 고등어 같은 붉은 살 생선은 비린내를 없애기 위해서 고추장, 생강 등을 넣어 조린다.(두부조림, 양송이장과, 우엉조림, 닭고기조림, 고등어조림, 꽁치조림)

7) 찜

반상, 교자상, 주안상 등에 차려지는 요리로, 주재료에 갖은양념을 하여 물을 넣고 푹 익혀 재료의 맛이 충분히 우러나고 약간의 국물이 어울리도록 한 요리이다.

주로 동물성 식품을 주재료로 하고 채소, 버섯, 달걀 등을 부재료로 한다. 김을 올려서 찌거나 중탕으로 익히는 음식이다.(쇠갈비찜, 사태찜, 전복찜, 북어찜, 대하찜, 알찜, 아구찜, 대구찜, 채소찜)

8) 초(炒)

초는 조림국물에 녹말을 풀어 넣어 국물이 엉기게 하는 요리로 전복초, 홍합초, 대구초, 조갯살초, 해삼초 등이 있다.

9) 볶음

고기, 채소, 건어, 해조류, 채소 등을 손질하여 썰어서 기름에 볶은 요리이다. 고온의 기름에서 볶아야 물기가 없고 짧은 시간에 조리되므로 영양 파괴도 적다. 기름에만 볶은 것, 기름에 볶다가 간장, 설탕, 물엿 등을 넣어 조미하는 것도 있다.(오징어볶음, 낙지볶음, 삼색나물볶음, 닭볶음)

10) 전(煎)

고기, 생선, 채소 등을 다지거나 얇게 저며서 소금, 후추로 간을 하고 밀가루, 달걀을 입혀서 양면을 기름에 지진 음식이다. 전은 반상, 면상, 교자상, 주안상 등에 모두 적합한 음식이며 초간장을 곁들인다. 전유어(煎油魚), 저냐라고도 한다.(생선전, 육원전, 표고전, 풋고추전, 더덕전, 굴전, 호박전, 파전)

11) 적

적은 여러 가지 재료를 썰어서 갖은양념을 한 다음 꼬챙이에 꿰어서 구운 음식을 말한다. 그중 누름적은 채소, 고기 등을 썰어 꼬챙이에 색을 맞추어 꿰고 밀가루, 달걀을 씌워 번철에 전을 부치듯이 지진 음식으로 일명 누르미라고도 한다.(지짐누름적, 섭산적, 화양적, 파산적, 떡산적, 사슬적)

12) 수육, 편육, 족편, 순대

- **수육** : 고기를 덩어리째 익힌 것을 말한다.
- **편육** : 수육을 눌러 굳힌 다음 얇게 저며썬 것을 말한다. 고기를 담백한 맛으로 먹을 수 있는 찬요리의 하나이다.(양지머리편육, 사태편육, 제육편육)
- **족편** : 소의 족, 가죽, 꼬리 등을 푹 고아서 단백질이 녹으면 고명(석이, 달걀지단, 실고

추)을 넣고 응고시켜 얇게 썰어서 낸다.

- **순대** : 돼지 창자 속에 돼지피, 삶은 당면, 숙주 등을 섞어 갖은양념을 한 것을 꽉 차게 집어넣고 실로 양끝을 잡아맨 후에 찐 것을 말한다. 고깃국 또는 된장과 고추장을 풀어 넣고 끓여 익히기도 한다.

13) 나물, 생채, 쌈

- **나물** : 채소를 데쳐 양념해서 무친 것. 또는 채소를 기름에 볶으면서 양념한 것을 말한다.(콩나물무침, 시금치나물, 고사리나물, 호박나물)

- **생채** : 채소를 날것으로 또는 소금에 절여 양념에 무친 것 등이 있으며 고춧가루, 간장, 겨자즙, 초간장, 잣즙 등 여러 가지 양념으로 무친다.(무생채, 도라지생채, 오이생채, 더덕생채)
- **쌈** : 상추, 미나리, 쑥갓, 배추속대, 미역잎 따위로 밥을 반찬과 함께 싸서 먹는 것으로 날로 먹는 것과 데쳐서 먹는 것 등이 있다.

14) 회, 강회

- **회** : 생선이나 조개의 살, 소고기의 살, 간, 처녑 등을 날것으로 먹게 만든 요리로, 대체로 가늘게 썰어 초고추장, 겨자장 또는 소금, 후추에 찍어 먹는다. 생선을 약간 익혀 만든 숙회도 있다.

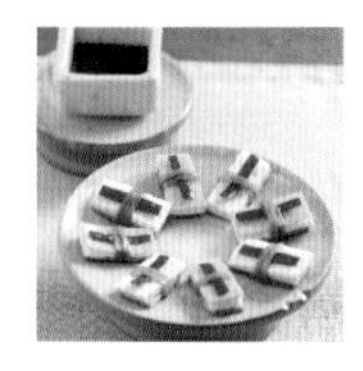

- **강회** : 가는 실파나 연한 미나리에 달걀지단, 편육, 홍고추, 버섯 등을 가늘게 썰어 예쁘게 말아 초고추장에 찍어 먹는 음식이다.(미나리강회)

15) 마른반찬(포, 튀각, 부각, 자반)

- **포** : 고기를 말린 육포와 생선을 말린 어포가 있다.
- **튀각** : 다시마, 미역을 말려서 기름에 튀긴 것을 말한다.

• **부각** : 김, 가죽으로 만든 것을 말한다.

• **자반** : 물고기를 소금에 절이거나 나물 또는 해산물에 간장이나 찹쌀풀을 발라 말린 뒤에 튀겨서 짭짤하게 만든 반찬이다.(고등어자반, 꽁치자반, 김자반)

16) 장아찌

무, 오이, 도라지, 더덕, 고사리 등의 채소를 된장이나 막장, 고추장, 간장 속에 넣어 삭혀 만든 반찬이다. 각종 육류, 어류도 살짝 익혀 된장, 막장 속에 넣어 만든다.(오이숙장아찌, 무숙장아찌, 무말랭이장아찌)

17) 젓갈

어패류의 염장식품으로 숙성 중 자체 효소에 의한 소화작용과 약간의 발효작용에 의해 만들어진다. 밑반찬뿐만 아니라 김치에 없어서는 안 될 정도로 칼슘 공급원으로 좋은 식품이다.

담그는 방법은 소금에 절인 것, 소금 · 술에 절인 것, 기름 · 천초 등을 넣어 향을 섞어서 담근 것 등이 있다. 또 각종 수조육류와 어패류를 섞어서 담근 어육장도 있다.(새우젓, 꼴뚜기젓, 창란젓, 명란젓, 오징어젓, 굴젓, 어리굴젓, 멸치젓, 조개젓)

18) 김치

한국음식을 대표할 만큼 널리 알려진 김치는 무, 배추 등을 소금에 절여 고추, 파, 마늘, 생강 등을 젓갈과 함께 넣고 버무려 익힌 채소의 염장 발효식품이다. 김치의 종류는 담그는 재료, 담금법, 지역 등에 따라 상당히 다양하다. 채소가 부족한 시기에 비타민, 칼슘, 유기산을 공급해 주는 필수적인 저장식품이다.(나박김치, 보쌈

김치, 무김치, 오이소박이, 깍두기, 총각김치)

3. 후식류

1) 떡

떡은 역사가 가장 깊은 한국 고유의 곡물요리로서 시식(그 계절에 특별히 있는 음식), 절식(명절에 맞추어 특별히 먹는 음식), 제례음식(제사지낼 때 쓰는 음식) 등에 만들어 이웃과 나누어 먹는 정표로 널리 쓰였다.

① **찌는 떡** : 찌는 떡은 대개 곡물가루에 물을 내려 시루에 넣고 그대로 찌거나 고물을 얹어 가며 켜켜로 안쳐 찐 떡을 말한다.(설기떡이 대표적임. 흑설기, 시루떡)

② **치는 떡** : 치는 떡은 곡물을 알맹이 그대로 찌거나 가루를 내어 찐 다음, 절구나 안반에 놓고 매우 쳐서 만드는 떡이다.(멥쌀로 만드는 가래떡이나 절편류, 찹쌀로 쪄서 치는 인절미류)

③ **빚는 떡** : 빚는 떡은 멥쌀가루와 찹쌀가루를 반죽하여 모양 있게 빚어 만든 떡을 말한다. 이 떡은 빚어 찌거나, 빚어 고물을 묻히기도 하는 등 만드는 법에 따라 여러 가지가 있다.(송편류처럼 빚어 찌는 떡, 단자처럼 쪄서 다시 빚어 고물을 묻히는 떡, 경단처럼 빚어 삶아 고물을 묻히는 떡)

④ **지지는 떡** : 지지는 떡은 곡물가루를 반죽하여 모양을 만들어 기름에 지진 것인데, 빈대떡과 전병이 대표적이다.(화전, 빈대떡)

2) 한과

한과는 한국의 전통적인 과자로 과정류라 하며 주재료는 대개 곡물과 꿀, 기름을 사용하여 만든다. 한과는 과일이 없는 계절에 곡류를 가지고 과일의 형태로 만들었다고 한다.

① **약과(유밀과)** : 밀가루에 꿀을 넣어 반죽한 것을 기름에 튀긴 한과이다.

② **매작과** : 밀가루에 생강즙을 넣고 반죽한 뒤 칼집을 넣고 기름에 튀겨 설탕시럽을 바른 한과이다.

③ **정과(전과)** : 수분이 적은 뿌리나 줄기열매를 설탕시럽과 조청에 조려 만든 한과로 쫄깃쫄깃한 씹는 맛이 좋다.

④ **강정** : 유과의 일종으로 찹쌀반죽을 썰어 말렸다 기름에 튀겨 고물을 묻히면 강정이고, 네모로 만들면 산적이라 한다.

⑤ **다식** : 볶은 곡식가루나 송화를 꿀로 반죽하여 다식판에 넣어 갖가지 문양이 나오게 하는 한과이다.

⑥ **엿강정** : 흑임자, 들깨, 흰깨, 콩, 땅콩, 호두, 잣 등을 물엿과 설탕에 섞어 밀어 굳힌 한과이다.

3) 엿

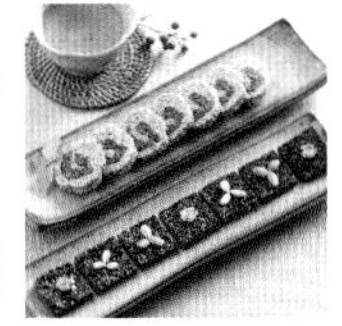

엿은 쌀, 찹쌀, 수수, 고구마 등을 익혀 엿기름으로 삭힌 즙액을 농축하여 만든다. 즉 녹말을 엿기름으로 당화시켜 농축해서 만든 음식이다.(찹쌀엿, 수수엿, 검은엿, 흰엿, 콩가루엿, 깨엿, 콩엿)

4) 차

차에는 잎, 열매, 과육, 곡류 등을 이용한 것이 있다. 찻잎의 제조방법에 따라 녹차(옥로, 작설, 말차), 반발효차(오룡차), 완전발효차(홍차)로 구분된다. 그 외에 약용으로 이용되는 결명자차, 구기자차, 두충차 등이 있다.

5) 화채

전통 후식인 화채는 오미자국물, 또는 꿀물에 계절의 꽃이나 꽃잎, 과일 등을 실백과 함께 띄운 음료이다.

① **수정과** : 계피, 생강을 넣고 끓여 거른 뒤 설탕을 넣고 다시 끓인 다음 곶감을 띄워 내는 음료이다.

② **식혜** : 밥에 엿기름물을 부어서 발효시킨 음료이다.

③ **배숙** : 배에 통후추를 박아 꿀물이나 설탕물에 삶은 음료이다.

④ **감주** : 식혜를 만들어 밥알을 걸러낸 식혜물만을 뜻한다.

제3장

한국요리의 양념과 고명

1. 양념

1) 양념의 기능

양념은 간이 없는 식품에 간을 주어 맛을 돋우는 것이지만 조미료라는 역할에 한정하지 않고 약념(藥念)이라 쓰는 것처럼 음식에 맛을 주어 맛있게 먹도록 하고 색을 주어 식욕을 돋우며 음식의 약리효과를 높이기도 한다.

2) 양념의 종류

양념에는 간을 맞추기 위한 소금, 된장, 고추장 등과 김치나 알찜에 넣는 젓국과 단맛을 내는 엿과 조청, 설탕이 있으며 식초로는 신맛을 낸다. 매운맛을 내는 고추와 산초와 전초 또한 후추와 겨자가 있다. 깨소금과 참기름은 고소한 맛을 내며 콩기름과 들기름, 파, 마늘, 생강 등이 있다.

음식 맛을 결정짓는 간장을 담글 때는 메주와 소금물의 비례, 소금물의 농도를 잘 맞추고 숙성 중에는 관리를 잘해야만 맛있는 간장을 만들 수 있다.

① **간장** : 간장은 음식의 간을 맞추는 조미료로서 장맛이 좋아야 좋은 음식을 만들 수 있다. 오래된 간장은 조림, 육포 등에 사용하고 그해에 담근 맑은장국은 국 끓일 때 사용한다.

② **소금** : 소금은 짠맛을 내는 기초 조미료이다. 소금은 불순물 제거 정도에 따라 호렴, 재염, 재제염으로 구별된다. 소금은 음식에 넣는 시기를 잘 선택해야 한다.

③ **된장** : 콩으로 메주를 쑤어 띄운 다음, 소금물에 담가 숙성시킨 후 간장을 떠내고 남는 것이 된장이다. 찌개, 토장국 등에 이용되며 단백질의 좋은 공급원이 된다.

④ **고추장** : 고추장은 찹쌀고추장, 엿고추장 등이 있다. 고춧가루, 메줏가루, 소금을 각각의 재료와 함께 섞어 숙성시킨다.

⑤ **고춧가루** : 고추는 색이 곱고 껍질이 두꺼우며 윤기가 있는 것이 좋다. 용도에 따라 굵직하게 빻거나 곱게 갈아 빻는다. 또는 통고추로 두었다가 그때그때 다지거나 빻아서 쓰기도 한다.

⑥ **참기름** : 참깨를 볶아 짠 참기름은 독특한 향기가 있어 우리 음식에 없어서는 안 되는 주요 기름으로 나물을 무치거나 고기 기본양념에 주로 사용된다.

⑦ **들기름** : 들깨에서 얻은 들기름은 나물 볶을 때 많이 사용한다.

⑧ **식용유** : 부침요리를 할 때 많이 사용한다.

⑨ **깨소금** : 깨를 볶아서 가루로 빻은 것인데 보통 소금을 약간 넣는다. 검은깨, 흰깨가 있는데 잘 여문 것을 택하여 깨끗이 씻어 볶고 뜨거울 때 소금을 넣어 빻는다.

⑩ **후추** : 검은 후추는 통으로 사용되는 경우가 있으나 보통 갈아서 가루로 만든 것이 육류요리나 생선요리에 사용된다.

⑪ **계피** : 계수나무의 얇은 껍질을 말린 것으로 가루로 만들어 떡, 약식 등에 사용하기도 하고 수정과 등에는 향만을 우려내서 사용한다. 또는 차로 끓여서 먹기도 한다.

⑫ **겨자** : 겨자씨앗을 가루로 만들어 사용하는데 겨자는 40℃ 정도에서 발효가 잘되고 매운맛을 내기 때문에 따뜻한 곳에서 발효시키는 것이 좋다. 겨자채, 냉채류 등에도 매콤하게 발효시켜서 사용해야 한다.

⑬ **식초** : 양조초와 합성초가 있다. 식초의 신맛은 초산이며 합성초는 화학적으로 합성한 것이므로 양조초나 과실초와 같은 특수한 미량성분이 포함되어 있지 않아 풍미가 없다.

식초는 식욕을 돋우어줄 뿐 아니라 살균, 방부의 효과도 있다.

⑭ **설탕** : 설탕은 서당이 주성분인 천연감미료로서 여러 종류의 가공방법이 있으며, 흑설탕, 황설탕, 백설탕 등이 있다. 설탕은 감미 외에도 탈수성과 보존성이 있어 이러한 물리적 성질을 요리에 이용하기도 한다.

⑮ **꿀** : 천연감미료로서 오래된 조미료이며 당분은 포도당과 과당이 주를 이룬다. 당분 이외에는 비타민과 무기질이 함유되어 있어 소화에도 좋은 편이다. 과자류에 많이 사용되며 화채, 약과, 약식 등에 사용된다.

⑯ **물엿** : 녹말을 당화효소 또는 산으로 분해해서 만든 감미료이다. 감미가 설탕에 비해 부드럽고 흡수성이 있다. 설탕과 같이 사용하기도 한다. 과자나 조림에 많이 이용한다.

⑰ **파** : 고기나 생선의 나쁜 비린내를 제거한다. 파는 흰 부분과 푸른 부분의 구분이 뚜렷한 것이 좋다. 조미료로는 곱게 채썰어 사용하고 향신료로는 머리부분만 굵게 썰어 사용하고 고명으로는 곱게 다져서 사용한다.

⑱ **마늘** : 살균, 구충, 강장 작용이 있으며 소화를 돕고 혈액순환을 촉진한다. 육류요리에 꼭 필요한 양념이다.

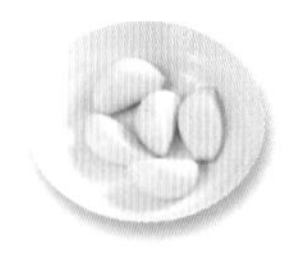

⑲ **생강** : 향신료로서 각종 요리에 많이 사용되며 생선의 비린내나 돼지고기의 냄새를 제거한다. 식욕 증진과 몸을 따뜻하게 하는 작용, 연육작용도 약간 있다. 생강은 껍질에 주름이 없고 싱싱한 것이 좋다.

⑳ **산초** : 산초는 잎, 열매 모두 향신료로 사용되며 열매는 푸를 때 따서 장아찌를 만들기도 한다. 익은 열매는 건조시킨 뒤 가루로 만들어 조미료로 사용한다. 추어탕 등에는 산초가루가 잘 어울린다.

3) 양념의 가공법

양념은 생것을 그대로 쓰기도 하고 말려서 볶아 쓰기도 한다. 또 음식을 만드는 중에 넣기도 하며 음식을 먹을 때 직접 첨가해서 먹기도 한다.

4) 양념의 특징

양념은 음식의 맛을 결정하며 향을 돋우거나 잡맛을 제거하여 좋은 음식을 만드는 데, 또한 최상의 맛을 내는 데 쓰인다. 같은 양념이라도 넣는 순서나 시간에 따라 음식의 맛이 달라진다.

① 채소류를 데칠 때 소금을 넣으면 파란색을 유지할 수 있고 소금과 설탕을 같이 넣을 때는 설탕을 먼저 넣는 것이 좋다.
② 시중에서 파는 개량식 된장은 살짝 끓이고 재래식 된장은 오래 끓여야 제맛이 난다.
③ 고추장은 그 자체가 반찬이기도 하고 찌개나 다른 음식의 양념으로 이용되는 우리나라 고유의 조미료이다.
④ 태양에 말린 고추가 쪄서 말린 고추보다 비타민 함량이 훨씬 높고 빛깔이 곱다.
⑤ 껍질을 벗겨서 가루로 만든 흰 후추는 매운맛은 약하지만 생선요리나 깨끗한 음식에 사용한다.
⑥ 식초는 생선요리에 쓰면 비린내도 없애고 단백질이 응고하여 생선살이 단단해진다. 식초는 다른 조미료를 먼저 넣어 스며든 다음에 사용해야 한다.

5) 조리 시 양념 제조법

① **소고기 기본 양념** : 설탕(1/2t), 간장(1t), 깨소금 · 후춧가루 · 참기름 · 소금 · 다진 파 · 다진 마늘 약간

* 작품 중 소고기나 돼지고기가 들어가는 모든 요리와 표고버섯에는 같은 양념을 사용한다.

② **구이류**

* 고추장이 들어가는 작품 : 생선찌개

* 양념의 양은 너무 신경쓰지 않아도 된다.

③ **유장** : 간장(1/2t), 참기름(1t)으로 만들며 불에 조리하기 전에 담가 놓아 음식에 충분히 배게 해야 맛있다.(떡산적, 북어구이, 생선구이, 더덕구이)

2. 고명

* **중요함** : 한식조리기능사 실기시험에 나오는 음식들은 거의 고명을 곁들이는 공통점이 있다. 그러므로 고명의 종류와 제작법을 암기해야만 시험에 임했을 때 요구사항에 맞게 제출할 수 있다.

1) 고명의 기능

양념이 간을 맞추는 역할을 하는 데 비해 고명은 음식을 장식하여 시각적으로 먹음직스럽게 하거나 맛을 좋게 하는 역할을 한다. 웃기 또는 꾸미라고도 한다.

2) 고명의 종류

음양오행설에 따라 노랑, 빨강, 초록, 검정, 흰색을 내는데 노란색과 흰색은 달걀의 노른자와 흰자로, 붉은색은 홍고추와 실고추로, 검은색을 내는 데는 석이와 표고버섯을 쓴다. 또 초록색은 미나리, 오이, 파, 호박 등 초록색 채소로 색을 낸다. 또 잣을 쓰기도 하고 고기완자를 빚어 신선로나 전골의 꾸미로 얹기도 한다.

① 지단

달걀을 흰자와 노른자로 나눈 뒤 체에 걸러 알끈을 제거한 후 소금을 넣고 잘 저어 거품을 걷어낸다. 깨끗한 팬에 기름을 약간 두르고 달구었다가 약한 불에서 달걀을 부어 고루 퍼뜨려서 기포가 없이 익힌다. 이때 기름이 너무 많으면 지단이 튀겨지고 팬의 온도가 높으면 기포가 생긴다.

– 지단을 가늘고 길게 올리는 요리(가로 0.2cm×세로 0.2cm×길이 5cm)

비빔밥, 국수장국, 비빔국수, 어선, 칠절판, 잡채, 탕평채

– 지단을 마름모꼴로 잘라 올리는 요리(가로 1.5cm×세로 1.5cm×두께 0.2cm)

만둣국, 닭찜, 완자탕

– 지단을 직사각형으로 잘라 올리는 요리(가로 1.5cm×세로 5cm×두께 0.2cm)

미나리강회

* 음식의 멋을 내야 하므로 지단에 기포가 생기지 않아야 하며, 두께는 전부 0.2cm 정도로 일정하게 붙여서 모두 같은 크기로 일정하게 잘라 작품에 올려야만 작품이 지저분하지 않고 높은 점수를 받을 수 있다.

② 소고기완자

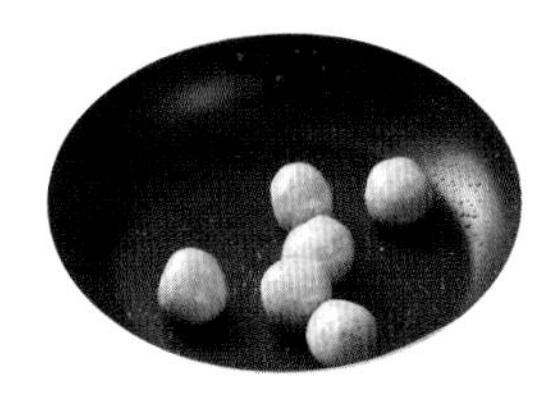

소고기를 곱게 다져 소고기 기본 양념인 소금, 파, 마늘, 후춧가루, 참기름 등으로 양념하고, 직경을 3cm 정도로 빚은 다음 밀가루를 묻히고 달걀을 풀어 묻혀 기름 두른 팬에 지진다.(완자탕)

③ 표고버섯

표고에는 생표고와 마른 표고가 있는데 생표고는 그냥 사용하고 마른 표고는 미지근한 물에 설탕을 넣고 담가서 불린 뒤 꼭지를 잘라내어 0.2cm 정도로 얇게 포를 떠서 0.2cm 정도로 얇게 채썰어 사용한다. 버섯 불린 물은 찌개 국물로 이용하면 좋다.(장국죽, 칼국수, 비빔국수, 오이선, 어선, 오이숙장아찌)

* 표고전은 자르지 않고 원래대로 사용한다.
* 닭찜은 표고를 4등분하여 사용한다.
* 화양적과 지짐누름적은 가로 1cm×두께 0.6cm×길이 6cm로 잘라 끼운다.

④ 석이버섯

석이는 바위에 붙어 있는 이끼로 돌이 붙어 있는 경우가 있으므로 미지근한 물에 불려 비벼서 깨끗이 씻고 돌돌 말아서 곱게 채썰어 사용한다. 또한 석이는 바싹 말려서 곱게 부수어 가루로 만든 뒤, 달걀흰자에 섞어 지단을 부쳐서 신선로나 전골에 사용하기도 하고 석이단자와 같은 떡에 사용하기도 한다.(보쌈김치, 탕평채, 국수장국, 비빔국수, 호박선, 수란, 알찜)

⑤ 목이버섯

나무에서 자라는 이끼로 사람의 귀와 비슷한 형태라는 의미이며 미지근한 물에 불려서 깨끗이 씻은 다음 큰 것은 적당한 크기로 썰어 볶아서 사용한다.(호박선, 잡채)

⑥ **실고추**

실고추는 가늘게 잘라진 상태로 나온다.(국수장국, 북어찜, 호박선, 오이선, 수란, 알찜, 두부조림, 나박김치, 무숙장아찌, 오이숙장아찌)

⑦ **잣**

잣은 껍질을 제거한 것이 나오는데 종이에 싸서 칼날로 다져 기름기를 제거한 뒤 분리해서 사용한다.(섭산적, 화양적, 매작과)

* 통잣 사용 : 호박선, 보쌈김치, 겨자채, 배숙
* 다진 잣 사용 : 섭산적, 매작과, 화양적, 육회

⑧ **호두**

호두는 껍질을 깨고 알맹이를 꺼내 따뜻한 물에 10여 분간 담갔다가 불려서 꼬챙이로 속껍질을 벗긴다. 찜이나 신선로 등의 고명으로 얹거나, 기름에 튀기거나 곶감에 넣고 썰어서 마른안주로 사용한다.

⑨ **은행**

은행은 딱딱한 겉껍질을 깨고 알맹이를 기름 두른 팬에 달구어 집어넣고 골고루 굴려가며 소금을 약간 넣어 살짝 볶는다. 은행 알이 파랗게 되면 꺼내어 문질러서 껍질을 벗긴다.(닭찜, 신선로, 술안주)

⑩ **밤**

밤은 칼로 두꺼운 겉껍질을 제거하고 속껍질을 깎아 사용한다.(겨자채, 보쌈김치)

⑪ **곶감**

곶감은 통째로 사용하거나 잘라서 대추의 씨를 제거하고 곶감을 넣어 꽃 모양으로 만들어 사용한다.(수정과, 화전)

⑫ **대추**

대추는 껍질을 벗기고 씨를 제거한 후 마름모꼴로 사용하거나 곶감에 넣어 꽃 모양으로 만들어 사용한다.(수정과, 화전)

제4장 한국요리의 상차림과 예절

1. 한식 상차림

1) 반상 : 밥을 주식으로 하는 상차림

① 종류

반찬의 수에 따라 3첩, 5첩, 7첩, 9첩, 12첩으로 나눈다.(조선시대 임금의 수라상은 12첩, 신하는 9첩이 최고였다.)

② 첩수

밥, 국(탕), 조치(찌개, 찜, 전골), 김치, 장류(간장, 초간장, 고추장)를 제외하고 쟁첩에 담는 반찬 수를 말한다.

종류 \ 밥	기본 음식					반찬 종류						
	밥	탕(국)	김치	장류	조치류	숙채	생채	구이	조림	전	마른 찬, 젓갈	회
3첩	1	1	1	간장		1	1	1				
5첩	1	1	1	간장, 초간장	찌개	1	1	1		1	1	

7첩	1	1	1	간장 초간장 초고추장	찌개 1 찜 1	1	1	1	1	1	1	1
9첩	1	1	1			1	2	2	1	1	1	1
12첩	1	1	1			2	2	2	1	전, 편육	1	2

2) 면상

국수를 주식으로 하는 상. 점심이나 경사스러운 날에 많이 차리는데, 김치류 중 깍두기는 안 차린다.

3) 주안상

주류를 대접하기 위한 상이므로 안주가 놓인다. 안주에는 마른안주와 진안주가 있다.

4) 교자상

잔치 때 많은 사람들이 함께 모여 식사할 때 차리는 상이다.

5) 큰상

혼례, 회갑, 고희연(만 70세), 회혼(결혼한 지 만 60년) 등을 맞이하는 주인을 위해 차리는 상이다.

6) 돌상

아기가 태어나서 1년이 되면 건강하게 자란 것을 축하하고, 장래를 축복하기 위해 집안 식구와 친지들이 모여 아기에게 차려주는 상이다.

7) 다과상

차와 과자 등을 내는 상차림. 손님에게 식사를 대접하기 전에 낸다.

2. 한식 상과 식기

1) 상

원반과 각반으로 나눌 수 있다. 원반은 1인용 또는 2인용의 소형 원반 외에 다수가 둘러앉아 식사를 할 수 있는 원반도 있다.

2) 식기

주발	남성용 밥그릇	바리	여성용 밥그릇
사발	밥을 담는 그릇	탕기	탕, 죽 그릇
대접	물이나 숭늉을 담는 그릇	합	떡, 면류, 약식 등의 그릇
조반기	합과 용도가 비슷	반병두리	합과 비슷하나 뚜껑이 없음
종지	간장, 고추장 등의 조미료 그릇	보시기	김치를 담는 그릇
쟁첩	나물, 반찬 등의 그릇	쟁반	식기류를 놓는 용기
수저	수는 숟가락, 저는 젓가락	토구	가시를 발라 놓는 그릇

3. 한식 상 차리는 법

① 수저는 오른쪽에 놓으며 숟가락은 앞에, 젓가락은 뒤에 놓는다.

② 밥그릇은 왼쪽에, 국그릇은 오른쪽에 놓는다.

③ 국물이 있는 조치는 오른쪽에 놓는다.

④ 김치는 외상일 때는 중심에서 뒤쪽에 놓고, 겸상일 때는 중심에 놓는다.

⑤ 조미료를 담은 종지는 중심으로 모아 놓는다.

⑥ 그 외의 반찬은 색의 조화와 음식의 종류에 따라 같은 것이 몰리지 않게 한다.

4. 한식 접대법

① 상은 진지 그릇이 손님이나 어른 앞으로 가도록 하여 들고 들어가서 조용히 앉으면서 소리 나지 않게 상을 놓고, 밀어서 알맞은 위치에 놓는다.

② 가볍게 인사를 드리고 김치그릇부터 밥그릇, 조치보 등의 순서로 조심스럽게 뚜껑을 열어 서너 개씩 포개어 엎어놓는다.

③ 식사 중 불편하지 않도록 시중을 든다.

④ 숭늉은 국을 다 들 때쯤 국그릇을 물린 자리에 놓는다.

⑤ 상을 물릴 때는 상 앞에 조용히 무릎을 꿇고 앉아서, 뚜껑을 상 위에 올려놓은 다음 상을 들고 나온다.

⑥ 상을 물린 다음에는 과일이나 차 등을 낸다.

⑦ 주인은 손님이 편안하고 즐겁게 식사할 수 있는 분위기를 만들어야 한다.

5. 한식 식사 중의 예의

① 여러 사람이 같이 식사할 때에는 항상 손윗사람이 수저를 든 다음에 시작해야 한다.

② 숟가락과 젓가락을 한 손에 같이 들고 사용하지 않는다.

③ 반찬은 자기가 먹을 수 있는 분량을 개인 접시에 담아서 먹는 것이 위생적이며, 김칫국이나 동치미를 떠먹을 때는 수저에 묻은 기름이 뜨지 않도록 조심해서 먹는다.

④ 식사 중에 돌이나 먹지 못할 것을 씹었을 때는, 옆사람이 모르게 조용히 뱉어 상 밑에 놓았다가 식사가 끝난 뒤에 버린다.

⑤ 식사 중에는 명랑하고 온화한 모습으로 자연스럽게 이야기를 나누되, 입안에 음식이 있을 때는 말을 삼간다.

⑥ 여럿이 식사할 경우 식사시간을 맞추도록 하며, 식사가 먼저 끝난 경우에는 밥그릇에 수저를 걸쳐놓는다.

⑦ 식사 예절은 평소에 몸에 익숙해야 하므로, 가족끼리 식사할 때도 예절 바른 식사를 하도록 노력한다.

제 5 장

한국요리의 조리법

1. 칼의 쓰임새

1) 칼끝

고기의 살과 뼈를 바르고 생선의 포를 뜨거나 채소의 꼭지를 도려내는 데 사용한다.

2) 칼 중앙

가장 많이 사용하는 부위로 썰기와 자르기, 다지기 등에 사용한다.

3) 칼밑

과일의 껍질을 벗기거나 단단한 껍질이나 뼈를 자를 때 사용한다.

4) 칼턱

작고 오목한 부분을 도려내는 데 사용하거나 잘 끊어지지 않는 딱딱한 부위를 자를 때 사용한다.

5) 칼등

얇고 긴 채소의 껍질을 벗길 때, 생선의 비늘을 긁을 때, 고기를 부드럽게 다질 때 사용한다.

6) 칼배(칼편)

두부를 으깨거나, 마늘, 생강을 곱게 다질 때 칼배로 눌러서 사용한다.

7) 편 썰기

밤이나 마늘 같은 것을 얇게 써는 것을 말한다.

2. 다지기

1) 마늘

① 껍질을 제거하고 꼭지를 따낸다.

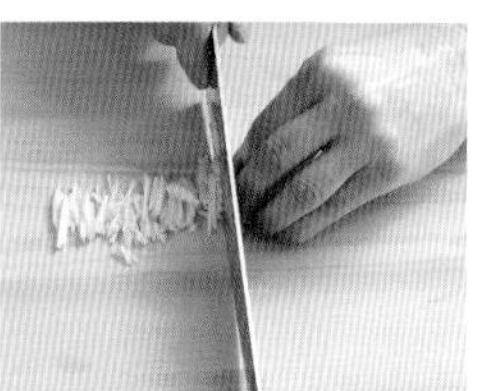

② 도마에 놓고 얇게 저미거나 칼배로 으깬다.

③ 저미거나 으깬 마늘을 가지런히 해서 채썬다.

④ 채썬 것을 가지런히 모아 왼손으로 칼끝을 잡고 오른손으로 칼 중앙을 좌우로 움직이면서 흩어진 마늘을 모아가며 다진다.

2) 파

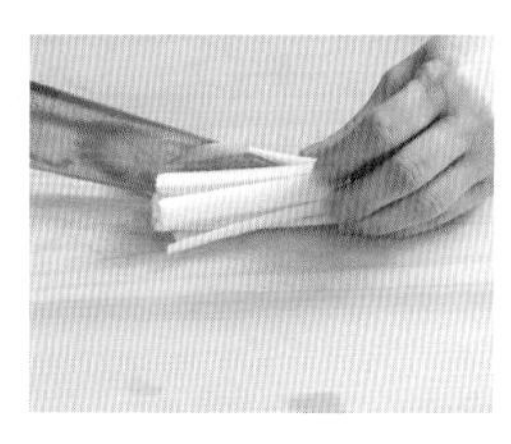

① 뿌리를 자르고 물에 씻어서 적당한 크기로 자른다.

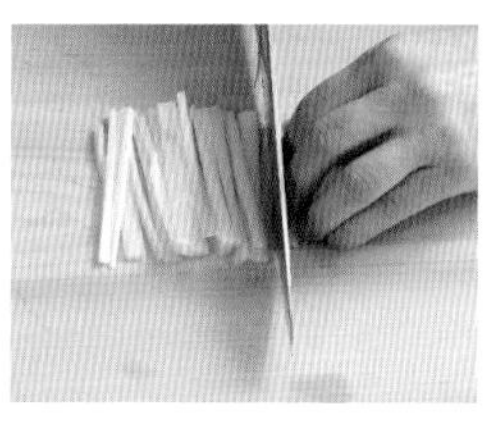

② 자른 파를 가로로 반을 잘라 도마 위에 평평한 면을 대고 가늘게 자른다.

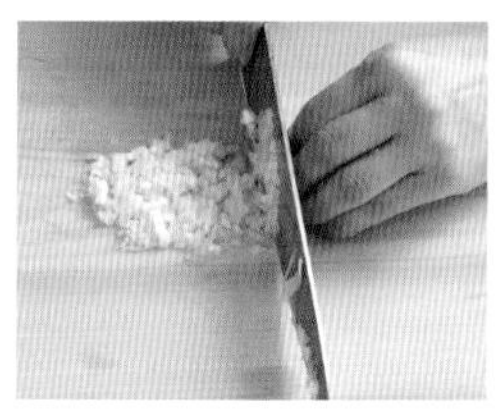

③ 가늘게 자른 파를 세로로 잘게 자른다.

④ 잘게 자른 파를 가지런히 모아 왼손으로 칼끝을 잡고 오른손으로 칼 중앙을 좌우로 움직이면서 흩어진 파를 모아가며 다진다.

3) 고기

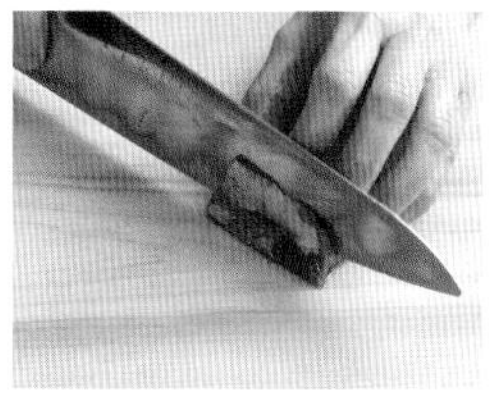
① 힘줄이나 비계부분을 제거하고 얇게 포를 뜬다.

② 가로로 가늘게 자른다.

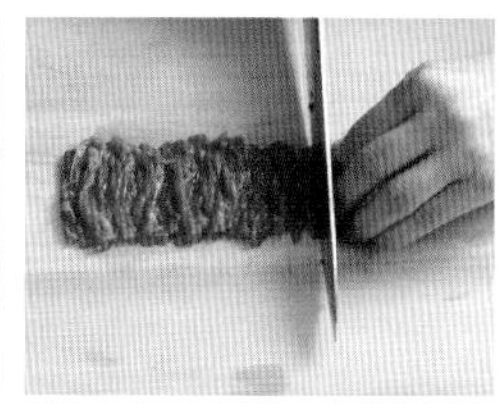
③ 세로로 잘게 자른다.

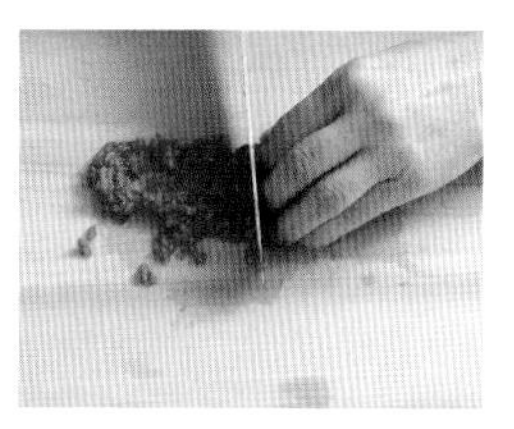
④ 잘게 자른 소고기를 가지런히 모아 왼손으로 칼끝을 잡고 오른손으로 칼 중앙을 좌우로 움직이면서 흩어진 고기를 모아가며 다진다.

3. 채소 썰기

1) 깍둑썰기

깍두기를 담글 때 정육면체로 일정하게 자르는 것을 말한다.

2) 막대썰기

떡볶이나 산적, 볶음, 무침에 쓰이는 재료를 직사각형으로 써는 것을 말한다.

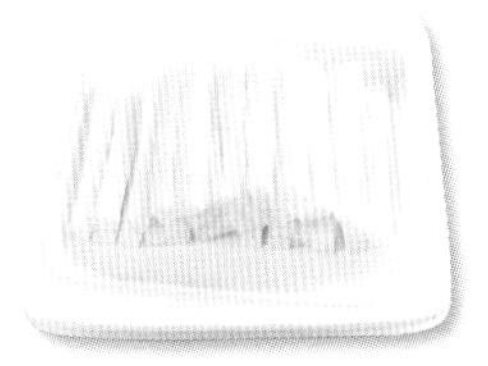

3) 어슷썰기

파, 고추 등 긴 재료들을 비스듬하게 단면적이 많도록 써는 방법으로 맛을 잘 우러나게 할 때 사용한다.

4) 송송썰기

고추나 파의 작은 부분을 고명으로 얹거나 양념에 배합할 때 0.5cm 크기로 동그랗게 써는 것을 말한다.

5) 반달썰기

국이나 째개를 끓일 때 호박이나 감자를 반달모양으로 써는 것을 말한다. 반달모양을 반으로 자르면 은행잎 썰기가 된다.

6) 나박썰기

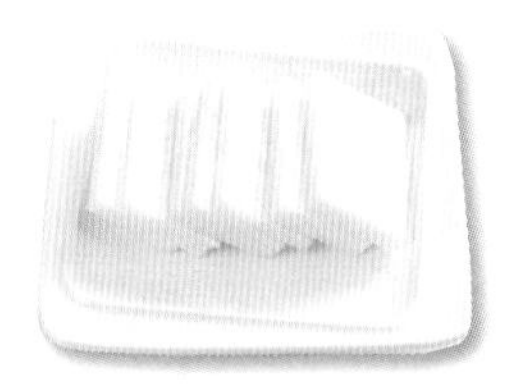

맑은국을 끓이거나 나박김치를 만들 때 써는 것을 말한다.

7) 버섯 채썰기

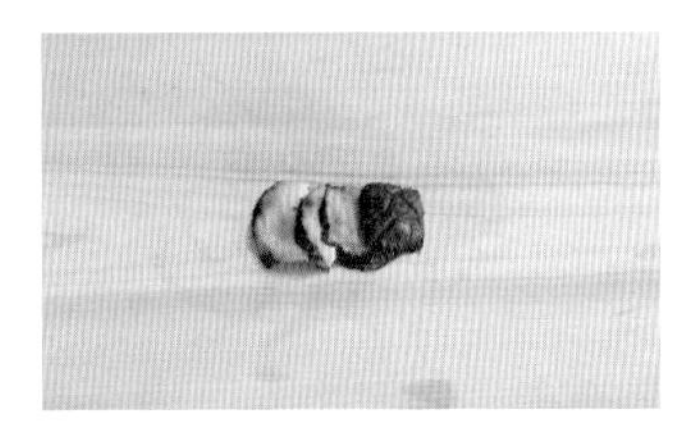

① 생표고는 그냥 사용하고 마른 표고는 따뜻한 물에 불려 꼭지를 제거한다.

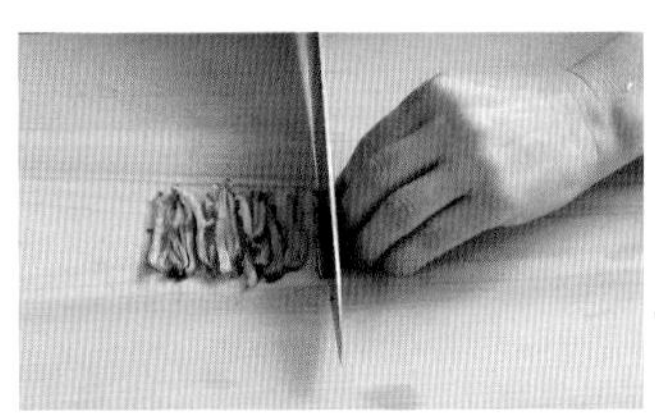

② 포를 얇게 뜬다.

③ 포 뜬 것을 가지런히 모아서 채 썬다.

4. 조리를 빠르게 잘하는 방법

① 재료를 지급받고 과제를 선정받으면 먼저 조리방법과 순서를 정한다.

② 불을 사용하는 과제가 있으면 맨 먼저 냄비에 물을 담아 불에 올려놓고 끓인다.

③ 지급받은 재료들을 물에 씻는다.

④ 조리할 재료들을 다듬는다.

⑤ 작업이 같은 것끼리 재료들을 모아서 같이한다.(원래는 따로 볶아야 하지만 시간이 없으면 프라이팬에 한꺼번에 나누어서 볶는다.)

⑥ 조리도구들을 손이 가장 잘 닿는 곳에 진열하여 바로 쓸 수 있도록 정리하면서 사용한다.

⑦ 작품의 색깔을 잘 배합하여 보기 좋게 담아야 잘 만든 작품이 돋보인다.

5. 계량단위

C	cup(200ml)	tsp(ts)	teaspoon=t (소문자로 표시하며 5ml)
tbsp(tb)	tablespoon=T(대문자로 표시하며 15ml)	1tbsp	3tsp=15ml
16tbsp	1C		

*

수험자 유의사항

1) 만드는 순서에 유의하며, 위생과 숙련된 기능평가를 위하여 조리작업 시 맛을 보지 않습니다.

2) 지정된 수험자 지참준비물 이외의 조리기구나 재료를 시험장 내에 지참할 수 없습니다.

3) 지급재료는 시험 전 확인하여 이상이 있을 경우 시험위원으로부터 조치를 받고 시험 중에는 재료의 교환 및 추가지급은 하지 않습니다.

4) 요구사항 및 지급재료의 규격은 "정도"의 의미를 포함하며, 재료의 크기에 따라 가감하여 채점됩니다.

5) 위생복, 위생모, 앞치마, 마스크를 착용하여야 하며, 시험장비 · 조리기구 취급 등 안전에 유의합니다.

6) 다음 사항은 실격에 해당하여 채점 대상에서 제외됩니다.

가) 수험자 본인이 시험 도중 시험에 대한 포기 의사를 표현하는 경우

나) 위생복, 위생모, 앞치마, 마스크를 착용하지 않은 경우

다) 시험시간 내에 과제 두 가지를 제출하지 못한 경우

라) 문제의 요구사항대로 과제의 수량이 만들어지지 않은 경우

마) 완성품을 요구사항의 과제(요리)가 아닌 다른 요리(예, 달걀말이 → 달걀찜)로 만든 경우

바) 불을 사용하여 만든 조리작품이 작품특성에 벗어나는 정도로 타거나 익지 않은 경우

사) 해당과제의 지급재료 이외 재료를 사용하거나, 요구사항의 조리기구(석쇠 등)로 완성품을 조리하지 않은 경우

아) 지정된 수험자 지참준비물 이외의 조리기술에 영향을 줄 수 있는 기구를 사용한 경우

자) 가스레인지 화구를 2개 이상(2개 포함) 사용한 경우

차) 시험 중 시설 · 장비(칼, 가스레인지 등) 사용 시 시험위원 및 타 수험자의 시험 진행에 위해를 일으킬 것으로 시험위원 전원이 합의하여 판단한 경우

카) 요구사항에 표시된 실격 및 부정행위에 해당하는 경우

7) 항목별 배점은 위생상태 및 안전관리 5점, 조리기술 30점, 작품의 평가 15점입니다.

8) 시험시작 전 가벼운 몸 풀기(스트레칭) 동작으로 긴장을 풀고 시험을 시작합니다.

비빔밥

50분

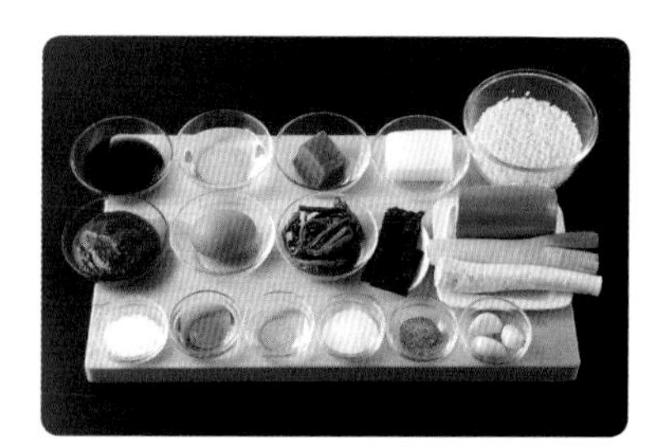

재료

쌀(30분 정도 물에 불린 쌀) 150g, 애호박(중, 길이 6cm) 60g, 도라지(찢은 것) 20g, 고사리(불린 것) 30g, 청포묵(중, 길이 6cm) 40g, 소고기(살코기) 30g, 달걀 1개, 건다시마(5X5cm) 1장, 고추장 40g, 식용유 30mL, 대파(흰 부분, 4cm) 1토막, 마늘(중, 깐 것) 2쪽, 진간장 15mL, 흰 설탕 15g, 깨소금 5g, 검은 후춧가루 1g, 참기름 5mL, 소금(정제염) 10g

요구사항

※ 주어진 재료를 사용하여 다음과 같이 비빔밥을 만드시오.

가. 채소, 소고기, 황 · 백지단의 크기는 0.3cm×0.3cm×5cm로 써시오.
나. 호박은 돌려깎기하여 0.3cm×0.3cm×5cm로 써시오.
다. 청포묵의 크기는 0.5cm×0.5cm×5cm로 써시오.
라. 소고기는 고추장 볶음과 고명에 사용하시오.
마. 담은 밥 위에 준비된 재료들을 색 맞추어 돌려 담으시오.
바. 볶은 고추장은 완성된 밥 위에 얹어 내시오.

만드는 법

물 올리기

1 청포묵 데칠 물을 올리고 청포묵을 0.5cm×0.5cm×5cm로 채썰어 끓는 물에 소금을 넣고 데친 뒤 찬물로 헹구어 물기를 뺀 후 소금, 참기름으로 밑간한다.

양념장 만들기

2 마늘, 파는 곱게 다진다.

3 간장(1큰술), 설탕(1/2큰술), 다진 파, 다진 마늘, 참기름, 깨소금, 후추를 넣어 양념장을 만든다.

밥짓기

4 물의 양은 쌀:물=1:1로 하여 센 불에 올려 밥이 끓으면 약한 불로 뜸을 들인다.

5 밥은 고슬고슬하게 짓는다.

재료 손질하기

6 애호박은 돌려깎기하여 0.3cm×0.3cm×5cm로 채썬 뒤 소금에 절여 물기를 제거하여 준비한다.

7 고사리는 딱딱한 줄기를 잘라내고 5cm 길이로 잘라서 양념장에 무친다.

8 도라지는 소금에 절여 주물러 씻어 쓴맛을 제거하여 준비한다.

9 소고기의 2/3는 0.3cm×0.3cm×5cm 길이로 채썰어 양념장에 재우고 1/3은 다져서 양념장에 재웠다가 약고추장에 넣는다.

지단 만들기

10 달걀은 지단으로 사용하기 좋게 황 · 백으로 나누어 놓는다.

11 달걀은 황 · 백지단으로 부쳐내고 0.3cm×0.3cm×5cm 길이로 채썬다.

조리하기

12 다시마는 물기를 꼭 짠 행주로 표면의 먼지를 닦아내고 팬에 기름을 두르고 튀겨 식으면 잘게 부스러뜨린다.

13 팬에 기름을 두르고 도라지-호박-고사리-고기 순으로 각각 볶아 놓는다.

약고추장 만들기

14 팬에 다진 소고기를 볶다가 고추장, 설탕, 물을 약간 넣고 부드럽게 볶아 볶음 고추장을 만든다.

합격 포인트

❶ 밥이 눋지 않도록 후루룩 끓을 때 불을 약하게 하며 밥물이 넘치지 않게 하고 나무주걱으로 위아래를 저어준다.

❷ 밥을 담을 때 밥:나물=1:2 비율로 보이게 담고 색깔을 맞추어 담는다.

❸ 밥을 완성그릇에 담을 때는 고명을 올리기 좋게 완만한 봉우리로 담아 재료들이 흘러내리지 않도록 한다.

❹ 고명은 색깔을 보기 좋게 배열한다.

콩나물밥

30분

재료

쌀(30분 정도 물에 불린 쌀) 150g, 콩나물 60g, 소고기(살코기) 30g, 대파(흰 부분, 4cm) 1/2토막, 마늘(중, 깐 것) 1쪽, 진간장 5mL, 참기름 5mL

요구사항

※ 주어진 재료를 사용하여 다음과 같이 콩나물밥을 만드시오.

가. 콩나물은 꼬리를 다듬고 소고기는 채썰어 간장양념을 하시오.

나. 밥을 지어 전량 제출하시오.

만드는 법

양념장 만들기

1 마늘, 파는 곱게 다진다.

2 간장(1작은 술), 다진 파, 다진 마늘, 참기름을 넣어 양념장을 만든다.

재료 손질하기

3 불린 쌀은 씻은 뒤 물기를 빼서 준비해 놓는다.

4 콩나물은 꼬리를 깔끔하게 다듬은 뒤 씻어서 물기를 제거한다.

5 소고기는 0.2cm×0.2cm×5cm 길이로 채썰어 양념장에 버무린다.

콩나물밥 짓기

6 냄비에 쌀을 안친 다음 그 위에 소고기, 콩나물을 얹는다.

7 쌀과 동량의 밥물을 부어 뚜껑을 덮고 불 조절을 하는데 센 불에서 시작하여 끓으면 중불로 줄였다가 쌀알이 퍼지면 약한 불로 줄여 뜸을 들인다.

담기

8 밥이 고슬거리면 골고루 섞어서 완성접시에 담아 낸다.

합격 포인트

❶ 콩나물은 비린내가 나지 않도록 밥을 짓는 동안 뚜껑을 열어서는 안 된다.

❷ 소고기는 양념해서 쌀과 섞어 밥을 하면 밥 색이 검어지므로 소고기와 콩나물은 위에 올려놓고 밥을 한 후 골고루 섞이도록 한다.

❸ 밥을 완성접시에 담을 때는 완만한 봉우리로 보기 좋게 담는다.

장국죽

30분

재료

쌀(30분 정도 물에 불린 쌀) 100g, 소고기(살코기) 20g, 건표고버섯(지름 5cm, 물에 불린 것) 1개(부서지지 않은 것), 대파(흰 부분, 4cm) 1토막, 마늘(중, 깐 것) 1쪽, 진간장 10mL, 깨소금 5g, 검은 후춧가루 1g, 참기름 10mL, 국간장 10mL

요구사항

※ 주어진 재료를 사용하여 다음과 같이 장국죽을 만드시오.

가. 불린 쌀을 반 정도로 싸라기를 만들어 죽을 쑤시오.

나. 소고기는 다지고 불린 표고는 3cm의 길이로 채써시오.

만드는 법

양념장 만들기

1 마늘, 파는 곱게 다진다.

2 간장(2작은 술), 다진 파, 다진 마늘, 참기름, 깨소금, 후추를 넣어 양념장을 만든다.

재료 손질하기

3 불린 쌀은 씻어 물기를 뺀 후 그릇에 담아 방망이를 이용하여 반 정도의 싸라기가 되도록 빻아준다.

4 소고기는 힘줄이나 기름덩어리를 제거하여 살코기로 곱게 다지고, 표고버섯은 얇게 포를 뜬 다음 3cm 길이로 가늘게 채썰어 양념한다.

장국죽 만들기

5 냄비에 참기름을 두르고 소고기와 표고를 넣고 볶다가 쌀을 넣고 볶아지면 물을 쌀의 6배를 넣고 처음엔 센 불–중불–약불에서 은근히 끓여준다.

6 눌어붙지 않도록 나무주걱으로 가끔씩 저어준다.

담기

7 쌀이 충분히 퍼져 죽이 잘 어우러지면 국간장으로 간을 하고 완성그릇에 담아 낸다.

합격 포인트

❶ 쌀은 1/2 정도로 부수어야 한다. 더 작게 부수면 밥이 풀어진다.

❷ 물은 쌀이 잘 퍼질 수 있도록 쌀 양의 6배 정도로 잡고 끓어오르면 중불에서 서서히 끓이다가 약불에서 충분히 뜸들여주면서 쌀알이 퍼지도록 한다.

❸ 죽은 미리 간을 하면 죽이 삭으므로 마지막에 간을 하도록 한다.

완자탕

30분

재료

소고기(살코기) 50g, 소고기(사태부위) 20g, 달걀 1개, 대파(흰 부분, 4cm) 1/2토막, 밀가루(중력분) 10g, 마늘(중, 깐 것) 2쪽, 식용유 20mL, 소금(정제염) 10g, 검은 후춧가루 2g, 두부 15g, 키친타월(종이, 주방용: 소 18×20cm) 1장, 국간장 5mL, 참기름 5mL, 깨소금 5g, 흰 설탕 5g

요구사항

※ 주어진 재료를 사용하여 다음과 같이 완자탕을 만드시오.

가. 완자는 지름 3cm로 6개를 만들고, 국 국물의 양은 200mL 이상 제출하시오.

나. 달걀은 지단과 완자용으로 사용하시오.

다. 고명으로 황 · 백지단(마름모꼴)을 각 2개씩 띄우시오.

만드는 법

육수 끓이기

1 소고기(사태부위)는 핏물 제거 후 냄비에 물 3컵, 파, 마늘을 넣고 함께 끓여준다.

2 물이 끓으면 중불로 줄이고 거품을 걷어낸 후 체에 걸러준다.

양념장 만들기

3 마늘, 파는 곱게 다진다.

4 소금, 다진 파, 다진 마늘, 설탕, 참기름, 깨소금, 후추를 넣어 양념장을 만든다.

재료 손질하기

5 두부는 면포에 물기를 꼭 짠 후 곱게 으깨고, 소고기는 핏물 제거 후 질긴 부분과 기름기를 제거하여 곱게 다진다.

6 다진 소고기와 두부를 합한 뒤 양념장을 넣고 잘 치대어준다.

완자탕 만들기

7 달걀은 황, 백으로 나누어 소금을 약간 넣고 푼 뒤 지단을 부쳐 1.5cm 크기의 마름모꼴로 썬다.

8 잘 치댄 반죽은 직경 3cm 크기의 완자를 만들어 밀가루를 묻히고 달걀물을 묻혀 기름 두른 팬에 굴려 익혀낸다.

9 육수에 국간장으로 색을 내고 소금으로 간을 맞춘 후 완자를 넣고 끓여준다.

담기

10 완자가 떠오르면 그릇에 담은 후 고명으로 황, 백 마름모꼴 지단을 띄워 담아 낸다.

합격 포인트

❶ 육수를 끓일 때 국물이 탁해지므로 불 조절에 주의한다.
❷ 완자 반죽은 충분히 치대주어야 완자가 부서지지 않고 모양이 잘 나온다.
❸ 팬에 완자를 지진 후 종이에 올려놓고 기름기를 제거한다.

생선찌개

30분

재료

동태(300g) 1마리, 무 60g, 애호박 30g, 두부 60g, 풋고추(길이 5cm 이상) 1개, 홍고추(생) 1개, 쑥갓 10g, 마늘(중, 깐 것) 2쪽, 생강 10g, 실파 40g(2뿌리), 고추장 30g, 소금(정제염) 10g, 고춧가루 10g

요구사항

※ 주어진 재료를 사용하여 다음과 같이 생선찌개를 만드시오.

가. 생선은 4~5cm 정도의 토막으로 자르시오.
나. 무, 두부는 2.5cm×3.5cm×0.8cm로 써시오.
다. 호박은 0.5cm 반달형, 고추는 통 어슷썰기, 쑥갓과 파는 4cm로 써시오.
라. 고추장, 고춧가루를 사용하여 만드시오.
마. 각 재료는 익는 순서에 따라 조리하고, 생선살이 부서지지 않도록 하시오.
바. 생선머리를 포함하여 전량 제출하시오.

만드는 법

생선찌개 국물 만들기

1 무는 2.5cm×3.5cm×0.8cm 크기로 썰어 준비한다.

2 냄비에 물 3컵을 붓고 고추장을 푼 뒤 무를 넣어 끓인다.

재료 손질하기

3 마늘, 생강은 다진다.

4 두부는 2.5cmx3.5cmx0.8cm 크기로 썰기, 호박은 0.5cm 반달 썰기, 쑥갓과 파는 4cm 썰기, 고추는 통으로 어슷썰기를 하여 준비한다.

5 생선은 비늘을 잘 긁은 뒤 지느러미, 아가미, 내장을 제거하고 4~5cm 길이로 토막내어 깨끗이 손질하여 놓는다.

생선찌개 만들기

6 냄비의 무가 반 정도 익었으면 생선과 고춧가루를 넣고 끓으면 두부, 호박, 마늘을 넣고 끓이다가 생강을 넣고 끓이면서 거품을 걷어낸다.

7 맛이 우러나면 청 · 홍고추를 넣고 한소끔 더 끓여주고 소금으로 간을 맞춘 뒤 쑥갓과 실파를 넣어 완성한다.

담기

8 그릇의 가운데 생선을 놓고 주변에 두부, 무, 호박을 가지런히 놓은 뒤 청 · 홍고추, 실파, 쑥갓을 보기 좋게 담아 낸다.

합격 포인트

❶ 국물을 소금으로 간한 다음 생선을 넣고 끓이면 생선살이 단단해져 덜 부서진다.
❷ 두부는 부서지기 쉬우므로 조심해서 다룬다.
❸ 무는 반드시 익혀야 하고 다른 채소는 너무 무르지 않게 한다.
❹ 푸른 색 채소는 색이 파랗게 살도록 너무 일찍 넣지 않는다.

두부젓국찌개

20분

재료

두부 100g, 생굴(껍질 벗긴 것) 30g, 실파 20g(1뿌리), 홍고추(생) 1/2개, 새우젓 10g, 마늘(중, 깐 것) 1쪽, 참기름 5mL, 소금(정제염) 5g

요구사항

※ 주어진 재료를 사용하여 다음과 같이 두부젓국찌개를 만드시오.

가. 두부는 2cm×3cm×1cm로 써시오.

나. 홍고추는 0.5cm×3cm, 실파는 3cm 길이로 써시오.

다. 소금과 다진 새우젓의 국물로 간하고, 국물을 맑게 만드시오.

라. 찌개의 국물은 200mL 이상 제출하시오.

만드는 법

두부젓국찌개 국물 만들기

1 냄비에 물 2컵을 붓고 끓인다.

재료 손질하기

2 굴은 연한 소금물에 흔들어 씻어 물기를 받쳐둔다.

3 마늘은 곱게 다진다.

4 실파는 3cm 길이로 썰고, 홍고추는 폭 0.5cm, 길이 3cm로 썰어 씨를 제거한다.

5 두부는 폭 2cm, 길이 3cm, 두께 1cm로 썬다.

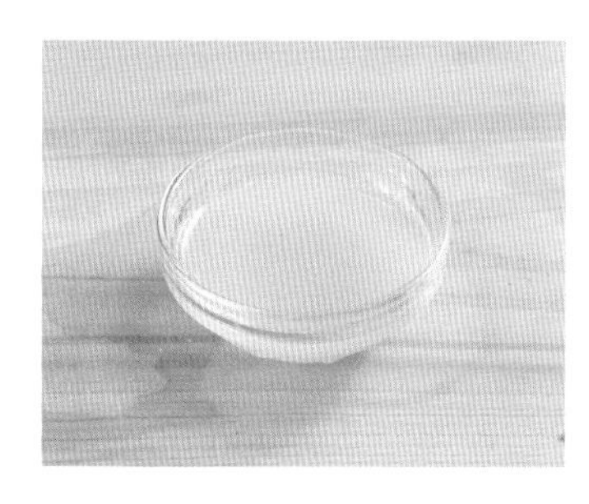

두부젓국찌개 만들기

6 냄비의 물이 끓으면 두부를 넣는다. 잠시 후 굴을 넣고 마늘, 새우젓을 넣고 한번 끓으면 홍고추, 실파를 넣어 소금으로 간하고 참기름을 조금 넣은 뒤 불을 끈다.

담기

7 모든 재료가 보이도록 담고 국물 양은 200mL 이상 되도록 한다.

합격 포인트

❶ 굴을 넣고 오래 끓이면 국물이 탁해지므로 살짝 익힌다.

❷ 두부가 부스러지지 않게 하려면 물이 끓었을 때 소금을 넣은 후 두부를 조심스레 넣고 많이 끓이지 않는다.

❸ 국물은 맑고 깨끗하며 찌개 국물이 200mL가 안 되면 실격 처리될 수 있으므로 국물 양을 잘 맞춘다.

제육구이

30분

재료

돼지고기(등심 또는 볼깃살) 150g, 고추장 40g, 진간장 10mL, 대파(흰 부분, 4cm) 1토막, 마늘(중, 깐 것) 2쪽, 검은 후춧가루 2g, 흰 설탕 15g, 깨소금 5g, 참기름 5mL, 생강 10g, 식용유 10mL

요구사항

※ 주어진 재료를 사용하여 다음과 같이 제육구이를 만드시오.

가. 완성된 제육은 0.4cm×4cm×5cm 정도로 하시오.

나. 고추장 양념하여 석쇠에 구우시오.

다. 제육구이는 전량 제출하시오.

만드는 법

양념장 만들기

1 마늘, 파, 생강은 곱게 다진다.

2 고추장(1큰술), 간장(1큰술), 설탕(1/2큰술), 다진 파, 다진 마늘, 참기름, 깨소금, 후추를 넣어 양념장을 만든다.

재료 손질하기

3 돼지고기는 두께 0.3cm×4.5cm×5.5cm 정도로 잘라서 앞뒤로 잔칼질을 하고 힘줄은 끊어주어 고기가 연하고 덜 오그라들도록 한다.

4 고추장에 설탕, 깨소금, 참기름, 파, 마늘, 생강, 후추, 간장 등 양념을 섞고 너무 되직하면 물을 약간 넣어 농도를 맞춘 다음 손질한 고기에 얇게 펴 바른다.

제육구이 만들기

5 석쇠를 달구어 양념한 고기를 얹고 충분히 익힌다.

6 양념장은 2~3번에 걸쳐 발라서 스며들도록 하며, 윤기가 남아 있을 때 불에서 내린다.

담기

7 완성접시에 제육구이 전량을 계단식으로 포개어 담아 낸다.

합격 포인트

① 고기 손질을 잘해야 오그라들지 않는다.

② 고추장은 너무 많이 바르면 고기가 익기도 전에 겉이 타기 쉽다.

③ 고기는 익으면 길이가 수축하므로 재단 시 감안해야 한다.

너비아니구이

25분

재료

소고기(안심 또는 등심) 100g(덩어리로), 진간장 50mL, 대파(흰 부분, 4cm) 1토막, 마늘(중, 깐 것) 2쪽, 검은 후춧가루 2g, 흰 설탕 10g, 깨소금 5g, 참기름 10mL, 배 1/8개(50g), 식용유 10mL, 잣(깐 것) 5개

요구사항

※ 주어진 재료를 사용하여 다음과 같이 너비아니구이를 만드시오.

가. 완성된 너비아니는 0.5cm×4cm×5cm로 하시오.

나. 석쇠를 사용하여 굽고, 6쪽 제출하시오.

다. 잣가루를 고명으로 얹으시오.

만드는 법

양념장 만들기

1 마늘, 파는 곱게 다진다.

2 배는 강판에 갈아 배즙을 만든다.

3 간장(1큰술), 설탕(1/2큰술), 다진 파, 다진 마늘, 참기름, 깨소금, 배즙, 후추를 넣어 양념장을 만든다.

재료 손질하기

4 소고기는 두께 0.4cm×4.5cm×5.5cm 길이로 잘라서 칼로 두드려 양념장에 재운다.

5 잣은 고깔을 제거하고 기름기를 제거하여 보송보송하게 다진다.

조리하기

6 석쇠를 달구어 재워두었던 고기를 얹어 굽는다.

7 타지 않고 윤기가 남아 있을 때 빼낸다.

담기

8 완성접시에 너비아니 6장을 3장씩 포개서 담아 낸다.

합격 포인트

❶ 고기를 잘 손질해서 6쪽 이상이 같은 크기가 되어야 한다.

❷ 배를 먼저 갈아 재운 후 양념장에 재워야 고기를 더 연하게 먹을 수 있다.

❸ 고기가 설익으면 실격 처리되므로 완전히 익혀준다.

더덕구이

30분

재료

통더덕(껍질 있는 것, 길이 10~15cm) 3개, 진간장 10mL, 대파(흰 부분, 4cm) 1토막, 마늘(중, 깐 것) 1쪽, 고추장 30g, 흰 설탕 5g, 깨소금 5g, 참기름 10mL, 소금(정제염) 10g, 식용유 10mL

요구사항

※ 주어진 재료를 사용하여 다음과 같이 더덕구이를 만드시오.

가. 더덕은 껍질을 벗겨 사용하시오.

나. 유장으로 초벌구이하고, 고추장 양념으로 석쇠에 구우시오.

다. 완성품은 전량 제출하시오.

만드는 법

더덕 손질하기

1 더덕은 돌려가며 껍질을 벗긴 뒤 5cm 길이로 반 잘라 소금물에 담가 쓴맛을 제거한다.

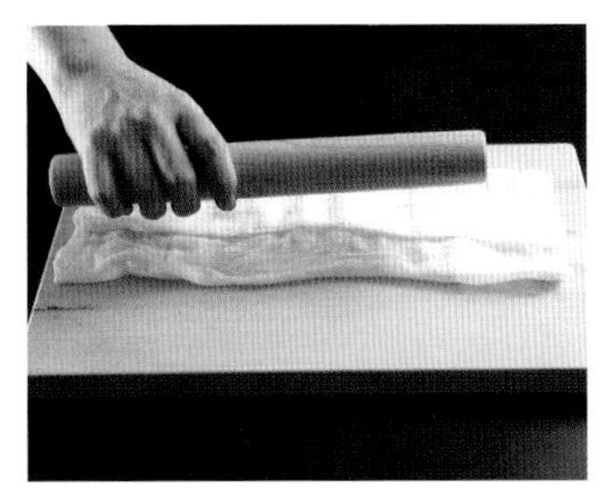

양념장 만들기

2 마늘, 파는 곱게 다진다.

3 고추장(1큰술), 간장(1/2큰술), 설탕(1/2큰술), 다진 파, 다진 마늘, 참기름, 깨소금, 후추를 넣어 양념장을 만든다.

4 간장 1작은술과 참기름 1큰술을 섞어 유장을 만든다.

재료 손질하기

5 쓴맛을 제거한 더덕은 면포에 감싸 방망이로 밀어 펴서 유장을 발라 재운다.

더덕구이 만들기

6 유장에 재운 더덕을 초벌구이한다.

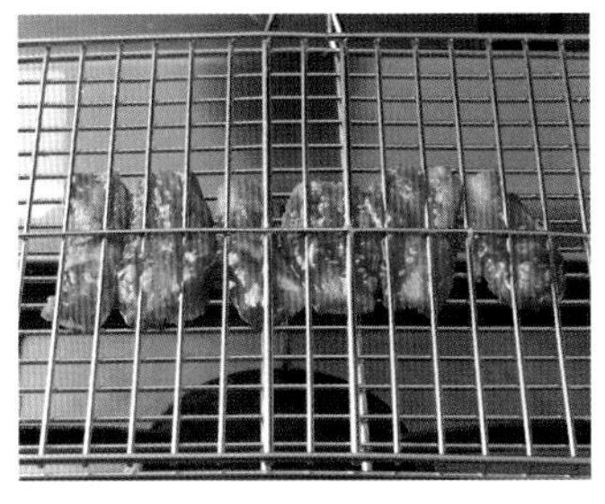

7 양념장이 충분히 스며들도록 2번에 걸쳐 고루 발라 은은한 불에서 타지 않고 윤기나게 본구이를 한다.

담기

8 완성접시에 더덕의 모양을 살려서 담는다.

합격 포인트

❶ 더덕을 방망이로 잘 못 두들겨 펴면 부서지기 쉬우므로 면포에 감싸서 밀어 펴는 것이 좋다.

❷ 본 구이 시 많이 구우면 고추장 양념이 타기 쉬우므로 살짝 구워준다.

❸ 불 조절에 유의하여 타지 않게 굽는다.

생선양념구이

30분

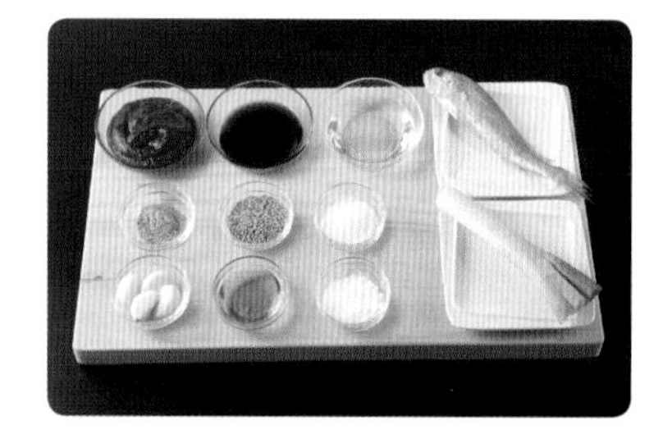

재료

조기(100~120g) 1마리, 진간장 20mL, 대파(흰 부분, 4cm) 1토막, 마늘(중, 깐 것) 1쪽, 고추장 40g, 흰 설탕 5g, 깨소금 5g, 참기름 5mL, 소금(정제염) 20g, 검은 후춧가루 2g, 식용유 10mL

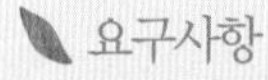

요구사항

※ 주어진 재료를 사용하여 다음과 같이 생선양념구이를 만드시오.

가. 생선은 머리와 꼬리를 포함하여 통째로 사용하고 내장은 아가미 쪽으로 제거하시오.

나. 칼집 넣은 생선은 유장으로 초벌구이하고, 고추장 양념으로 석쇠에 구우시오.

다. 생선구이는 머리 왼쪽, 배 앞쪽 방향으로 담아 내시오.

만드는 법

생선 손질하기

1 생선은 비늘의 반대 방향인 꼬리에서 머리 쪽으로 비늘을 긁어 제거하고 지느러미, 아가미를 제거한 뒤 아가미로 내장을 제거하고 앞뒤로 칼집을 세 번 넣어 소금을 뿌려둔다.

양념장 만들기

2 마늘, 파는 곱게 다진다.

3 고추장(1큰술), 간장(1/2큰술), 설탕(1/2큰술), 다진 파, 다진 마늘, 참기름, 깨소금, 후추를 넣어 양념장을 만든다.

4 간장 1작은술과 참기름 1큰술을 섞어 유장을 만든다.

재료 손질하기

5 절여진 생선은 물기를 제거하고 유장을 고루 발라 재운다.

생선구이하기

6 유장에 재운 생선을 초벌구이한다.

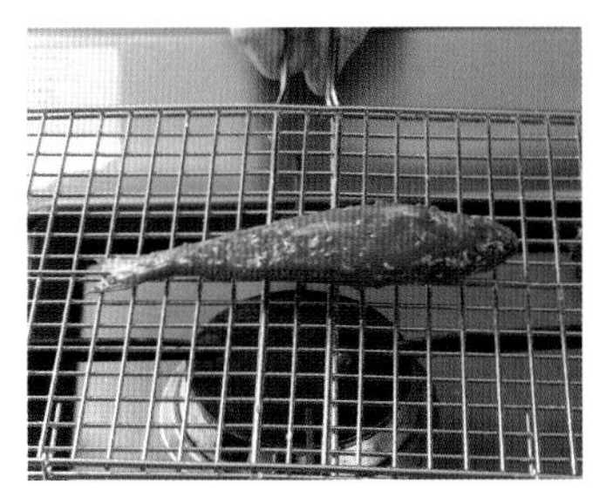

7 양념장이 충분히 스며들도록 2번에 걸쳐 고루 발라 은은한 불에서 타지 않고 윤기나게 본구이를 한다.

담기

8 완성접시에 생선의 머리는 왼쪽, 꼬리는 오른쪽, 배는 아래쪽으로 가도록 담아 낸다.

합격 포인트

1. 생선은 손질을 잘 해야 하고 내장은 아가미 쪽에서 빼고 생선살이 부서지지 않게 하여야 한다.
2. 유장을 발라서 충분히 구운 후 고추장을 발라서 구워야 타지 않고 윤기나게 구울 수 있다.
3. 석쇠의 전처리를 잘 해야 구울 때 생선 살이 달라붙지 않는다.

북어구이

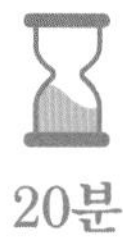

20분

재료

북어포(반을 갈라 말린 껍질이 있는 것, 40g) 1마리, 진간장 20mL, 대파(흰 부분, 4cm) 1토막, 마늘(중, 깐 것) 2쪽, 고추장 40g, 흰 설탕 10g, 깨소금 5g, 참기름 15mL, 검은 후춧가루 2g, 식용유 10mL

요구사항

※ 주어진 재료를 사용하여 다음과 같이 북어구이를 만드시오.

가. 구워진 북어의 길이는 5cm로 하시오.

나. 유장으로 초벌구이하고, 고추장 양념으로 석쇠에 구우시오.

다. 완성품은 3개를 제출하시오.
(단, 세로로 잘라 3/6토막 제출할 경우 수량 부족으로 실격 처리됩니다.)

만드는 법

북어 손질하기

1 북어는 물에 적셔 젖은 면포에 싸서 불려놓는다.

양념장 만들기

2 마늘, 파는 곱게 다진다.

3 고추장(1.5큰술), 간장(1큰술), 설탕(1/2큰술), 다진 파, 다진 마늘, 참기름, 깨소금, 후추를 넣어 양념장을 만든다.

4 간장 1작은술과 참기름 1큰술을 섞어 유장을 만든다.

재료 손질하기

5 불린 북어는 머리, 꼬리, 지느러미, 가시를 제거하고 껍질 쪽에 칼집을 주고 6cm 길이로 자른 뒤 유장에 재운다.

북어구이 만들기

6 석쇠를 달구어 기름을 바르고 유장에 재운 북어를 초벌구이한다.

7 양념장이 충분히 스며들도록 2번에 걸쳐 고루 발라 은은한 불에서 타지 않고 윤기나게 본구이를 한다.

담기

8 완성그릇에 3토막을 계단식 모양으로 담아 낸다.

합격 포인트

❶ 북어는 구울 때 껍질 쪽이 많이 오므라들므로 껍질 쪽에 칼집을 많이 넣어준다.
❷ 양념을 발라 많이 구우면 양념이 타므로 초벌구이 시 90% 이상 구워주도록 한다.
❸ 북어를 잘 불리지 않으면 딱딱하므로 충분히 잘 불려준다.

섭산적

30분

재료

소고기(살코기) 80g, 두부 30g, 대파(흰 부분, 4cm) 1토막, 마늘(중, 깐 것) 1쪽, 소금(정제염) 5g, 흰 설탕 10g, 깨소금 5g, 참기름 5mL, 검은 후춧가루 2g, 잣(깐 것) 10개, 식용유 30mL

요구사항

※ 주어진 재료를 사용하여 다음과 같이 섭산적을 만드시오.

가. 고기와 두부의 비율을 3:1로 하시오.

나. 다져서 양념한 소고기는 크게 반대기를 지어 석쇠에 구우시오.

다. 완성된 섭산적은 0.7cm×2cm×2cm로 9개 이상 제출하시오.

라. 잣가루를 고명으로 얹으시오.

만드는 법

양념장 만들기

1 마늘, 파는 곱게 다진다.

2 소금, 설탕, 다진 파, 다진 마늘, 참기름, 깨소금, 후추를 넣어 양념장을 만든다.

재료 손질하기

3 두부는 면포에 물기를 꼭 짠 후 곱게 으깨고, 소고기는 핏물 제거 후 질긴 부분과 기름기를 제거하여 곱게 다진다.

4 다진 소고기와 두부를 합한 뒤 양념장을 넣고 잘 치대준다.

5 잘 치댄 반죽은 길이 7cm 이상, 두께 0.5cm 정도의 크기로 네모지게 펴서 가로세로로 잔칼집을 낸다.

섭산적 만들기

6 석쇠를 불에 달궈 기름을 바르고 그 위에 반죽을 올려 타지 않도록 속까지 굽는다.

7 색이 고루 나게 구워낸 후 식으면 가장자리를 잘라내고, 0.7cm×2cm×2cm 크기로 썬다.

완성하기

8 섭산적을 자른 상태로 줄 맞추어 완성그릇에 담고 위에 잣가루 고명을 올려 낸다.

합격 포인트

❶ 소고기와 두부를 3:1의 비율로 섞고 많이 치대주어야 부서지지 않고 표면이 매끄럽다.

❷ 섭산적을 빚을 때는 가운데를 오목하게 해야 구울 때 가운데가 올라와 평평해진다.

❸ 섭산적 색깔은 노릇노릇하게 구워야 한다.

❹ 구운 섭산적은 식은 후에 썰어야 부서지지 않는다.

화양적

35분

재료

소고기(살코기, 길이 7cm) 50g, 건표고버섯(지름 5cm, 물에 불린 것) 1개(부서지지 않은 것), 당근(길이 7cm, 곧은 것) 50g, 오이(가늘고 곧은 것, 20cm) 1/2개, 통도라지(껍질 있는 것, 길이 20cm) 1개, 달걀 2개, 잣(깐 것) 10개, 산적꼬치(길이 8~9cm) 2개, 진간장 5mL, 대파(흰 부분, 4cm) 1토막, 마늘(중, 깐 것) 1쪽, 소금(정제염) 5g, 흰설탕 5g, 깨소금 5g, 참기름 5mL, 검은 후춧가루 2g, 식용유 30mL

요구사항

※ 주어진 재료를 사용하여 다음과 같이 화양적을 만드시오.

가. 화양적은 0.6cm×6cm×6cm로 만드시오.
나. 달걀 노른자로 지단을 만들어 사용하시오.
(단, 달걀 흰자 지단을 사용하는 경우 실격으로 처리됩니다.)
다. 화양적은 2꼬치를 만들고 잣가루를 고명으로 얹으시오.

 만드는 법

물 올리기

1 도라지와 당근 데칠 물을 올려준다.

양념장 만들기

2 마늘, 파는 곱게 다진다.

3 간장(1큰술), 설탕(1/2큰술), 다진 파, 다진 마늘, 참기름, 깨소금, 후추를 넣어 양념장을 만든다.

재료 손질하기

4 통도라지는 돌려가며 껍질을 제거하고 두께 0.6cm, 폭 1cm, 길이 6cm 정도로 썬 뒤 끓는 물에 소금을 넣고 데쳐 헹구어 건진다.

5 당근은 껍질을 제거하고 두께 0.6cm, 폭 1cm, 길이 6cm 정도로 썬 뒤 끓는 물에 소금을 넣고 데쳐 헹구어 건진다.

6 오이는 두께 0.6cm, 폭 1cm, 길이 6cm 크기로 썰어 소금을 살짝 뿌려둔다.

7 표고버섯은 두께 0.6cm, 폭 1cm, 길이 6cm 크기로 썰어 양념에 재워둔다.

8 소고기는 폭 1.2cm, 두께 0.5cm, 길이 9cm로 잘라 칼집을 넣고 양념한다.

9 달걀은 황 · 백으로 분리한다.

10 잣은 고깔을 떼고 곱게 다져 준비한다.

화양적 만들기

11 팬을 코팅한 후 황지단을 부쳐 두께 0.6cm, 폭 1cm, 길이 6cm 크기로 썬다.

12 팬에 오이, 도라지, 당근, 표고, 소고기 순으로 볶아 꼬치에 꽂는다.

담기

13 색 맞추어 끼운 화양적 양쪽 끝을 1cm 남기고 자른다. 가지런히 완성접시에 담고 잣가루를 얹어 낸다.

합격 포인트

❶ 각 재료의 두께, 길이가 일정해야 한다.

❷ 황지단의 두께는 0.6cm가 되도록 붙인다.

❸ 소고기는 익힐 때 길이가 많이 줄어드는 것을 감안하여 길게 썰어주고 팬에 작업 시 고정하면서 익히면 줄어드는 것을 방지할 수 있다.

지짐누름적

35분

재료

소고기(살코기, 길이 7cm) 50g, 건표고버섯(지름 5cm, 물에 불린 것) 1개(부서지지 않은 것), 당근(길이 7cm, 곧은 것) 50g, 쪽파(중) 2뿌리, 통도라지(껍질 있는 것, 길이 20cm) 1개, 밀가루(중력분) 20g, 달걀 1개, 참기름 5mL, 산적꼬치(길이 8~9cm) 2개, 식용유 30mL, 소금(정제염) 5g, 진간장 10mL, 흰 설탕 5g, 대파(흰 부분, 4cm) 1토막, 마늘(중, 깐 것) 1쪽, 검은 후춧가루 2g, 깨소금 5g

요구사항

※ 주어진 재료를 사용하여 다음과 같이 지짐누름적을 만드시오.

가. 각 재료는 0.6cmx1cmx6cm로 하시오.

나. 누름적의 수량은 2개를 제출하고, 꼬치는 빼서 제출하시오.

만드는 법

물 올리기

1 도라지와 당근 데칠 물을 올려준다.

양념장 만들기

2 마늘, 파는 곱게 다진다.

3 간장(1큰술), 설탕(1/2큰술), 다진 파, 다진 마늘, 참기름, 깨소금, 후추를 넣어 양념장을 만든다.

재료 손질하기

4 통도라지는 돌려가며 껍질을 제거하고 두께 0.6cm, 폭 1cm, 길이 6cm 정도로 썰어 소금을 뿌려 놨다가 끓는 물에 소금을 넣고 데친 뒤 헹구어 건진다.

5 당근은 껍질을 제거하고 두께 0.6cm, 폭 1cm, 길이 6cm 정도로 썰어 끓는 물에 소금을 넣고 데친 뒤 헹구어 건진다.

6 실파는 6cm 길이로 잘라 소금, 참기름에 밑간한다.

7 표고버섯도 1cm 폭으로 썰어 양념한다.

8 소고기는 폭 1.2cm, 두께 0.5cm, 길이 9cm로 잘라 칼집을 넣고 양념한다.

지짐누름적 만들기

9 팬에 기름을 두르고 도라지, 당근, 표고, 소고기 순으로 볶아준다.

10 다듬은 산적꼬치에 색 맞추어 끼워 밀가루를 묻혀 털어낸 후, 달걀물을 씌워 달구어 놓은 팬에 밑면을 먼저 지지고 뒤집어 살짝 지진다.

담기

11 식으면 꼬치를 돌려가며 빼내고 꼬치 2개를 접시에 담아 낸다.

합격 포인트

❶ 각각의 재료는 두께, 길이를 맞추어 자른다.

❷ 각각의 색을 조화롭게 꼬치에 반듯하게 끼운다.

❸ 꼬치를 뺀 다음 재료들이 떨어지지 않아야 한다.

풋고추전

25분

재료

풋고추(길이 11cm 이상) 2개, 소고기(살코기) 30g, 두부 15g, 밀가루(중력분) 15g, 달걀 1개, 대파(흰 부분, 4cm) 1토막, 검은 후춧가루 1g, 참기름 5mL, 소금(정제염) 5g, 깨소금 5g, 마늘(중, 깐 것) 1쪽, 식용유 20mL, 흰 설탕 5g

요구사항

※ 주어진 재료를 사용하여 다음과 같이 풋고추전을 만드시오.

가. 풋고추는 5cm 길이로, 소를 넣어 지져 내시오.

나. 풋고추는 잘라 데쳐서 사용하며, 완성된 풋고추전은 8개를 제출하시오.

만드는 법

물 올리기

1 풋고추 데칠 물을 올려준다.

양념장 만들기

2 마늘, 파는 곱게 다진다.

3 소금, 설탕, 다진 파, 다진 마늘, 참기름, 깨소금, 후추를 넣어 양념장을 만든다.

재료 손질하기

4 풋고추는 5cm 길이로 자르고 반을 갈라 씨를 털어내고 끓는 물에 소금을 넣고 살짝 데쳐 물기를 제거하여 준비한다.

5 두부는 물기를 꼭 짜서 으깨고, 소고기는 핏물을 제거하고 질긴 부위와 기름기를 제거한 후 곱게 다진다.

6 소고기와 두부를 합하여 양념하고 잘 치대어 소를 만든다.

풋고추전 만들기

7 고추 안쪽에 밀가루를 바른 후 소를 넣고 위가 볼록하지 않도록 편편하게 채우고, 밀가루를 묻히고 달걀물을 묻혀 기름 두른 팬에서 노릇하게 지진다.

담기

8 풋고추전의 반은 윗부분이 보이게 반은 지진 면이 보이게 담아 낸다.

합격 포인트

❶ 고기는 곱게 다지고 두부는 물기를 꼭 짠 후 으깬 뒤 끈기 있게 치대어야 모양이 예쁘다.
❷ 풋고추를 오래 데치면 색상이 누렇게 되므로 푸른색이 선명해질 수 있도록 살짝 데친다.
❸ 소를 깨끗하고 판판하게 넣으려면 랩에 기름을 바른 후 소 들어간 부분을 바닥에 대고 위에서 눌러준다.
❹ 고추는 위에서 5cm, 끝부분에서 5cm로 하여 고추 1개의 모양이 나오도록 자른다.

표고전

20분

재료

건표고버섯(지름 2.5~4cm) 5개(부서지지 않은 것을 불려서 지급), 소고기(살코기) 30g, 두부 15g, 밀가루(중력분) 20g, 달걀 1개, 대파(흰 부분, 4cm) 1토막, 검은 후춧가루 1g, 참기름 5mL, 소금(정제염) 5g, 깨소금 5g, 마늘(중, 깐 것) 1쪽, 식용유 20mL, 진간장 5mL, 흰 설탕 5g

요구사항

※ 주어진 재료를 사용하여 다음과 같이 표고전을 만드시오.

가. 표고버섯과 속은 각각 양념하여 사용하시오.

나. 표고전은 5개를 제출하시오.

만드는 법

양념장 만들기

1 마늘, 파는 곱게 다진다.

2 소금, 설탕, 다진 파, 다진 마늘, 참기름, 깨소금, 후추를 넣어 양념장을 만든다.

재료 손질하기

3 불린 표고버섯은 기둥을 떼내고 물기 제거 후 간장, 참기름으로 유장처리한다.

4 두부는 면포에 물기를 꼭 짠 후 곱게 으깨고, 소고기는 핏물 제거 후 질긴 부분과 기름기를 제거하여 곱게 다진다.

5 다진 소고기와 두부를 합한 뒤 양념장을 넣고 잘 치대어 소를 만든다.

표고전 만들기

6 표고 안쪽에 밀가루를 바르고 소를 편편하게 채운다.

7 소가 들어간 면에 밀가루를 묻히고 달걀물을 묻혀 기름 두른 팬에 노릇노릇하게 지진다.

담기

8 그릇에 4개는 윗면이 보이게 그릇에 담고 하나는 밑면이 보이게 올려 담아 낸다.

합격 포인트

❶ 마른 표고가 나올 경우 미지근한 물에 설탕과 약간의 간장을 넣고 불려준다.

❷ 고기, 두부는 곱게 다져 잘 치댄 뒤 속을 만들어야 단면이 곱다.

❸ 검은 부분은 밀가루와 달걀물이 묻지 않도록 한다.

❹ 고기는 익으면 두꺼워지므로 소를 채울 때 버섯 높이보다 높게 채우지 않는다.

생선전

25분

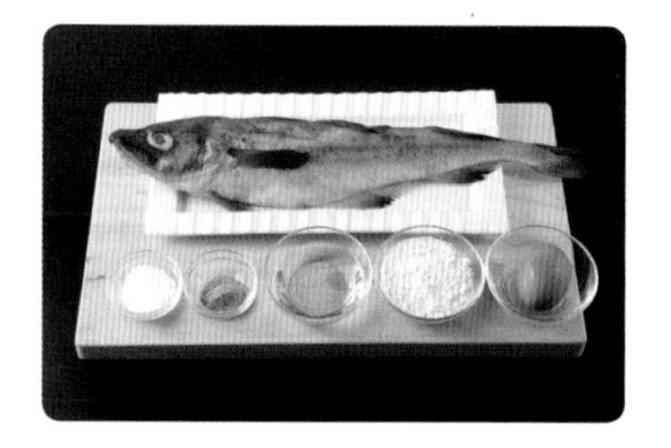

재료

동태(400g) 1마리, 밀가루(중력분) 30g, 달걀 1개, 소금(정제염) 10g, 흰 후춧가루 2g, 식용유 50mL

요구사항

※ 주어진 재료를 사용하여 다음과 같이 생선전을 만드시오.

가. 생선은 세장 뜨기하여 껍질을 벗겨 포를 뜨시오.

나. 생선전은 0.5cm×5cm×4cm로 만드시오.

다. 달걀은 흰자, 노른자를 혼합하여 사용하시오.

라. 생선전은 8개 제출하시오.

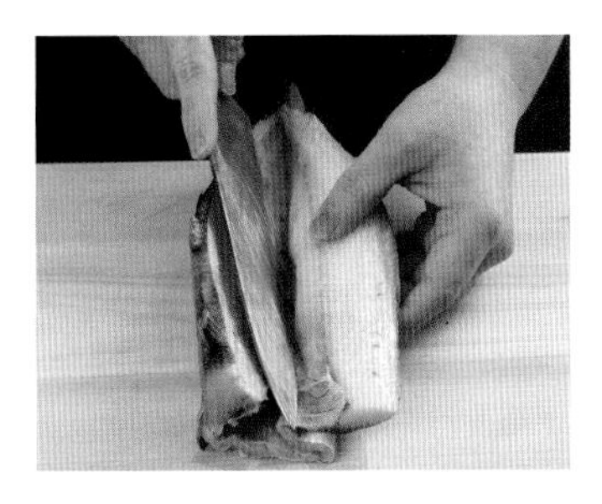

만드는 법

재료 손질하기

1 생선은 비늘 반대방향(꼬리에서 머리)으로 비늘을 긁고 지느러미, 머리, 내장을 제거한 뒤 3장 뜨기를 한다.

2 껍질 쪽을 아래로 가도록 두고 꼬리 쪽에 칼을 넣어 조금 떠서 벗겨진 껍질을 왼손에 잡고 칼을 밀면서 껍질을 벗겨낸 후 가로 6cm, 세로 5cm, 두께 0.4cm로 포를 떠서 소금, 흰 후추로 간한다.

생선전 만들기

3 생선에 간이 스며들면 면포로 물기를 제거하여 밀가루를 입히고, 달걀물을 씌워 팬에 기름을 두르고 안쪽 부분 먼저 지진 후 은근한 불에서 노릇노릇하게 지져낸다.

담기

4 생선전의 크기는 가로 5cm, 세로 4cm, 두께 0.5cm가 되게 하여 완성접시에 계단식으로 두 줄로 담아 낸다.

합격 포인트

❶ 생선살이 부스러지지 않도록 수분을 제거한다.

❷ 생선전을 매끄럽게 하기 위해서는 밀가루와 달걀물이 뭉치지 않도록 골고루 입혀주고 생선살의 안쪽 면을 먼저 지진다.

❸ 노른자를 많이 사용하면 전의 색상이 예쁘게 나온다.

육원전

20분

소고기(살코기) 70g, 두부 30g, 밀가루(중력분) 20g, 달걀 1개, 대파(흰 부분, 4cm) 1토막, 검은 후춧가루 2g, 참기름 5mL, 소금(정제염) 5g, 마늘(중, 깐 것) 1쪽, 식용유 30mL, 깨소금 5g, 흰 설탕 5g

요구사항

※ 주어진 재료를 사용하여 다음과 같이 육원전을 만드시오.

가. 육원전은 지름이 4cm, 두께 0.7cm가 되도록 하시오.

나. 달걀은 흰자, 노른자를 혼합하여 사용하시오.

다. 육원전은 6개를 제출하시오.

만드는 법

양념장 만들기

1 마늘, 파는 곱게 다진다.

2 소금, 설탕, 다진 파, 다진 마늘, 참기름, 깨소금, 후추를 넣어 양념장을 만든다.

재료 손질하기

3 두부는 면포에 물기를 꼭 짠 후 곱게 으깨고, 소고기는 핏물 제거 후 질긴 부분과 기름기를 제거하여 곱게 다진다.

4 다진 소고기와 두부를 합한 뒤 양념장을 넣고 잘 치대준다.

육원전 만들기

5 잘 치댄 반죽은 지름 4.5cm, 두께 0.6 크기의 동글납작한 완자를 빚어 가운데를 살짝 눌러 밀가루를 묻히고 달걀물을 씌워 프라이팬에 기름을 두른 뒤 완자를 놓고 약불에서 노릇노릇하게 지진다.

담기

6 지름 4cm, 두께 0.7cm의 육원전을 완성그릇에 5개를 돌려 담고 그 위 한가운데 한 개를 올려 담는다.

합격 포인트

❶ 고기는 아주 곱게 다지고 두부도 물기를 꼭 짠 후 곱게 으깬 뒤 많이 치대주어야 끈기가 생겨 잘 부서지지 않는다.

❷ 밀가루를 털어내고 지져야 표면이 매끄럽게 지져진다.

❸ 노른자를 조금 많이 넣으면 색깔이 예쁘게 된다.

두부조림

25분

재료

두부 200g, 대파(흰 부분, 4cm) 1토막, 실고추 1g, 검은 후춧가루 1g, 참기름 5mL, 소금(정제염) 5g, 마늘(중, 깐 것) 1쪽, 식용유 30mL, 진간장 15mL, 깨소금 5g, 흰 설탕 5g

요구사항

※ 주어진 재료를 사용하여 다음과 같이 두부조림을 만드시오.

가. 두부는 0.8cm×3cm×4.5cm로 잘라 지져서 사용하시오.

나. 8쪽을 제출하고, 촉촉하게 보이도록 국물을 약간 끼얹어 내시오.

다. 실고추와 파채를 고명으로 얹으시오.

만드는 법

재료 손질하기

1 두부는 가로 3cm, 세로 4.5cm, 두께 0.8cm로 썰어 소금을 뿌려 밑간한다.

2 대파와 실고추는 2cm로 썰어 준비한다.

양념장 만들기

3 마늘, 파는 곱게 다진다.

4 간장(1큰술), 설탕(1/2큰술), 다진 파, 다진 마늘, 참기름, 깨소금, 후추를 넣어 양념장을 만든다.

두부조림 만들기

5 밑간한 두부는 팬에 기름을 두르고 노릇노릇하게 지져 기름기를 제거한다.

6 냄비에 두부를 넣고 분량의 양념장과 물 1/4컵 정도를 붓고 서서히 조린다.

7 국물을 끼얹어가며 얼룩지지 않게 조린 다음 대파와 실고추를 고명으로 얹는다.

담기

8 접시에 보기 좋게 담고 남은 양념간장을 윤기나게 끼얹어 낸다.

합격 포인트

❶ 두부 크기는 같게 색깔은 노릇노릇하게 앞뒤로 잘 지진다.
❷ 너무 지지면 딱딱해서 좋지 않다.
❸ 기름에 지질 때 너무 약한 불에서 지지면 물이 생기기 쉬우므로 불 조절에 유의한다.
❹ 두부를 뒤집거나 옮길 때 부서지지 않도록 각별히 유의한다.

홍합초

20분

재료

생홍합(굵고 싱싱한 것, 껍질 벗긴 것으로 지급) 100g, 대파(흰 부분, 4cm) 1토막, 검은 후춧가루 2g, 참기름 5mL, 마늘(중, 깐 것) 2쪽, 진간장 40mL, 생강 15g, 흰 설탕 10g, 잣(깐 것) 5개

요구사항

※ 주어진 재료를 사용하여 다음과 같이 홍합초를 만드시오.

가. 마늘과 생강은 편으로, 파는 2cm로 써시오.

나. 홍합은 데쳐서 전량 사용하고, 촉촉하게 보이도록 국물을 끼얹어 제출하시오.

다. 잣가루를 고명으로 얹으시오.

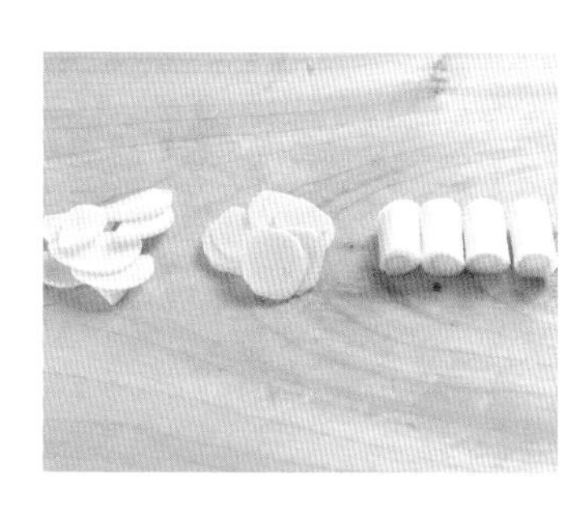

만드는 법

물 올리기

1 홍합 데칠 물을 올린다.

재료 썰기

2 마늘, 생강은 편으로 썰고, 대파는 2cm 정도의 크기로 썬다.

3 생홍합은 수염을 떼고 깨끗이 다듬어 끓는 물에 소금을 약간 넣고 데쳐낸다.

홍합초 만들기

4 간장, 설탕, 후추, 물을 넣어 조림장을 만든다.

5 데친 홍합과 조림장을 넣고 조리다가 생강, 마늘, 파를 함께 넣고 중불에서 국물을 끼얹어가며 국물이 2큰술 정도 남으면 참기름을 넣는다.

담기

6 접시에 홍합과 파를 담고 마늘, 생강도 보기 좋게 담는다.

7 냄비에 남아 있는 국물을 윤기나게 끼얹어 낸다.

합격 포인트

❶ 홍합은 소금물에 흔들어 씻고 끓는 물에 데쳐서 준비한다.

❷ 홍합은 뚜껑을 열고 조려야 비린내가 날아간다.

❸ 마늘, 파, 생강은 너무 무르지 않게 넣는 시기에 유의한다.

겨자채

35분

재료

양배추 50g(길이 5cm), 오이(가늘고 곧은 것, 20cm) 1/3개, 당근(길이 7cm, 곧은 것) 50g, 소고기(살코기) 50g(길이 5cm), 밤(중, 생것, 껍질 깐 것) 2개, 달걀 1개, 배(중, 길이로 등분) 1/8개(50g 정도 지급), 흰 설탕 20g, 잣(깐 것) 5개, 소금(정제염) 5g, 식초 10mL, 진간장 5mL, 겨잣가루 6g, 식용유 10mL

요구사항

※ 주어진 재료를 사용하여 다음과 같이 겨자채를 만드시오.

가. 채소, 편육, 황 · 백지단, 배는 0.3cm×1cm×4cm로 써시오.

나. 밤은 모양대로 납작하게 써시오.

다. 겨자는 발효시켜 매운맛이 나도록 하여 간을 맞춘 후 재료를 무쳐서 담고, 통잣을 고명으로 올리시오.

만드는 법

물 올리기

1 겨자는 개고 소고기 데칠 물을 올린다.

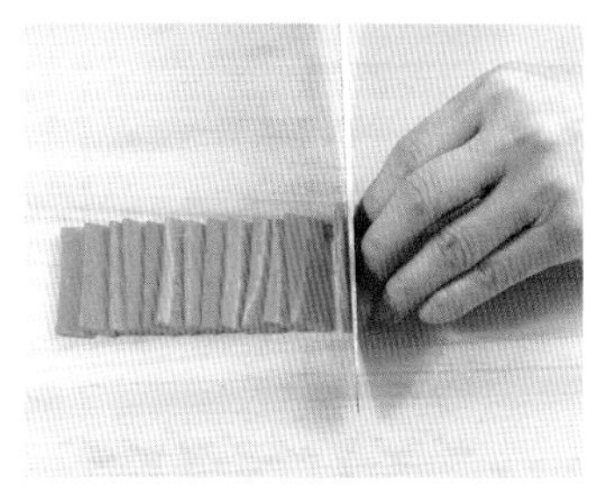

재료 손질하기

2 냄비에 물이 끓으면 핏물 제거한 고기를 넣고 삶아 면포로 감싸 눌러 모양을 잡아준다. 폭 1cm, 두께 0.3cm, 길이 4cm 크기로 썬다.

3 양배추, 오이, 당근은 폭 1cm, 두께 0.3cm, 길이 4cm로 썰어 물에 담갔다 건져서 싱싱하게 준비한다.

4 배는 폭 1cm, 두께 0.3cm, 길이 4cm로 썰어 설탕물에 담그고, 밤은 생긴 모양대로 납작하게 썰어 설탕물에 담근다.

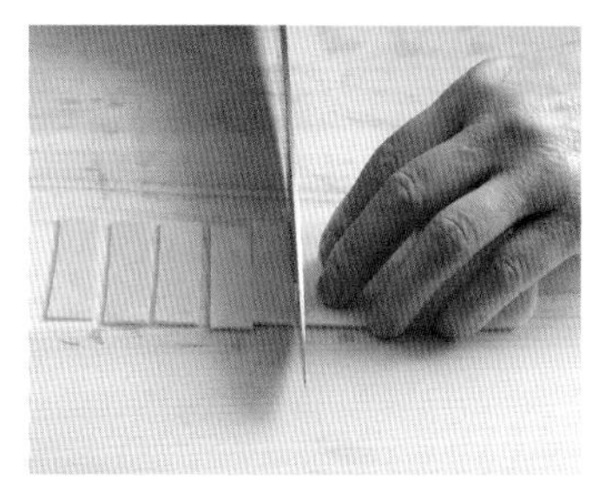

지단 만들기

5 달걀은 황, 백으로 나누어 소금을 약간 넣고 풀어 지단을 부친 뒤 채소와 같은 크기로 썬다.

겨자장 만들기

6 겨자는 겨잣가루와 동량의 물을 넣어 되직하게 개어서 편육 삶는 냄비 뚜껑 위에 엎어두어 매운맛이 나면 설탕과 식초를 넣고 개어 소금과 간장으로 겨자장을 만든다.

겨자채 만들기

7 채소와 배, 밤의 물기를 잘 제거하고 황 · 백지단과 함께 부서지지 않도록 버무려준다.

담기

8 준비된 재료들은 차게 두었다가 물기를 제거하고, 내기 직전에 겨자장에 버무려 완성그릇에 담고 맨 위에 비늘잣을 올려 제출한다.

합격 포인트

❶ 소고기는 끓는 물에 삶아 뜨거울 때 면포에 싸서 모양을 잡아준다.
❷ 채소는 싱싱하게 하기 위해 찬물에 담갔다 뺀다.
❸ 밤과 배는 크기대로 썰어 갈변방지를 위해 설탕물에 담갔다가 사용한다.
❹ 겨자는 40℃의 따뜻한 물에 잘 개어서 발효해야 맛이 더욱 좋다.

도라지생채

15분

 재료

통도라지(껍질 있는 것) 3개, 소금(정제염) 5g, 고추장 20g, 흰 설탕 10g, 식초 15mL, 대파(흰 부분, 4cm) 1토막, 마늘(중, 깐 것) 1쪽, 깨소금 5g, 고춧가루 10g

요구사항

※ 주어진 재료를 사용하여 다음과 같이 도라지생채를 만드시오.

가. 도라지는 0.3cm×0.3cm×6cm로 써시오.

나. 생채는 고추장과 고춧가루 양념으로 무쳐 제출하시오.

만드는 법

양념장 만들기

1 마늘, 파는 곱게 다진다.

2 소금, 설탕, 다진 파, 다진 마늘, 식초, 깨소금, 고추장, 고춧가루를 넣어 양념장을 만든다.

재료 손질하기

3 도라지는 돌려가며 껍질을 벗기고 폭 0.3cm, 넓이 0.3cm, 길이 6cm로 채썰어 소금물에 담갔다가 조물조물 씻어 쓴맛을 제거하고 건져 물기를 빼서 준비한다.

도라지생채 만들기

4 준비한 도라지에 양념장을 조금씩 넣어가며 알맞은 색과 간이 나오도록 무친다.

담기

5 완성그릇에 양념장이 뭉치지 않게 도라지생채를 담아 낸다.

합격 포인트

1. 도라지는 크기를 일정하게 썰어야 보기가 좋다.
2. 도라지는 소금에 주물러 씻어야 쓴맛이 없어진다.
3. 양념을 도라지와 섞을 때 조금씩 넣으면서 색깔을 보아가며 무친다.
4. 양념을 제출하기 직전에 무쳐야 물기가 덜 생긴다.

무생채

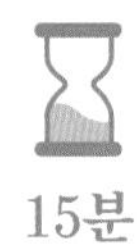

15분

재료

무(길이 7cm) 120g, 소금(정제염) 5g, 고춧가루 10g, 흰 설탕 10g, 식초 5mL, 대파(흰 부분, 4cm) 1토막, 마늘(중, 깐 것) 1쪽, 깨소금 5g, 생강 5g

요구사항

※ 주어진 재료를 사용하여 다음과 같이 무생채를 만드시오.

가. 무는 0.2cm×0.2cm×6cm로 썰어 사용하시오.

나. 생채는 고춧가루를 사용하시오.

다. 무생채는 70g 이상 제출하시오.

만드는 법

양념장 만들기

1 마늘, 파, 생강을 곱게 다진다.

2 소금, 설탕, 다진 파, 다진 마늘, 생강, 깨소금, 고춧가루, 식초를 넣어 양념장을 만든다.

재료 손질하기

3 무는 길이 6cm, 폭과 두께는 0.2cm로 고르게 채썰어 고춧가루를 넣고 붉게 물들인다.

무생채 만들기

4 채썬 무가 붉게 물들었으면 내기 직전에 양념장에 무친다.

담기

5 뭉치지 않도록 잘 담아 낸다.

합격 포인트

❶ 무에 고춧물이 고루 들게 하고 무칠 때 양념이 뭉치지 않도록 한다.

❷ 무는 길이 방향으로 고르게 채썰어야 보기가 좋다.

❸ 고춧가루는 체로 쳐서 고운 고춧가루를 사용한다.

더덕생채

20분

재료

통더덕(껍질 있는 것, 길이 10~15cm) 2개, 마늘(중, 깐 것) 1쪽, 흰 설탕 5g, 식초 5mL, 대파(흰 부분, 4cm) 1토막, 소금(정제염) 5g, 깨소금 5g, 고춧가루 20g

요구사항

※ 주어진 재료를 사용하여 다음과 같이 더덕생채를 만드시오.

가. 더덕은 5cm로 썰어 두들겨 편 후 찢어서 쓴맛을 제거하여 사용하시오.

나. 고춧가루로 양념하고, 전량 제출하시오.

만드는 법

양념장 만들기

1 마늘, 파는 곱게 다진다.

2 고춧가루, 소금, 설탕, 다진 파, 다진 마늘, 식초, 깨소금을 넣어 양념장을 만든다.

재료 손질하기

3 더덕은 깨끗이 씻어 껍질을 돌려 벗긴 후 5cm 길이로 잘라 소금물에 절여 쓴맛을 제거한다.

4 절인 더덕은 헹구어 수분을 제거하고 방망이로 밀어 두들겨서 가늘게 찢어 놓는다.

더덕생채 만들기

5 더덕에 양념을 넣어가며 가볍게 무친다.

담기

6 완성그릇에 더덕이 뭉치지 않도록 담아 낸다.

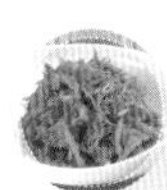

합격 포인트

❶ 더덕은 소금물에 충분히 절여야 방망이로 두들길 때 깨지지 않는다.

❷ 더덕은 소금물에 우렸다가 두들겨서 손으로 찢어야 쓴맛도 우러나고, 맛도 좋다.

❸ 생채류는 제출 직전에 무쳐야 물이 생기는 것을 방지할 수 있다.

육회

20분

재료

소고기(살코기) 90g, 배(중, 100g) 1/4개, 잣(깐 것) 5개, 소금(정제염) 5g, 마늘(중, 깐 것) 3쪽, 대파(흰 부분, 4cm) 2토막, 검은 후춧가루 2g, 참기름 10mL, 흰 설탕 30g, 깨소금 5g

요구사항

※ 주어진 재료를 사용하여 다음과 같이 육회를 만드시오.

가. 소고기는 0.3cm×0.3cm×6cm로 썰어 소금 양념으로 하시오.

나. 배는 0.3cm × 0.3cm × 5cm로 변색되지 않게 하여 가장자리에 돌려 담으시오.

다. 마늘은 편으로 썰어 장식하고 잣가루를 고명으로 얹으시오.

라. 소고기는 손질하여 전량 사용하시오.

만드는 법

양념장 만들기

1 마늘, 파는 곱게 다진다.

2 소금, 설탕, 다진 파, 다진 마늘, 참기름, 깨소금, 후추를 넣어 양념장을 만든다.

재료 손질하기

3 배는 껍질을 벗겨 폭 0.3cm, 두께 0.3cm, 길이 5cm 정도로 일정하게 채썰어 설탕물에 담가 갈변현상을 방지한 후 물기를 제거해 준비해 놓는다.

4 마늘은 편썰기를 하고 자투리는 다져 놓는다.

5 고기는 핏물과 기름을 제거한 후 폭 0.3cm, 두께 0.3cm, 길이 6cm로 채썰어 양념한다.

6 잣은 종이 위에 놓고 칼날로 다져 기름기를 제거한다.

육회 만들기

7 배를 완성접시에 돌려 담고 가운데 육회를 얌전히 올린다. 편으로 썬 마늘을 한 방향으로 고기에 기대어 돌려 담는다.

담기

8 고기 위에 잣가루를 뿌려 제출한다.

합격 포인트

❶ 육회는 기름기가 없는 우둔살로 준비하여 곱게 채썬 뒤 마늘, 파, 참기름, 설탕을 넉넉히 넣고 무쳐야 빛깔이 좋고 부드럽다.

❷ 배는 먼저 껍질을 벗겨 채썬 후 갈변방지를 위해 설탕물에 담갔다가 건진다.

❸ 고기 핏물이 배에 스며들지 않도록 핏물을 최대한 빼주어야 한다.

미나리강회

35분

재료

소고기(살코기, 길이 7cm) 80g, 미나리(줄기 부분) 30g, 홍고추(생) 1개, 달걀 2개, 고추장 15g, 식초 5mL, 흰 설탕 5g, 소금(정제염) 5g, 식용유 10mL

요구사항

※ 주어진 재료를 사용하여 다음과 같이 미나리강회를 만드시오.

가. 강회의 폭은 1.5cm, 길이는 5cm로 만드시오.

나. 붉은 고추의 폭은 0.5cm, 길이는 4cm로 만드시오.

다. 달걀은 황 · 백지단으로 사용하시오.

라. 강회는 8개 만들어 초고추장과 함께 제출하시오.

만드는 법

물 올리기

1 미나리를 데치고 소고기 삶을 물을 올린다.

재료 손질하기

2 미나리는 줄기만 끓는 물에 소금을 약간 넣고 살짝 데쳐 냉수에 헹군 후 길이로 찢어 8줄기 이상 준비해 놓는다.

3 소고기는 삶아 편육을 만들고 식힌 후에 폭 1.5cm, 두께 0.3cm, 길이 5cm로 썬다.

4 홍고추는 길이 4cm, 폭 0.5cm로 썬다.

5 달걀은 황, 백으로 지단을 도톰하게 부쳐 편육과 같은 크기로 썬다.

미나리강회 만들기

6 편육–백지단–황지단–홍고추 순으로 놓고 미나리로 감는다.

초고추장 만들기

7 고추장에 식초, 설탕, 물을 넣고 저어서 찍어 먹기 좋은 농도의 초고추장을 만든다.

담기

8 그릇에 미나리강회를 보기 좋게 배열하여 낸다.

9 초고추장을 곁들여 낸다.

합격 포인트

❶ 모든 재료의 모양을 일정하게 한다.

❷ 미나리가 굵은 경우에는 가늘게 찢어서 감아야 모양이 예쁘고 정성스러워 보인다.

❸ 홍고추는 길이로 썰어야 휘지 않으며, 안쪽의 두꺼운 살은 제거해 준다.

탕평채

35분

재료

청포묵(중, 길이 6cm) 150g, 소고기(살코기, 길이 5cm) 20g, 숙주(생것) 20g, 미나리(줄기 부분) 10g, 달걀 1개, 김 1/4장, 진간장 20mL, 마늘(중, 깐 것) 2쪽, 대파(흰 부분, 4cm) 1토막, 검은 후춧가루 1g, 참기름 5mL, 흰 설탕 5g, 깨소금 5g, 식초 5mL, 소금(정제염) 5g, 식용유 10mL

요구사항

※ 주어진 재료를 사용하여 다음과 같이 탕평채를 만드시오.

가. 청포묵은 0.4cm×0.4cm×6cm로 썰어 데쳐서 사용하시오.

나. 모든 부재료의 길이는 4~5cm로 써시오.

다. 소고기, 미나리, 거두 절미한 숙주는 각각 조리하여 청포묵과 함께 초간장으로 무쳐 담아 내시오.

라. 황 · 백지단은 4cm 길이로 채썰고, 김은 구워 부숴서 고명으로 얹으시오.

만드는 법

물 올리기

1 냄비에 청포묵, 숙주, 미나리 데칠 물을 올린다.

양념장 만들기

2 마늘, 파는 곱게 다진다.

3 간장(1작은술), 설탕(1/2작은술), 다진 파, 다진 마늘, 참기름, 깨소금, 후추를 넣어 양념장을 만든다.

4 초간장 : 간장(1작은술), 설탕(1/2작은술), 식초(1작은술)

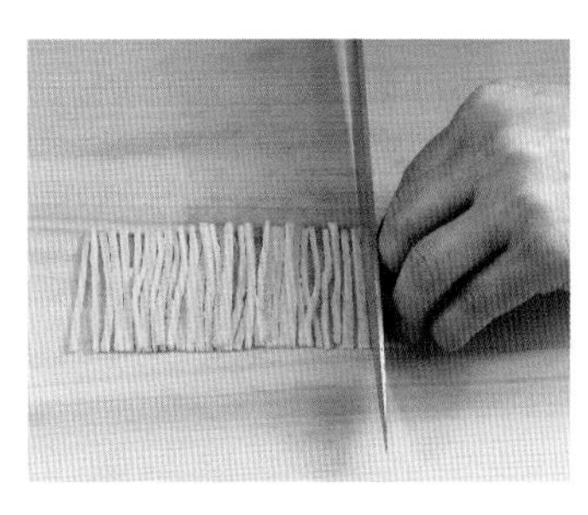

재료 손질하기

5 숙주는 거두절미하여 다듬고 미나리도 다듬어 끓는 물에 소금을 넣고 각각 데쳐 찬물에 헹군 다음 숙주는 소금, 참기름으로 밑간하고, 미나리는 4~5cm 길이로 잘라 놓는다.

6 청포묵은 0.4cm×0.4cm×6cm로 자른 후 끓는 물에 데친 다음 물기를 빼고 소금과 참기름에 밑간한다.

7 소고기는 4~5cm 정도의 길이로 가늘게 채썰어 양념한다.

지단 만들기

8 달걀은 황, 백으로 나누어 소금을 약간 넣고 푼 뒤 지단을 부쳐 4cm 길이로 가늘게 채썬다.

탕평채 만들기

9 팬에 기름을 약간 두르고 소고기를 볶는다.

10 김은 구워 부순다.

11 청포묵, 소고기, 숙주, 미나리를 합하여 초간장으로 무친다.

담기

12 완성그릇에 탕평채를 담고, 그 위에 황 · 백지단채와 김을 고명으로 얹는다.

합격 포인트

❶ 청포묵은 끓는 물에 잠깐 데쳐서 부드럽게 하여 소금, 참기름으로 무쳐야 맛이 좋다.

❷ 청포묵의 크기는 일정하게 자르고 미나리, 숙주는 데쳐서 물이 생기지 않게 한다.

잡채

35분

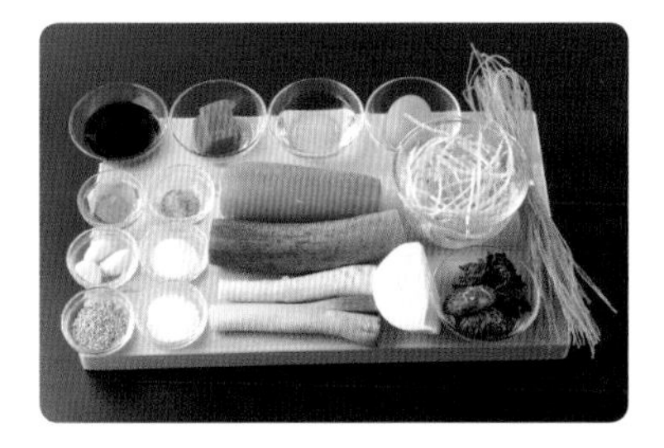

재료

당면 20g, 소고기(살코기, 길이 7cm) 30g, 건표고버섯(지름 5cm, 물에 불린 것) 1개(부서지지 않은 것), 건목이버섯(지름 5cm, 물에 불린 것) 2개, 양파(중, 150g) 1/3개, 오이(가늘고 곧은 것, 길이 20cm) 1/3개, 당근(길이 7cm, 곧은 것) 50g, 통도라지(껍질 있는 것, 길이 20cm) 1개, 숙주(생것) 20g, 흰 설탕 10g, 대파(흰 부분, 4cm) 1토막, 마늘(중, 깐 것) 2쪽, 진간장 20mL, 식용유 50mL, 깨소금 5g, 검은 후춧가루 1g, 참기름 5mL, 소금(정제염) 15g, 달걀 1개

요구사항

※ 주어진 재료를 사용하여 다음과 같이 잡채를 만드시오.

가. 소고기, 양파, 오이, 당근, 도라지, 표고버섯은 0.3cm×0.3cm×6cm로 썰어 사용하시오.

나. 숙주는 데치고 목이버섯은 찢어서 사용하시오.

다. 당면은 삶아서 유장처리하여 볶으시오.

라. 황·백지단은 0.2cm×0.2cm×4cm로 썰어 고명으로 얹으시오.

만드는 법

물 올리기

1 냄비에 숙주, 당면 데칠 물을 올린다.

양념장 만들기

2 마늘, 파는 곱게 다진다.

3 간장(1큰술), 설탕(1/2큰술), 다진 파, 다진 마늘, 참기름, 깨소금, 후추를 넣어 양념장을 만든다.

재료 손질하기

4 숙주는 거두절미하여 끓는 물에 데쳐서 소금, 참기름으로 유장처리한다.

5 도라지는 돌려가며 깎아 껍질을 제거하고, 오이는 돌려깎기하여 0.3cm×0.3cm×6cm 길이로 자른 뒤 채썰어 소금에 살짝 절였다가 물기를 제거한다.

6 양파, 당근은 0.3cm×0.3cm×6cm 길이로 잘라 채썬 뒤 소금을 살짝 뿌렸다가 물기를 제거한다.

7 소고기, 표고버섯도 0.3cm×0.3cm×6cm 길이로 채썰고 목이버섯은 불려서 찢은 뒤 각각 양념장에 밑간한다.

8 불린 당면은 끓는 물에 삶아 냉수에 헹구어 두세 번 자른 뒤 간장, 설탕, 참기름으로 유장 처리한다.

지단 만들기

9 달걀은 황, 백으로 나누어 소금을 약간 넣고 풀어 지단을 부친 뒤 0.2cm×0.2cm×4cm로 채썬다.

잡채 만들기

10 팬에 기름을 두르고 양파, 도라지, 오이, 당근, 목이버섯, 표고버섯, 고기의 순서로 볶는다.

11 팬에 기름을 두르고 당면을 볶아 모든 재료를 섞은 뒤 간장으로 색을 맞추고 소금으로 간을 하여 잡채를 만든다.

담기

12 완성접시에 잡채를 담고 황 · 백지단을 고명으로 얹어 제출한다.

합격 포인트

❶ 각각의 채소는 길이와 두께를 일정하게 썰고 모든 재료는 깨끗한 순서부터 따로따로 볶아 당면과 함께 무친다.

❷ 당면은 미지근한 물에 담가 놓았다 삶으면 빨리 삶아지고 삶은 후에 설탕, 간장, 참기름으로 양념하여 볶으면 달라붙지 않아 좋다.

❸ 당면은 미리 삶으면 너무 퍼지고 덜 삶으면 질기므로 잘 삶아야 한다.

칠절판

40분

재료

소고기(살코기, 길이 6cm) 50g, 오이(가늘고 곧은 것, 길이 20cm) 1/2개, 당근(길이 7cm, 곧은 것) 50g, 달걀 1개, 석이버섯(부서지지 않은 것, 마른 것) 5g, 밀가루(중력분) 50g, 진간장 20mL, 마늘(중, 깐 것) 2쪽, 대파(흰 부분, 4cm) 1토막, 검은 후춧가루 1g, 참기름 10mL, 흰 설탕 10g, 깨소금 5g, 식용유 30mL, 소금(정제염) 10g

요구사항

※ 주어진 재료를 사용하여 다음과 같이 칠절판을 만드시오.

가. 밀전병은 직경 8cm가 되도록 6개를 만드시오.

나. 채소와 황 · 백지단, 소고기는 0.2cm×0.2cm×5cm로 써시오.

다. 석이버섯은 곱게 채를 써시오.

만드는 법

물 올리기

1 석이버섯 불릴 물을 올린다.

밀전병 반죽하기

2 밀가루 6스푼에 동량의 물 6스푼을 넣고 반죽하여 체에 걸러놓는다.

양념장 만들기

3 마늘, 파는 곱게 다진다.

4 간장(1작은술), 설탕(1/2작은 술), 다진 파, 다진 마늘, 참기름, 깨소금, 후추를 약간 넣어 양념장을 만든다.

재료 손질하기

5 오이는 소금으로 비벼 씻어 돌려깎기하여 0.2cm×0.2cm×5cm 길이로 채썰고, 당근은 껍질을 벗겨 0.2cm×0.2cm×5cm 길이로 채썰어 소금에 살짝 절여 물기를 빼준다.

6 석이버섯은 따뜻한 물에 불려 비벼서 씻고 돌돌 말아 곱게 채썬 뒤 소금, 참기름으로 밑간한다.

7 소고기는 0.2cm×0.2cm×5cm 길이로 채썰어 양념한다.

지단 만들기

8 달걀은 황, 백으로 나누어 소금을 약간 넣고 푼 뒤 지단을 부쳐 0.2cm×0.2cm×5cm로 채썬다.

칠전판 만들기

9 팬에 기름을 두르고 직경 8cm가 되도록 색이 나지 않게 동그랗게 밀전병을 부친다.

10 팬에 기름을 두르고 오이, 석이, 소고기 순으로 볶아준다.

담기

11 완성접시 중앙에 밀전병을 담고 재료를 색 맞추어 돌려 담아 낸다.

합격 포인트

❶ 밀전병은 2/3큰술 정도를 한 개 분량으로 하여 약한 불에서 서서히 익힌다.

❷ 각 재료는 가늘게 채썰어야 곱다.

❸ 팬 사용 시 깨끗한 것부터 볶고, 담을 때 색이 조화를 이루도록 담아야 한다.

오징어볶음

30분

재료

물오징어(250g) 1마리, 소금(정제염) 5g, 진간장 10mL, 흰 설탕 20g, 참기름 10mL, 깨소금 5g, 풋고추(길이 5cm 이상) 1개, 홍고추(생) 1개, 양파(중, 150g) 1/3개, 마늘(중, 깐 것) 2쪽, 대파(흰 부분, 4cm) 1토막, 생강 5g, 고춧가루 15g, 고추장 50g, 검은 후춧가루 2g, 식용유 30mL

요구사항

※ 주어진 재료를 사용하여 다음과 같이 오징어볶음을 만드시오.

가. 오징어는 0.3cm 폭으로 어슷하게 칼집을 넣고, 크기는 4cm×1.5cm로 써시오.
(단, 오징어 다리는 4cm 길이로 자른다.)

나. 고추, 파는 어슷썰기, 양파는 폭 1cm로 써시오.

물 올리기

1 오징어 데칠 물을 올린다.

재료 손질하기

2 오징어는 내장을 제거하고 소금으로 문질러 씻은 뒤 껍질을 벗겨 안쪽에 0.3cm 폭으로 어슷하게 칼집을 넣고 몸통은 4cm×1.5cm 크기로 자르고, 다리는 4cm 길이로 자른다 .

3 양파는 4cm×1cm 크기로 썰고, 홍고추, 청고추는 0.5cm로 어슷썰어 씨를 제거하고, 대파도 0.5cm로 어슷썰어준다.

양념장 만들기

4 마늘, 생강은 곱게 다진다.

5 고추장(2큰술), 고춧가루(1큰술), 간장(1/3큰술), 설탕(1큰술), 다진 마늘, 다진 생강, 참기름, 깨소금, 후추를 넣어 양념장을 만든다.

오징어볶음하기

6 팬에 기름을 두른 뒤 양파를 넣고 볶다가 오징어를 넣어 볶은 다음 양념장을 넣어 볶다가 청 · 홍고추, 대파를 넣고 볶다가 참기름을 넣어 마무리한다.

담기

7 완성그릇에 오징어볶음을 담고 채소가 겉에 보이게 담아 낸다.

합격 포인트

❶ 오징어는 칼집을 일정하게 넣어야 한다.

❷ 팬에 재료를 볶을 때 타지 않게 해야 완성품의 색깔이 예쁘다.

❸ 볶음은 국물이 생기지 않도록 센 불에서 빨리 볶아낸다.

재료 썰기

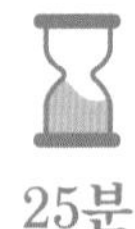

25분

무 100g, 오이(길이 25cm) 1/2개, 당근(길이 6cm) 1토막, 달걀 3개, 식용유 20mL, 소금 10g

요구사항

※ 주어진 재료를 사용하여 다음과 같이 재료 썰기를 하시오.

가. 무, 오이, 당근, 달걀지단을 썰기 하여 전량 제출하시오.(단, 재료별 써는 방법이 틀렸을 경우 실격 처리됩니다.)

나. 무는 채썰기, 오이는 돌려깎기하여 채썰기, 당근은 골패썰기를 하시오.

다. 달걀은 흰자와 노른자를 분리하여 알끈과 거품을 제거하고 지단을 부쳐 완자(마름모꼴)모양으로 각 10개를 썰고, 나머지는 채썰기를 하시오.

라. 재료 썰기의 크기는 다음과 같이 하시오.

1) 채썰기−0.2cm×0.2cm×5cm
2) 골패썰기−0.2cm×1.5cm×5cm
3) 마름모형 썰기−한 면의 길이가 1.5cm

지단 만들기

1 달걀을 지단으로 사용하기 좋게 황, 백으로 나누어 놓는다.

2 팬을 코팅한 후 약한 불에서 황지단, 백지단을 부쳐 식힌다.

재료 썰기

3 무는 껍질 제거 후 0.2cm×0.2cm×5cm의 일정한 크기로 채썬다.

4 오이는 돌려깎기해서 0.2cm×0.2cm×5cm의 일정한 크기로 채썬다.

5 당근은 0.2cm×1.5cm×5cm의 일정한 크기로 골패썰기한다.

지단 썰기

6 황지단 한 면의 길이가 1.5cm의 일정한 크기가 되도록 마름모꼴로 10개를 썬다.

7 백지단 한 면의 길이가 1.5cm의 일정한 크기가 되도록 마름모꼴로 10개를 썬다.

8 나머지 황 · 백지단은 0.2cm×0.2cm×5cm의 일정한 크기로 채썬다.

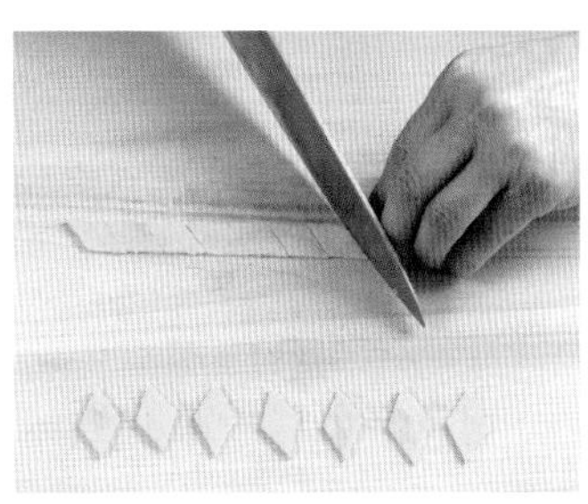

담기

9 황 · 백지단 마름모꼴 각 10개, 황 · 백지단채, 무채, 오이채, 당근 골패썬 것을 모양 있게 담아 낸다.

합격 포인트

❶ 지단을 부치기 전에 팬 코팅을 잘 해주어야 황 · 백지단이 팬에 달라붙지 않는다.

팬 코팅 확실히 하는 방법

팬에 기름을 두르고 팬에 연기가 살짝 피어오르도록 팬의 온도를 높여준 다음 키친타월로 팬 전체를 잘 닦아주세요. 그러면 울퉁불퉁한 팬도 달라붙지 않아요.

❷ 지단은 색이 나지 않도록 인내심을 가지고 약한 불에서 부친다.

❸ 모든 재료 썰기는 규격에 맞게 일정한 크기로 써는 게 중요하다.

오순환

- 현) 정다운교육연구소장
- 현) 국제평생교육원장
- 현) 세계약선문화협회 인천시지회 지회장
- 현) 한국외식조리협회 인천시지회 지회장
- 현) 재능대학교 호텔외식조리과 겸임교수
- 한성대 대학원 호텔관광외식경영학 석사
- 광운대 대학원 실감융합콘텐츠학 박사
- 전) 국제조리사관직업전문학교 대표
- 한국국제요리경연대회 식품의약품안전청장상
- 한국국제요리경연대회 농림축산식품부장관상 외 다수 수상
- 세계약선요리대회(중국호남장사시) 금상 수상
- 세계영쉐프요리대전 폐백부분 금상 수상
- 대한민국국제요리&제과경연대회 심사위원 외 다수
- 자랑스런 대한민국인 대상 수상
- 한국외식산업경영인 대상 외 다수 수상

자격사항

- 교원자격증
- 직업능력개발훈련교사자격증(조리, 제과 · 제빵, 떡제조, 식음료 서비스)
- 한식, 양식, 중식, 일식, 복어, 제과 · 제빵, 바리스타 외 다수 자격증 소유

저서 및 논문

- 조리직업훈련기관의 교육환경이 교육훈련 성과에 미치는 영향
- 소셜미디어 빅데이터 분석을 활용한 셀프메디케이션 이미지 연구 –약선음식과 푸드테라피를 중심으로–
- 치매예방과 간호
- 최신판 조리기능사 필기
- 합격비책 한식조리기능사, 합격비책 양식조리기능사
- 합격비책 중식조리기능사, 합격비책 일식조리기능사

최덕주

- 현) 인천재능대학교 호텔외식조리과 교수
- 경기대학교 서비스대학원 외식컨설팅 석사
- 경상대학교 응용생명과학부 이학박사
- 전) 경남도립대학 호텔조리제빵과 교수

한식조리기능사

2023년 1월 5일 초판 1쇄 인쇄
2023년 1월 10일 초판 1쇄 발행

지은이 오순환 · 최덕주
펴낸이 진욱상
펴낸곳 백산출판사
교　정 성인숙
본문디자인 신화정
표지디자인 오정은

등　록 1974년 1월 9일 제406-1974-000001호
주　소 경기도 파주시 회동길 370(백산빌딩 3층)
전　화 02-914-1621(代)
팩　스 031-955-9911
이메일 edit@ibaeksan.kr
홈페이지 www.ibaeksan.kr

ISBN 979-11-6639-270-2　13590
값 27,000원

• 파본은 구입하신 서점에서 교환해 드립니다.
• 저작권법에 의해 보호를 받는 저작물이므로 무단전재와 복제를 금합니다.
이를 위반시 5년 이하의 징역 또는 5천만원 이하의 벌금에 처하거나 이를 병과할 수 있습니다.